全国高职高专"十二五"规划教材

Windows CE 系统应用开发编程

主　编　王　浩　杨正校

副主编　史桂红

U0914240

中国水利水电出版社
www.waterpub.com.cn

内 容 提 要

全书共分为六部分内容：Windows CE 系统基础、Windows CE 6.0 平台定制、图形图像开发、数据库开发、串口通信应用开发、网络应用开发。Windows CE 系统基础部分介绍 Windows CE 6.0 体系结构组成、开发流程及开发工具的使用；Windows CE 6.0 平台定制部分介绍如何使用 Platform Builder for CE 6.0 工具按步骤地定制适合目标硬件平台的操作系统映像；图形图像开发部分讲述利用.NET Compact Framework 框架下的 GDI+的特性开发手写笔程序及图片浏览程序；数据库开发部分讲述在 VS.NET 2008 平台上进行 SQL Server Compact 数据库创建以及 Synchronization Services for ADO.NET 数据同步技术；串口通信开发部分讲述 GPS 串口通信应用编程；网络应用开发部分讲述 TCP、UDP、Web Services 网络应用编程。

本书可作为高等院校相关专业师生的教学参考书及相关培训机构的培训教材，并适合从事 Windows CE 系统开发的各级技术人员阅读。

电子教案，程序源代码，读者可以从中国水利水电出版社网站和万水书苑免费下载本书教学资源，网址为：http://www.waterpub.com.cn/softdown/和 http://www.wsbookshow.com。

图书在版编目（CIP）数据

Windows CE系统应用开发编程 / 王浩，杨正校主编
. -- 北京 : 中国水利水电出版社，2011.9
全国高职高专“十二五”规划教材
ISBN 978-7-5084-8930-8

Ⅰ. ①W… Ⅱ. ①王… ②杨… Ⅲ. ①Windows操作系统－程序设计－高等职业教育－教材 Ⅳ. ①TP316.7

中国版本图书馆CIP数据核字(2011)第170668号

策划编辑：石永峰　　责任编辑：张玉玲　　加工编辑：孙　丹　　封面设计：李　佳

书　　名	全国高职高专“十二五”规划教材 Windows CE 系统应用开发编程
作　　者	主　编　王　浩　杨正校 副主编　史桂红
出版发行	中国水利水电出版社 （北京市海淀区玉渊潭南路 1 号 D 座　100038） 网址：www.waterpub.com.cn E-mail：mchannel@263.net（万水） sales@waterpub.com.cn 电话：（010）68367658（发行部）、82562819（万水）
经　　售	全国各地新华书店和相关出版物销售网点
排　　版	北京万水电子信息有限公司
印　　刷	三河市鑫金马印装有限公司
规　　格	184mm×260mm　16 开本　15.75 印张　393 千字
版　　次	2011 年 10 月第 1 版　2011 年 10 月第 1 次印刷
印　　数	0001—3000 册
定　　价	28.00 元

前　言

随着嵌入式技术的快速发展，微软公司的 Windows CE 系统在消费、汽车电子、工业控制、无线电、数码产品、网络设备等领域得到了广泛的应用。这使得 Windows CE 方面的嵌入式人才成为当今较为紧缺的人才，目前越来越多的学校相继开设了嵌入式专业及有关课程，同时国内市场上有关 Windows CE 系统开发方面的书籍也不少，但几乎没有一本是以工作过程为导向，按照任务驱动、案例式、模块化讲解 Windows CE 系统的开发技术。

本书集作者多年来从事 Windows CE 技术开发、教学及师资培训方面的经验，系统总结和归纳了 Windows CE 系统的开发技术，对 Windows CE 开发过程中所涉及到的操作系统定制和下载、SDK 导出以及 VS.NET 2008 平台下的应用程序设计与开发进行了详细论述。本书立足当前嵌入式技术的发展趋势、核心技术及主要应用领域，将技术热点与实践应用紧密结合，以实际应用为中心，按照任务驱动、模块化的方式，结合嵌入式开发项目案例，由浅入深、循序渐进地讲解 Windows CE 系统的开发流程和实用技术。

本书按照嵌入式系统的开发流程分成 7 章：Windows CE 6.0 概述、Windows CE 6.0 开发环境和工具、屏幕图形图像应用开发、Windows CE 6.0 数据库应用开发、Windows CE 6.0 数据库同步应用、Windows CE 6.0 串口通信应用、Windows CE 6.0 网络应用。这 7 章可以分成六大模块：Windows CE 系统基础、Windows CE 6.0 平台定制、图形图像开发、数据库开发、串口通信开发以及网络应用开发。Windows CE 系统基础部分介绍 Windows CE 6.0 体系结构组成、开发流程及开发工具使用；Windows CE 6.0 平台定制部分介绍如何使用 Platform Builder for CE 6.0 工具按步骤地定制适合目标硬件平台的操作系统映像，并采用相关的软件将内核映像下载到目标设备上运行。图形图像开发部分介绍利用.NET Compact Framework 框架下的 GDI+的特性开发手写笔程序及图片浏览程序，来理解和掌握图形图像绘制技术；数据库开发部分采用案例式的方法介绍 SQL Server Compact 数据库的创建，并利用 VS.NET 2008 平台开发设备端数据库的应用以及实现设备端和服务器端之间的 Synchronization Services for ADO.NET 数据同步技术；串口通信开发部分讲述 GPS 串口通信应用编程；网络应用开发部分讲述 TCP、UDP、Web Services 网络应用编程。

本书内容体系完整，案例详实，叙述风格平实、通俗易懂。书中的程序实例已全部通过了嵌入式实验平台的测试，读者对象包括：各个级别从事 Windows CE 系统开发的人员、应用程序开发的人员，也可以作为高等院校相关专业师生的教学参考书以及相关培训机构的教程。通过对本书的学习，读者可以快速掌握和提高 Windows CE 6.0 的编程能力和实际开发水平。

由于时间仓促及作者水平有限，书中的错误和不妥之处在所难免，敬请广大读者批评指正。

作　者

2011 年 7 月

目　录

第 1 章 Windows CE 6.0 概述

本章学习目标

Windows CE 是由微软开发的一个 32 位、本地硬实时、小尺寸的多任务操作系统，该系统满足了移动设备和嵌入式设备对操作系统的需求。本章简要介绍 Windows CE 操作系统的定义、发展历程以及 Windows CE 6.0 的功能特性，让读者对 Windows CE 系统有一个宏观的认识，然后介绍 Windows CE 6.0 体系结构组成以及开发应用 Windows CE 系统的流程，最后介绍 Windows CE 系统的应用领域。通过本章的学习，要求掌握以下内容:

- 了解 Windows CE 操作系统的定义与特性。
- 了解 Windows CE 发展历程。
- 了解 Windows CE 6.0 功能特性。
- 理解 Windows CE 6.0 体系结构组成。
- 掌握 Windows CE 6.0 开发流程。

1.1 什么是 Windows CE 操作系统

Windows CE 是微软公司针对嵌入式设备自行开发的操作系统产品，它是一个基于 32 位、嵌入式、多任务、实时性能好、通信能力强大、具有模块化特性的操作系统，被广泛应用于移动计算设备、工业控制、车载电子、智能家电、移动通信等领域，使之成为当今嵌入式领域应用最为广泛、市场增长最快、最具有发展潜力的嵌入式操作系统，如图 1-1 所示。

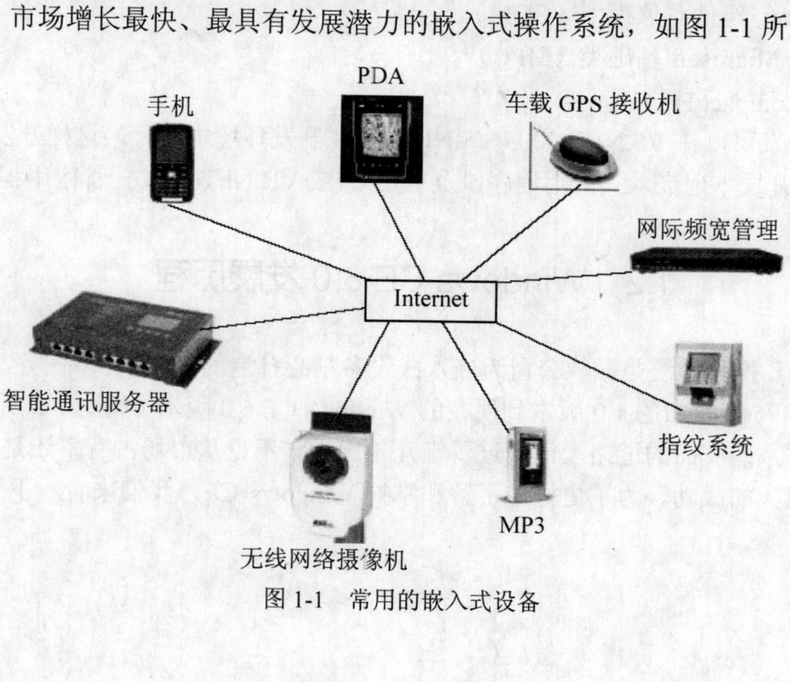

图 1-1 常用的嵌入式设备

Windows CE 主要具有以下 4 个方面的特性：

（1）模块化和小尺寸。Windows CE 是为嵌入式系统设备（如手持移动设备）而设计的操作系统，一般这类设备硬件资源有限（包括 RAM、CPU 处理能力等），这样用户在定制操作系统时，根据功能需求，在满足设备功能要求的前提下，尽可能地只选择必需的模块加入操作系统当中，不需要的模块组件裁剪出去，最后生成的操作系统映像体积较小，这样能在硬件资源受限的设备上正常运行。

（2）跨平台支持。由于嵌入式设备的 CPU 体系多种多样，为了适应 Windows CE 嵌入式系统在异构平台上的正常运行，微软设计的 Windows CE 操作系统支持包括 x86、ARM、MIPS、SuperH 等主流的 CPU 体系结构。

（3）友好的图形界面。Windows CE 之所以取得巨大的成功，其中一个主要原因就是具有友好的图形交互界面，极大地方便了非专业用户的使用，人们不再需要死记硬背大量的命令，而是可以通过窗口和菜单方便地操作。

（4）高效的开发工具支持。在进行 Windows CE 操作系统定制、驱动程序开发以及应用程序开发时，对于 Windows CE 5.0 及其以前版本，可以采用微软公司提供的 Platform Builder for Windows CE 操作系统定制的集成开发环境，但从 Windows CE 6.0 开始，微软已将 Platform Builder for Windows CE 6.0 作为 Microsoft Visual Studio 2005（简称 VS.NET 2005）的插件集成进 VS.NET 开发平台中，这就将 Windows CE 操作系统定制、驱动程序开发、应用程序开发全部统一到 VS.NET 2005 环境中，使得 Windows CE 系统开发与桌面系统开发共享一种开发平台。

在应用程序开发方面，Windows CE 操作系统为上层应用程序开发提供了 Win32 应用程序编程接口，开发者可以调用 Win32 API 函数完成本地应用程序开发，除了 Win32 API 开发模式，Windows CE 系统还支持以下编程架构：

- 活动模板库（ATL）
- ActiveX
- Microsoft 组件对象模型（COM）
- 嵌入式 Microsoft 基础类（MFC）
- .NET Compact Framework

以上这些开发可以在 VS.NET 2005/VS.NET 2008 开发环境中进行，这样开发人员可以利用 C、C++语言开发本地嵌入式应用程序以及采用 C#或 VB.NET 开发托管应用程序。

1.2 Windows CE 6.0 发展历程

Windows CE 操作系统是微软公司为嵌入式设备精心打造的 32 位、多任务、模块化操作系统产品，从 1996 年发布的 1.0 版本到现在的 Windows CE 6.0 版本（如图 1-2 所示），微软在开发嵌入式操作系统产品的道路上已走过了十几年历程。不论从市场占有率还是技术支持上，微软都取得了巨大的成功。为了更好地了解和掌握 Windows CE，我们来看一下 Windows CE 的发展历程。

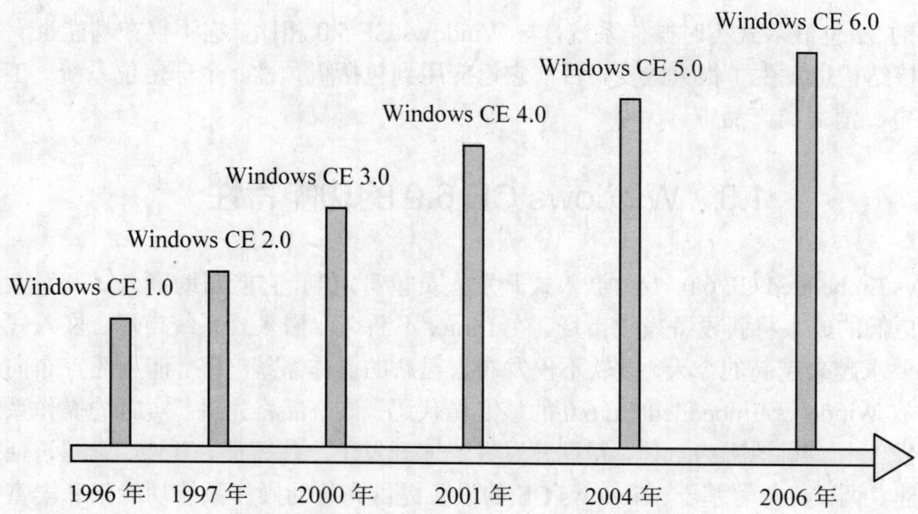

图 1-2　Windows CE 发展过程

在后 PC 时代，人们一直梦想拥有一种可以随身携带的计算设备，要求这种设备体积要小，能够方面携带，有一定的计算能力，可以满足户外办公需要等功能，这样就导致掌上电脑的诞生。在 1993 年 Apple 公司推出一款 Newton 的掌上电脑，使用的是 Palm OS 操作系统，这是现代掌上电脑的雏形，并随后在市场上取得巨大的成功。随后掌上电脑的产品引起微软公司极大的兴趣，成立了研发项目组开始开发这种便携式设备的操作系统。

微软公司在 1996 年发布了 Windows CE 1.0 版本，它的界面很像当时的 Windows 95 操作系统的界面，这样做的好处在于提供给用户一个熟悉的操作界面，降低用户使用的难度，不过 Windows CE 1.0 并没有多大的实用价值，但它为 Windows CE 的发展奠定了基础。

在 1997 年的秋季，微软推出 Windows CE 2.0 版本，它不仅在性能上比 1.0 有所提高，而且支持彩色显示。在 1998 年底发布了 Windows CE 2.11 和 Windows CE 2.12 版本，它增加了对控制台、命令提示行、Internet Explorer 以及消息队列等的支持，并使在对象存储中的文件可以大于 4MB 左右。

在 2000 年时，微软发布了 Windows CE 3.0 版本，它最大的改进在于对实时性支持的优化，包括使线程的优先级从原先的 8 级增加至 256 级，对象存储支持达到 256MB RAM，并将对象存储中的每个文件大小增加至 32MB，Windows CE 3.0 操作系统通过定制之后，可以使用在标准 PC、家电及工业控制领域中。

在 2001 年初，微软发布了 Windows CE 4.0 版本，在其中增加了更多的特性，包括增加了对新的驱动程序加载模型，基于文件的注册表选项、蓝牙、802.11、1394 等。另外在支持应用程序开发方面，加入了.NET Compact Framework 特性，方便了开发人员开发应用程序。

在 2004 年 6 月，微软又发布了 Windows CE 5.0 版本，它的发布获得了全球各大消费电子公司的支持，其中包括：摩托罗拉、美国思科等一些全球的原始设备制造商。它所具有的丰富功能、易操作性以及更稳定的性能，使其成为了目前 Windows CE 设备的主流产品，同时微软公司在 Windows CE 5.0 中开发了部分源代码，这样可以方便一些厂商和个人根据功能需求对源代码加以修改，满足产品应用。

在 2006 年 11 月，微软推出 Windows Embedded CE 6.0 版本，它是为开发下一代嵌入式智能设备打造的 32 位嵌入式实时操作系统，与 Windows CE 5.0 相比，它不仅在功能上有很大改善，而且内核结构也发生了很大改变，目前它已应用到包括机顶盒、全球定位系统、工业自动化、信息家电、消费类产品中。

1.3 Windows CE 6.0 的功能特性

Windows Embedded CE 6.0 专为嵌入式开发人员量身定制，它能帮助嵌入式开发人员以更短的时间、更低的成本将新设备投放市场。在 Linux 不断夺取嵌入式系统市场、嵌入式生产商对透明度的要求越来越高的今天，微软不仅发布自己新的操作系统产品，而且还宣布向嵌入式厂商完全开放 Windows Embedded CE 6.0 的核心源代码，该产品将先进、实时的操作系统和功能强大的开发工具有机地融为一体，帮助开发者快速开发下一代智能、互连、资源消耗少的设备，并为构建、调试、部署基于 Windows CE 的设备提供完整的操作系统功能集和丰富的开发工具。

从 Windows CE 6.0 版本开始，Windows CE 的名字改写为 Windows Embedded CE，当然这也是为结合 Windows Embedded 的品牌而做出的选择，它提供 32 位本地硬实时、映像占用空间量少的操作系统、重构的内核以及功能强大的嵌入式开发工具。具体功能主要体现在以下几个方面：

（1）映像占用空间量少。

由于 Windows Embedded CE 6.0 运行时映像所占用的空间较少，可以利用较少的嵌入式设备的硬件资源，并使得设备启动所需的时间相对减少，效率更高。同时根据定制操作系统时选择的组件，具有可伸缩的尺寸大小。

（2）支持更多并发进程。

Windows Embedded CE 6.0 在内核方面的改变主要是为了适应嵌入式设备硬件发展的要求，在进程数量方面，由 Windows CE 5.0 的 32 个提高到 Windows Embedded CE 6.0 的 32000 个并发进程，内存方面从每个进程最多拥有 32MB 虚拟内存空间改为最多拥有 2GB 虚拟内存空间，使得开发人员可以开发更复杂、更强大的嵌入式应用程序。

（3）高品质设备驱动程序。

Windows Embedded CE 6.0 提供内核态和用户态的驱动，内核模式的驱动程序可提高性能，用户模式的驱动程序可提高稳定性。

（4）功能更强大的模拟器。

Windows CE 5.0 时代的模拟器只能模拟 x86 框架的 CPU，但在 Windows Embedded CE 6.0 开发工具中集成了微软新一代基于 ARM 的设备模拟器，可以仿真 ARMV4I 指令集，为开发操作系统和应用程序开发、构建、调试带来了极大的方便。当然，模拟器无论是启动速度还是资源占用情况都有一定的上升，推荐运行模拟器的开发机最好能有 1GB 的物理内存。

（5）多媒体及图形图像。

Windows Embedded CE 6.0 提供了 Windows Media Player OCX 控件及一组 COM 接口和编码器，提供了对 Audio、Video、DirectX8 及许多第三方编解码（如 MPEG2、Real One2 等）的扩展多媒体支持。DirectX 提供了一整套的多媒体接口方案，其组件包括 Direct3D、Direct Draw、Direct Sound、DirectShow 等。DirectX 为三维图形显示，为音/视频流的捕捉、转换及

播放提供了良好的支持。

在发布 Windows Embedded CE 6.0 版本的一年之后，微软经过改进，增加了新的相关特性，继而发布了 Windows Embedded CE 6.0 R2 版本，旨在帮助开发商和设备制造商快速创建智能、连接、硬实时的商用和家用电子设备。Windows Embedded CE 6.0 R2 是针对智能、连接、服务导向设备的重要构建模块，其拥有的新特性、更新和增强性主要体现在以下 5 个方面：

（1）设备上实现 Web Service。

Windows Embedded CE 6.0 R2 为 Windows Vista 中可用的设备应用程序接口提供全面的 Web 服务。原始设备制造商（OEM）的设备通过网络与 Windows Vista 计算机建立虚拟连接，这种连接看起来与直接连接无异，同时能够提供更加丰富的体验和与众不同的产品。

（2）新的 VoIP 视频电话功能。

可使设备制造商快速、轻松地把卓越的系列设备（如 VoIP、视频和三方通话）添加到现有的 CE 6.0 设计中。

（3）Internet Explorer 增强功能和 Windows Media Player OCX 7 支持功能。

可以加快页面和网站的渲染速度，并通过丰富的文本编辑功能和新的 ActiveX 控件来增强设备的音效。

（4）新的可插拔字体还原程序。

凭借对可插拔字体还原程序技术的最新支持，CE 6.0 R2 为 OEM 提供了更为优秀的第三方字体还原程序作为其开发设备，而占用体积甚至变得更小。

（5）最新的瘦客户端技术组件带有自动检测功能。

可帮助瘦客户端无缝连接到基于 Windows Server 2008 的最新版本和主要特性。

微软公司在 2009 年宣布推出 Windows Embedded CE 6.0 R3 版本。此版本是组件化的、实时的下一代 Windows Embedded CE 操作系统平台。利用最新发布的 Windows Embedded CE 6.0 R3，设备制造商可以使用熟悉的工具和创新的技术实现包括平移和缩放、触摸、手势输入在内的多项功能，以帮助原始设备制造商显著改善其 Web 浏览和用户整体体验。具体功能特性主要体现在以下几个方面：

（1）Silverlight for Windows Embedded。在 Windows Embedded CE 中引入了 Silverlight 的强大功能，从而能够创建丰富多彩的应用程序和用户界面。

（2）嵌入式 Internet Explorer。Internet Explorer 具有平移和缩放功能以及可自定义界面，可优化设备上的浏览体验。

（3）Adobe Flash Lite。通过新增的浏览器插件，可呈现多媒体网站。

（4）触摸和手势（Touch and Gesture）。新增的插件引擎可实现自然输入功能和手势动画。

（5）连接管理器（Connection Manager）。通过基础设施技术，实现与基于 Windows 7 的个人电脑间的无缝连接，从而使基于 Windows Embedded CE 6.0 R3 的设备与个人电脑间实现互连。

（6）QQ Messenger。它成为设备上的客户端程序，可连接到常用的即时消息传递服务。

1.4 Windows CE 6.0 体系架构

Windows CE 采用了典型的分层结构。在 Windows CE 5.0 中，微软公司将其分为 4 个层次，从下到上依次为：硬件层、OEM 层、操作系统层、应用程序层。而在 Windows Embedded CE 6.0 中将 OEM 层、操作系统层、应用程序层划分为 User Mode（用户模式）和 Kernel Mode（内核模式）两个“层”，其中内核模式层由 OAL（OEM 抽象层）、KITL（独立于内核的传输层）、操作系统内核、内核模式的 CoreDLL 库及文件系统模块、GWES 模块、设备管理器模块和内核模式驱动/服务模块等组成，而用户模式层分别由用户模式的 CoreDLL 库、用户模式驱动/服务以及各种用户应用程序组成，如图 1-3 所示。CoreDLL 等 DLL 同时出现在两个层中，驱动程序也可以被加入到内核中，以前的.exe 可执行模块基本上都变成了.dll。

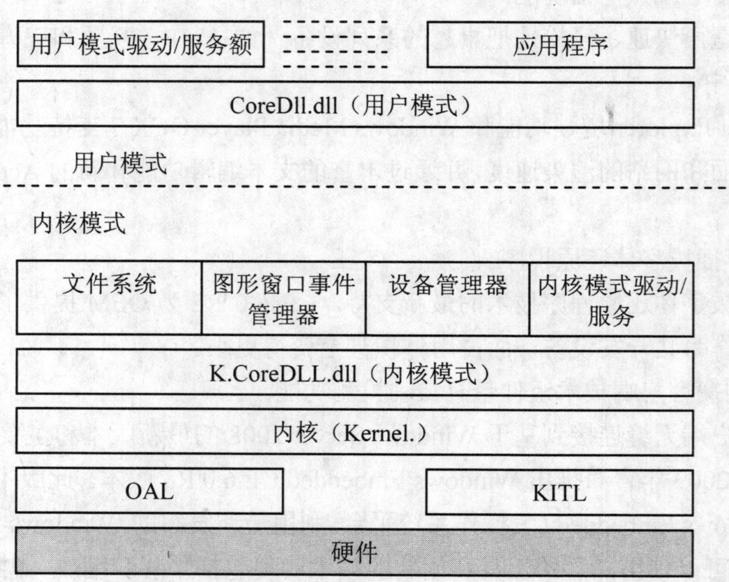

图 1-3 Windows Embedded CE 6.0 的系统架构

1. *硬件层*

硬件平台是一个嵌入式系统存在的必要条件，也是嵌入式设备的外在体现，是嵌入式操作系统运行的基础，在嵌入式系统领域，由于设备制造商都是由不同领域不同应用的厂商发展而来的，所以硬件结构相对复杂，仅 CPU 体系结构就有多种，对于 Windows Embedded CE 6.0 支持的 CPU 体系结构有 4 种：ARM、MIPS、x86、SHx。

硬件的复杂性会加大程序开发的难度，因此可以通过 BSP 来解决硬件体系结构的差别问题。Platform Builder for CE 6.0 为很多常用的 SDB（Software Development Board，软件开发板）提供了 BSP，这些 BSP 基本包括了所有 Windows Embedded CE 6.0 所支持的 CPU，这样可有效缩短嵌入式设备的开发周期。

2. *内核模式层*

以前在 Windows CE 5.0 中的各种系统模块，如 Filesys.exe、Device.exe、GWES.exe 等是单独的进程，而在 Windows Embedded CE 6.0 中这些进程已经变为动态链接库，如 Filesys.dll、

GWES.dll、Device.dll，它们提供相应的系统调用。这样做的好处是当发生系统调用时，已经变成了进程内的一个调用。

Filesys.dll 模块负责初始化文件系统、对象存储、注册表、CEDB 数据库、设备通知以及其他一些工作。Windows Embedded CE 6.0 采用了 ExFAT（Extended File Allocation Table File System，扩展文件分配表），ExFAT 解决了大容量文件存储的限制问题。在 Windows Embedded CE 5.0 中，对象存储最大可以达到 256MB，单个文件不超过 4GB，下面是 ExFAT 的一些特性：

- 对象存储最大为 32GB。
- 突破单个文件夹存储 1000 个文件的限制。
- 提升了存储速度。
- 突破了单个文件不超过 4GB 的限制。
- 提高了 Windows Embedded CE 6.0 设备与未来桌面操作系统的互操作性。
- 支持 OEMs 和 ISVs 定制的针对特殊设备的文件系统。

GWES.dll 是由 Microsoft Win32 应用程序编程接口（Win32 API）、用户接口（UI）和图形设备接口（GDI）组合而成的图形窗口事件子系统模块，GWES 是用户、应用程序和操作系统之间的接口。GWES 支持所有构成 Windows Embedded CE 6.0 用户接口的窗口、对话框、控件、菜单和资源，使用户能够控制应用程序，同时还为用户提供位图、光标、文本和图标形式的信息。即使对于没有图形用户界面的无头设备（Headless Device）也需要使用 GWES 基本的窗口、消息机制以及电源管理功能。GWES 还负责处理图形窗口的管理和事件管理器，包括消息、事件以及来自于键盘、鼠标和触摸笔的输入等。

Device.dll 被称为设备管理器，由操作系统内核加载，而且只要 Windows Embedded CE 6.0 还在运行，设备管理器就不会停止工作，设备管理器用来管理已经加载的驱动程序及驱动程序的接口。当设备管理器被加载时，I/O 资源管理器（Input/Output Resource Manager）也将被加载，用它从注册表中读取一个有效的可用资源列表。设备管理器通过 GUID（Globally Unique Identifier，全球唯一标识符）来发现和管理设备。设备管理器与注册表的配合非常紧密，它运行和管理的大多数数据都来自注册表。

在 Windows CE 6.0 中虽然也存在 NK.exe 进程，但已经不再是 Windows CE 5.0 中的 NK.exe 了，Windows CE 5.0 中 NK.exe 提供的各种功能将由 Kernel.dll 来替代，NK.exe 中仅仅包含一些 OAL 代码和保证兼容性的程序，NK.exe 是 OAL 进程，内核 Kernel.dll 是伴随着 OAL 启动的，这样做的好处是使 OEMs 和 ISVs 厂商定制的代码和微软提供的 Windows Embedded CE 6.0 的代码进行了分离，使内核代码的升级更加容易且更加方便。

KITL（Kernel Independent Transport Layer）是为了调试工作更加方便而设计的，它削弱了通信协议与通信硬件之间的直接性依赖，降低了硬件传输层（Hardware Transport Layer）相关的开发工作量，硬件传输层在 KITL 的下层，使得 KITL 可以支持不同类型的通信，如可以支持桌面操作系统和 Windows Embedded CE 6.0 的设备通信。

在 Windows CE 6.0 中已将 CoreDLL.dll 库划分为两个不同的库，一个位于内核层（称为 K.COREDLL.DLL），另一个位于用户层（称为 COREDLL.DLL）。其中位于内核层的 K.COREDLL.DLL 库为内核模块、内核驱动和服务提供 API，而位于用户层的 COREDLL.DLL 库为用户驱动、用户应用程序和服务提供 API。位于用户层的应用程序不能调用内核模式 K.COREDLL.DLL 库中的 API。

在 Windows Embedded CE 6.0 中，驱动程序有两种模式：一种是内核模式，另一种是用户模式，在默认状况下，驱动程序运行在内核模式下，这有利于设备性能的提高，但也增加了影响系统各方面性能的不确定因素，如果不稳定的驱动被加入到内核，将会对嵌入式系统的可靠性、稳定性等多方面的性能产生致命的影响。

3. 用户模式层

用户空间主要由用户应用程序、Shell、Service.exe 和 Udevice.exe 等模块组成。

Shell 为用户运行应用程序和管理 Windows Embedded CE 操作系统提供对象接口，这些对象既可以是位于目标设备上的真实对象，如文件、文件夹等，也可以是虚拟的对象，如回收站等，还可以是通过网络进行访问的远程对象。与以前版本的 Windows CE 一样，Windows Embedded CE 6.0 允许实现从简单的命令行接口到完全定制的图形用户接口的适合特定设备需要的各种 Shell。Shell 是由一些模块和组件组成的，每一个模块或组件都完成一个特定的 Shell 功能。

UDevice.exe 是用户模式驱动程序的主（Host）进程，其作用仅仅是为了将驱动程序加载到用户模式。

Services.exe 是对 UDevice.exe 的补充。从本质上来讲，服务（Service）是与驱动程序一样的东西，它们具有一样的目的以及相同的编程模型，其差别仅仅是人们为了将硬件操作与纯软件操作区分开来，人为地将完成硬件操作功能的软件称为驱动程序，而将完成纯软件操作功能的软件称为服务，用户模式的驱动程序由 UDevice.exe 加载和卸载，服务由 Services.exe 启动、暂停和停止。因此，如果要开发一个运行在 UDevice.exe 上，而不是 Services.exe 上的服务是没有任何问题的。

如图 1-4 所示 Windows Embedded CE 6.0 的系统架构进行细化，分别表示出用户空间、内核空间以及系统硬件的主要组成模块。

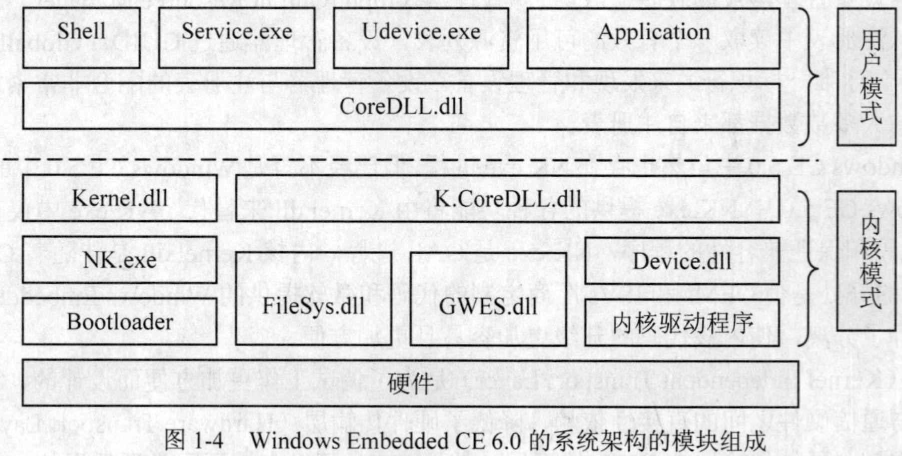

图 1-4 Windows Embedded CE 6.0 的系统架构的模块组成

1.5 Windows CE 6.0 开发流程

以上简要介绍了 Windows Embedded CE 6.0 的系统架构，这种层次化的架构与 Windows CE 系统设计开发工作紧密相关。嵌入式系统的设计与开发是使用一组物理硬件和软件来完成所需功能的过程，所以在一个嵌入式系统的设计开发过程中，软件设计和硬件设计是紧密结合、相互协调的。在设计开发时，从系统功能的实现出发，要把软硬件同时考虑进去。一般来说，基于 Windows CE 的嵌入式系统开发的主要内容有：

（1）设计系统硬件。

（2）定制 BSP。

（3）定制操作系统模块。

（4）完成以上定制后，编译形成 nk.bin 或者 nk.nb0 文件，至此 Windows CE 的内核定制完成。

（5）定制与安装 SDK，联机调试建立开发环境。

（6）开发应用程序，最后形成用户程序文件.exe。

（7）通过同步软件 ActiveSync 或者网络功能下载至 Flash，脱机运行。

通过上面介绍的 Windows CE 系统开发的内容，可以知道嵌入式系统开发要比 PC 机端开发要复杂的多，因为 PC 机端开发基本上是纯软件的应用开发，而嵌入式系统开发既要考虑硬件平台设计又要开发平台上的应用软件。因此整个嵌入式系统开发需要有个软硬结合的团队去实现用户所提出的功能需求。如图 1-5 所示为 Windows CE 系统开发的一般流程。

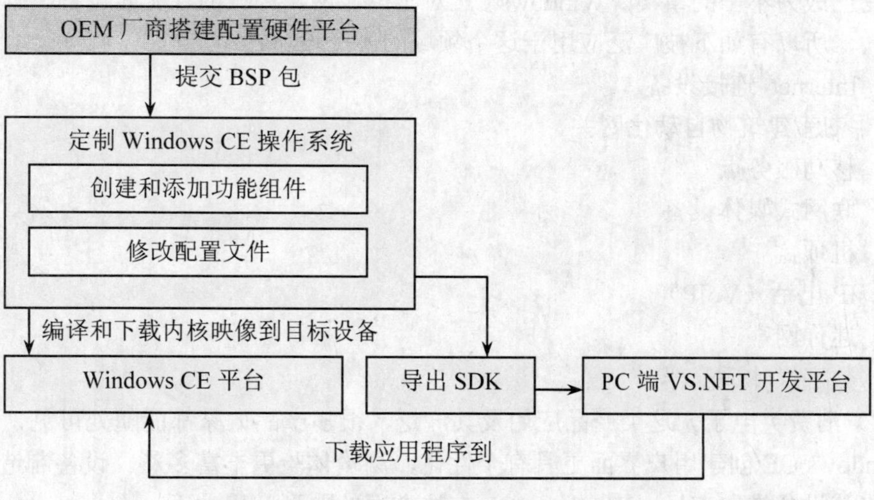

图 1-5　Windows CE 系统开发流程

基于 Windows CE 6.0 的软件开发模式比较统一，通常使用 Platform Builder 6.0 插件定制出针对特定硬件平台的操作系统映像文件 NK.bin 或 NK.nb0，然后使用 Visual Studio.net 2005/2008 开发上层的应用软件。嵌入式系统层软件开发过程对应 Windows CE 操作系统在目标硬件平台上的移植和定制过程，嵌入式应用层软件的实现即 Windows CE 应用程序的开发过程。

1.6　Windows CE 6.0 应用领域

开发人员可以使用 Windows Embedded CE 6.0 这种组件化的实时操作系统，通过提供引人入胜的用户体验以及与 Windows 设备、PC、服务器的无缝连接，使其消费类或企业级设备充满生命力。Windows Embedded CE 设备种类繁多，从网路设备到消费电子产品，再到任务关键型工业控制器无所不含，如图 1-6 所示。其中包括：

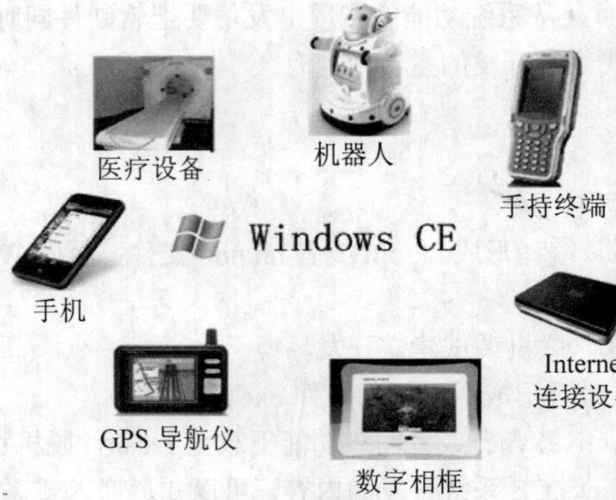

图 1-6　Windows CE 应用设备

（1）网络设备。在互联网日益昌盛的今天，人们对网络访问的要求也越来越高，随着 3G、4G 网络的普及，越来越多的应用离不开网络，越来越多的设备加入网络的支持，世界因为网络而改变已成为不争的事实。Windows CE 对于广域网、局域网、无线设备、有线设备的支持都很强大，所以有如下被广泛应用于这个领域的各个设备：

- Internet 连接设备
- 家庭/建筑物自动化网关
- 移动服务点
- 联网式媒体设备
- 机顶盒
- IP 电话（VoIP）
- 迷你网亭
- 数字媒体适配器

（2）消费类电子。这类产品应用及其广泛，很多产品大家都能随处可见，甚至已经在使用。Windows CE 创建用户界面更具有个性化，浏览体验更丰富多彩。设备制造商可以快速、高效地将其设备推向市场。Windows CE 在这方面的典型应用如下：

- 数字相框
- 游戏设备
- 电子阅读器设备
- GPS 设备
- 便携式媒体播放器
- 智能媒体控件
- 手持终端

（3）工业控制仪器。Windows CE 以其高性能、高可靠性、强大的数据库和网络支持，使其在工控、仪表仪器和医疗设备等方面也占有一席之地。

- 人机界面
- 工业控制
- 遥测设备

- 智能装置
- 监控设备

（4）其他。Windows CE 还依靠其快速、高效开发的特点被广泛应用于其他领域：

- 条码和 RFID 扫描仪
- 媒体服务器
- 瘦客户端

本章小结

Windows CE 系统开发是目前主流的嵌入式系统开发，它以卓越的运行性能、快速高效的开发特性以及微软的技术支持得到了迅速发展和广泛应用，Windows CE 开发已经成为当今嵌入式技术开发人员必须掌握的技能。

本章对 Windows CE 操作系统的概念、发展历程、功能特性、Windows CE 6.0 体系结构以及开发流程进行了讨论，有助于开发者快速地了解 Windows CE 系统，熟悉 Windows CE 系统的开发流程和工具。通过本章的学习，读者要理解 Windows CE 操作系统的功能特性，重点掌握 Windows CE 系统开发流程。

习题一

一、填空题

1．Windows CE 是一个基于__________位，嵌入式、__________、__________，通信能力强大以及具有__________特性的操作系统。

2．在进行 Windows CE 6.0 操作系统定制、驱动程序开发以及应用程序开发时，可以采用__________开发平台。

3．开发人员可以利用__________和__________语言开发本地嵌入式应用程序以及采用__________或__________开发托管嵌入式应用程序。

4．在 Windows CE 5.0 中，微软公司将 Windows CE 系统分为 4 个层次，从下到上依次为：__________、__________、__________、__________。

5．Windows Embedded CE 6.0 系统可以被划分为__________和__________两个层。

6．在 Windows CE 6.0 中已将 CoreDLL.dll 库划分为两个不同的库，一个位于__________，另一个位于__________。

7．在 Windows Embedded CE 6.0 中，驱动程序有两种模式：一种是__________模式，另一种是__________模式。

二、简答题

1．简述 Windows CE 系统的主要特性

2．简述 Windows CE 6.0 体系结构的组成。

3．简述 Windows CE 6.0 系统开发流程。

第2章　Windows CE 6.0 开发环境和工具

本章学习目标

本章首先以 Samsung S3C2440A 微处理器的 ARM9 硬件平台为嵌入式开发设备，系统介绍 Windows CE 6.0 操作系统开发过程的每一个步骤，包括安装 Windows CE 开发环境、加载 BSP 包、裁剪与定制操作系统、烧写操作系统映像等操作；然后通过 VS.NET 2008 平台开发基于 C#的智能设备 Windows CE 应用程序，并通过 ActiveSync 同步软件在线下载至硬件平台上运行。通过本章的学习，要求掌握以下内容：

- 了解 ARM9 硬件平台组成架构。
- 掌握 Windows CE 6.0 操作系统定制过程。
- 掌握 Windows CE 6.0 操作系统映像烧写步骤。
- 掌握基于 C#的智能设备 Windows CE 应用程序开发流程。
- 掌握 Windows CE 6.0 远程工具使用。

2.1　Windows CE 6.0 硬件平台简介

目前支持 Windows CE 系统运行的目标硬件平台十分广泛，其中以国内 ARM920T 为内核的 Samsung S3 C2440A 处理器占据较大的市场份额，本书开发所选用的是 SinoSys-PI2440a 硬件平台（HMI），如图 2-1 所示，HMI 为英文 Human-Machine Interface 的缩写。其广义的解释就是“使用者与机器间沟通、传达及接收信息的一个接口”。具体地讲，就是利用类似于像 PC 平板电脑一样的 HMI 设备，用户通过输入单元（如触摸屏、键盘、鼠标等）写入工作参数或输入操作命令，可以实现与机器信息交互。

图 2-1　SinoSys-PI2440a 硬件平台（HMI）

人机界面产品（HMI）由硬件和软件两部分组成，硬件部分包括处理器、显示单元、输入单元、通讯接口、数据存储单元等，其中处理器的性能决定了 HMI 产品的性能高低，是 HMI 的核心单元。根据 HMI 的产品等级不同，处理器可分别选用 8 位、16 位、32 位的处理器。HMI 软件一般分为两部分，即运行于 HMI 硬件中的系统软件和运行于系统之上的应用软件组成。

2.2 Windows CE 6.0 硬件平台架构

如图 2-2 所示为 SinoSys-PI2440a 硬件平台架构，主要分为以下几个模块：

（1）存储系统：

Flash：64M Nand Flash 存储设备。

RAM：64MRAM，保证用户可在设备上运行较大的应用程序。

（2）可外扩存储设备：USB 接口，可满足部分用户大容量存储的需求。

（3）显示系统：7 寸 16 位真彩显示屏。

（4）输入设备：电阻式触摸屏。

（5）通讯系统：串口、网口、485 总线接口和 CAN 总线接口。

（6）时钟系统：具有 RTC 功能。

（7）开发调试接口：串口和 JTAG 接口，方便用户二次开发时调试使用。

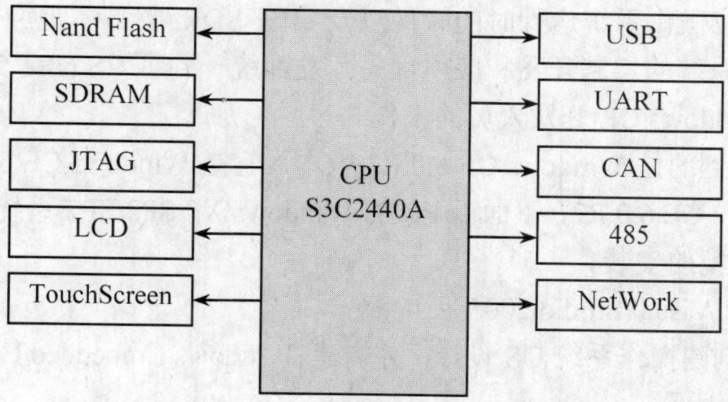

图 2-2 SinoSys-PI2440a 硬件架构

硬件配置参数如表 2-1 所示。

表 2-1 SinoSys-PI2440a 硬件配置参数

硬件名称	型号	规格说明
CPU	Samsung S3C2440A	主频 400MHZ
SDRAM	Samsung K4S561632	32MB×2=64MB
NAND FLASH	Samsung K9F1208U0B	64MB
UART	RS-232	1 个
LCD 屏	7 寸	TFT 800×480 16 位色
JTAG 接口	—	—

续表

硬件名称	型号	规格说明
以太网	DM9000A	10M/100M
CAN 总线	MCP2510	CAN 总线接口
USB Host/ Slave	—	USB1.1
485 接口	MAX1487	485 工业接口*2

2.3 构建 Windows CE 6.0 操作系统映像

2.3.1 安装 Microsoft Platform Builder for Windows CE 6.0

Platform Builder for Windows CE 作为微软的 Windows CE 操作系统开发工具，在 Windows CE 6.0 之前，Windows CE 操作系统的开发环境都是当做一个独立的软件进行安装，安装完成之后，用户可以看到一个名字为 Platform Builder for CE 4.2/5.0 的工具，这时就可以直接使用这个操作系统集成开发环境来裁剪、定制和编译操作系统映像。但在 Windows CE 6.0 之后做了较大改变，微软将 Platform Builder for Windows CE 6.0 作为 VS.NET 2005 的一个插件，因此在安装 Windows CE 6.0 之前，必须先安装 VS.NET 2005，在顺利安装完成 VS.NET 2005 之后，才能安装 Platform Builder for Windows CE 6.0（Windows CE 6.0），这个插件可以构建 BSP、开发设备驱动程序、生成操作系统运行时的映像以及导出 SDK 支持本地应用程序开发。使得 Windows CE 6.0 操作系统的定制开发和应用程序开发都统一到了 VS.NET 2005 开发平台中，这就极大地方便了 Windows CE 开发人员的工作。

本书 HMI 设备用到的是 Windows CE 6.0 R3 版本，它是 Windows CE 6.0 的最新版本，之前的版本号是 Windows CE 6.0 R2，下面以 PC 的 Windows XP SP2/SP3 系统为例，按步骤实现 Windows CE 6.0 R3 环境的安装。

1. 安装 Microsoft Visual Studio 2005

使用此开发工具创建操作系统 OS 设计，并构建 Windows Embedded CE 6.0 运行时映像。安装起始界面如图 2-3 所示。

图 2-3 安装起始界面

在安装过程中，可以根据安装向导进行默认安装或者根据用户的开发需要选择所需的安装组件进行自定义安装，直到最后安装完成。如图 2-4 所示为安装进程。

图 2-4　VS.NET 2005 组件安装进程

2. 安装 Visual Studio 2005 Service Pack 1

Visual Studio 2005 Service Pack 1 安装包提供了对 Windows Embedded CE 6.0 平台和工具的支持，使得用户可以感受到 Visual Studio 2005 在响应能力、稳定性和性能方面有了较大的改进。

（1）双击 VS80sp1-KB926604-X86-CHS.exe 安装包，弹出如图 2-5 所示的安装启动界面。

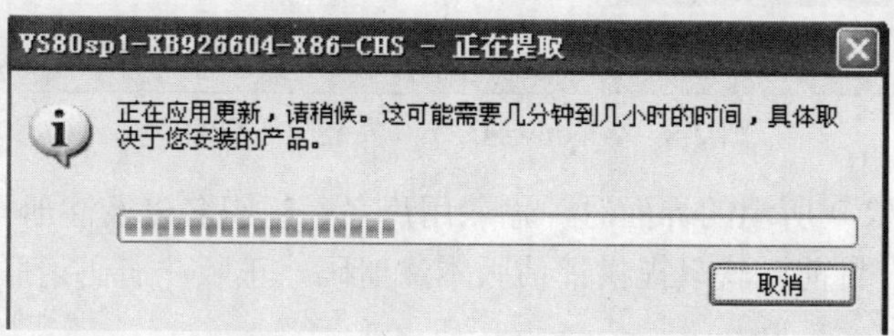

图 2-5　VS2005SP1 安装启动界面

（2）当出现如图 2-6 所示的对话框时，单击“确定”按钮，安装 Visual Studio 2005 Service Pack 1 补丁。

图 2-6　VS2005SP1 安装选择项

（3）一般来说 Visual Studio 2005 Service Pack 1 补丁包的安装时间比较长，大约需要 30～50 分钟，如图 2-7 所示。

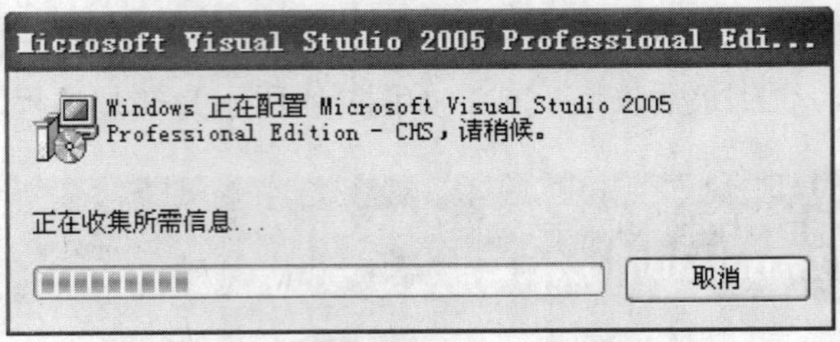

图 2-7 VS2005SP1 安装进程

3. 安装 Windows Embedded CE 6.0 评估版

（1）打开安装光盘的 Windows CE 6.0 目录，双击 Setup.exe 程序开始安装，弹出如图 2-8 所示的安装向导，可以直接单击 Next 按钮。

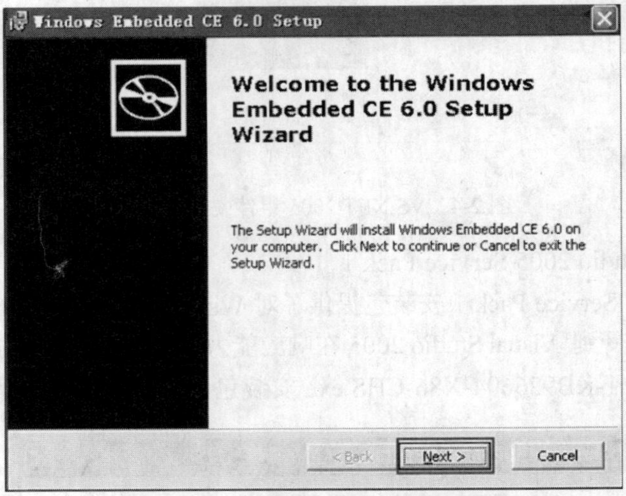

图 2-8 Windows CE 6.0 安装起始界面

（2）当出现如图 2-9 所示的界面时，输入用户名、组织名以及注册码，注册码在光盘同级目录下的 SN.txt 中，目前微软只提供评估版本注册码，正版注册码请联系微软公司。

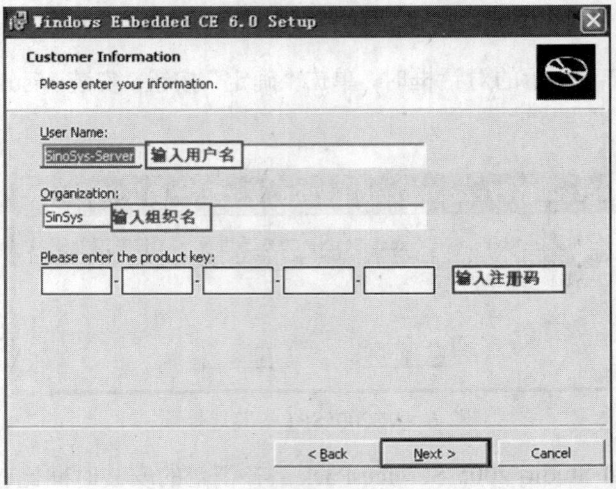

图 2-9 输入相关注册信息界面

（3）安装 CE 时默认支持 ARMV4I 处理器，这里将 Share Source 和 x86 选中安装，然后再分别单击 CE 6.0 Tools、CE 6.0 Operating System 和 Browse 更改安装目录，如图 2-10 所示，单击 Next 按钮，根据安装向导直到安装完成。

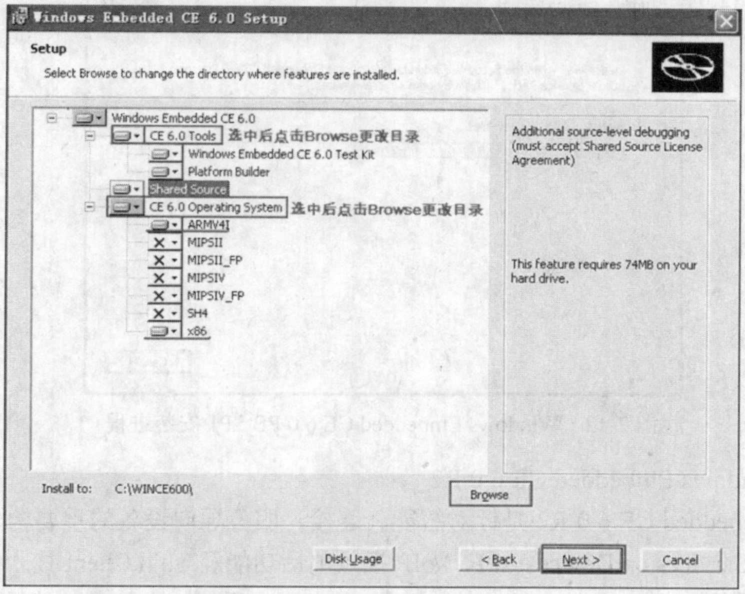

图 2-10　选择支持处理器的界面

4. 安装 Windows Embedded CE 6.0 Platform Builder Service Pack 1

Windows Embedded CE 6.0 Platform Builder Service Pack 1 是对 Windows Embedded CE 6.0 的更新，用于改进调试过程，并且是使用 Visual Studio 2005 构建 Windows CE 6.0 R2 运行时映像所必需的。

（1）双击 Windows Embedded CE 6.0 Platform Builder Service Pack 1.msi 安装包，弹出如图 2-11 所示的安装启动界面。

图 2-11　Windows Embedded CE 6.0 PB SP1 安装启动界面

（2）根据安装向导进行默认安装，直到安装完成。如图 2-12 所示为装进程。

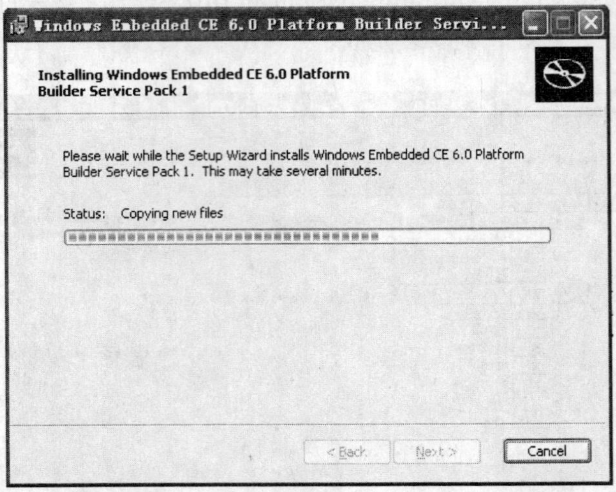

图 2-12 Windows Embedded CE 6.0 PB SP1 安装进程

5. 安装 Windows Embedded CE 6.0 R2

Windows Embedded CE 6.0 R2 是针对智能、连接、服务导向设备的重要构建模块，提供的新功能包括 Web Services on Devices API、VoIP 视频电话功能及 Thin Client 技术的提升，这让嵌入式产品能够与采用 Windows Vista、Windows Server 2008 系统的电脑及其他设备无缝地连接。

（1）双击 Windows Embedded CE 6.0 R2.msi 安装包，弹出如图 2-13 所示的安装启动界面，单击 Next 按钮。

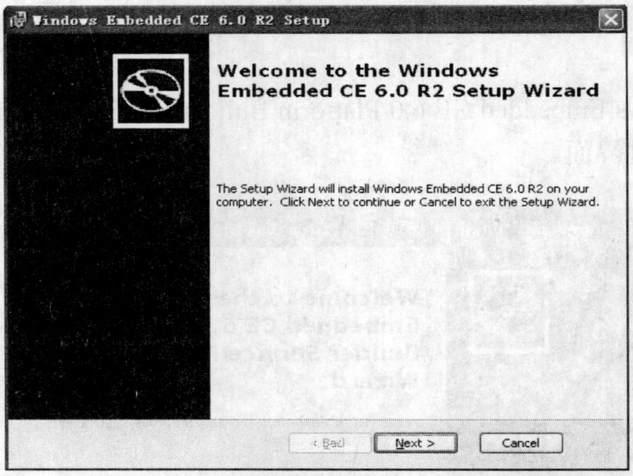

图 2-13 Windows Embedded CE 6.0 R2 安装启动界面

（2）根据安装向导进行默认安装，直到安装完成。如图 2-14 所示为安装进程。

6. 安装 Windows Embedded CE 6.0 R3

Windows Embedded CE 6.0 R3 提供了用于创建设备的工具和技术，这些设备可为最终用户提供无与伦比的体验。OEM 可以使用熟悉的工具和创新技术来创建与众不同的设备，这些设备具有丰富的用户界面、高保真浏览体验以及与 Windows 7 PC、其他设备和服务特有的快速高效连接。

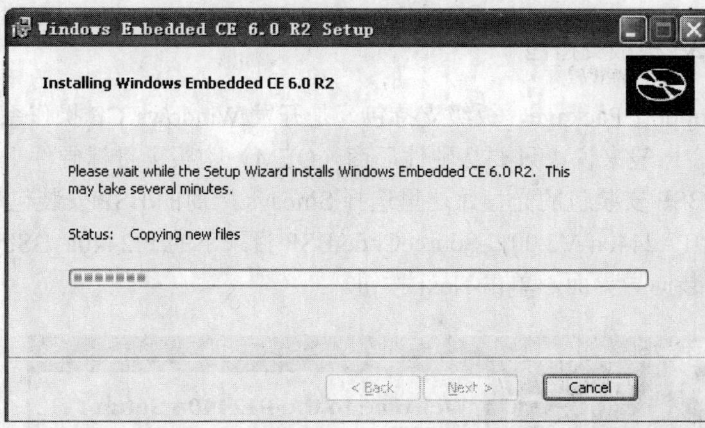

图 2-14　Windows Embedded CE 6.0 R2 安装进程

（1）双击 Windows Embedded CE 6.0 R3.msi 安装包，弹出如图 2-15 所示的安装启动界面，单击 Next 按钮。

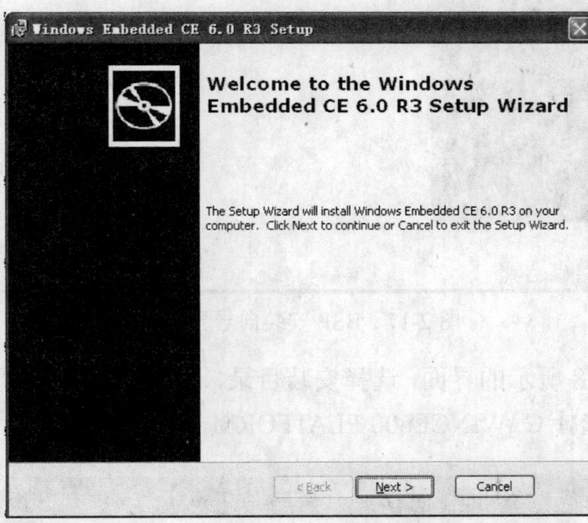

图 2-15　Windows Embedded CE 6.0 R3 安装启动界面

（2）根据安装向导进行默认安装，直到安装完成。如图 2-16 所示为安装进程。

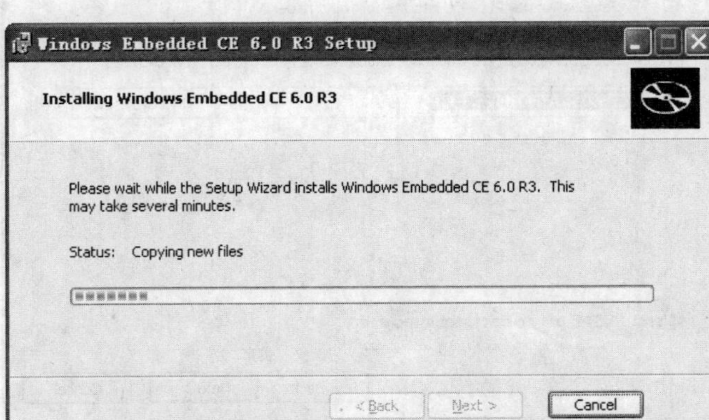

图 2-16　Windows Embedded CE 6.0 R3 安装进程

2.3.2 安装 BSP 板级支持包

BSP（Board Support Package，板级支持包）是开发 Windows CE 操作系统运行时映像所需的一个重要组件。一般来说，只要从硬件厂商（OEM）购买了目标硬件平台，都会随硬件平台附带一张提供 BSP 安装包的光盘。这里选择 Sinosys 厂商的 BSP 安装包进行安装。

（1）双击光盘 PA2440a V2.00\5-SourceCode\BSP 目录下的 PI2440a_BSP_V1.0.exe，弹出如图 2-17 所示的安装向导界面，单击 Next 按钮。

图 2-17　BSP 安装向导界面

（2）当出现如图 2-18 所示的界面，选择安装目录，一定要选择安装至 Windows Embedded CE 6.0 的路径下，这里选择 C:\WINCE600\PLATFORM\PI2440a 目录下。直到 BSP 安装完成。

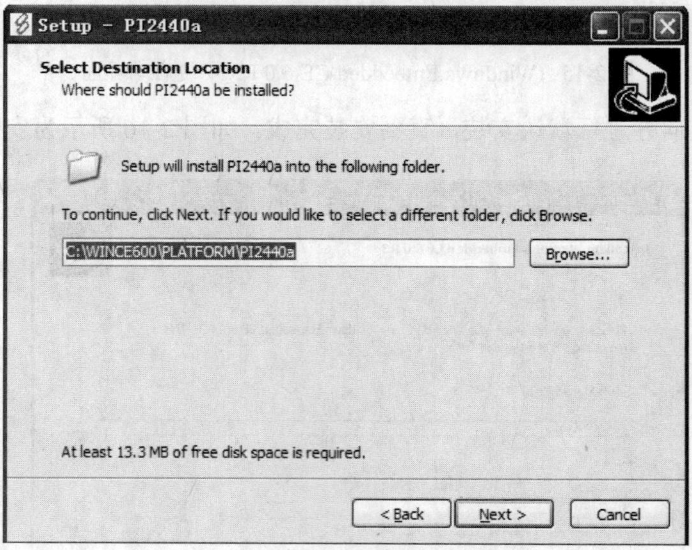

图 2-18　选择安装路径

（3）当 BSP 安装完成之后，可以在 C:\WINCE600\PLATFORM 目录下查看到安装完成的 BSP 包目录，如图 2-19 所示。

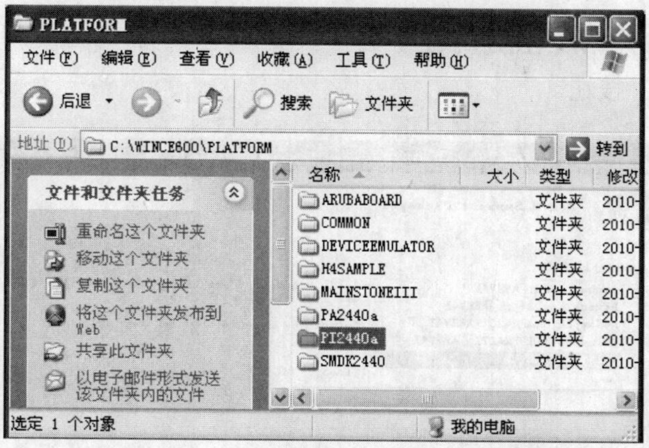

图 2-19　安装完成的 BSP 包目录

2.3.3　构建 Windows CE 6.0 操作系统工程

Windows CE 6.0 当作 VS.NET 2005 的一个独立插件集成到 VS 2005 的开发环境中，所以新建的 Windows CE 6.0 工程和以往新建的 Windows CE 5.0 工程操作略有区别。通过定制向导操作，可以知道定制 OS 总共分为三步来引导用户完成定制过程，这三步操作分别为：选择一个 BSP、选择一个设计模板、添加或者删除目标组件到定制工程中。具体步骤如下：

（1）新建 Platform Builder for CE 6.0 工程时，需要设定工程的名称、存放路径等。具体操作如图 2-20 所示。

1）单击“项目类型”栏中的 Platform Builder for CE 6.0。

2）选择 OS Design 工程模板。

3）输入工程名称 HMIOS。

4）单击“确定”按钮完成此次操作。

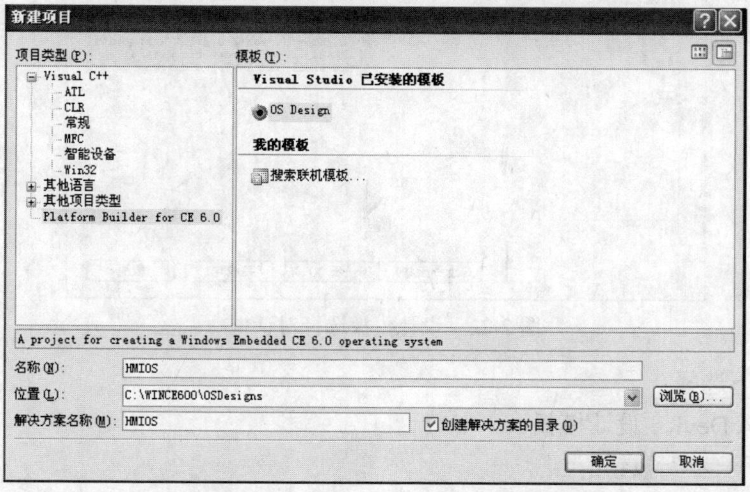

图 2-20　新建 Windows CE 6.0 工程项目

（2）不同的硬件设备需要选择不同的 BSP，在用户安装了 BSP 后，在如图 2-21 所示的 BSP 平台选择列表中就能显示出来，以供用户在新建工程的时候选择，这里针对 HMI（PI2440a）硬件设备选择如下：

1）选择 PI2440a：ARMV4I BSP。

2）单击“下一步”按钮。

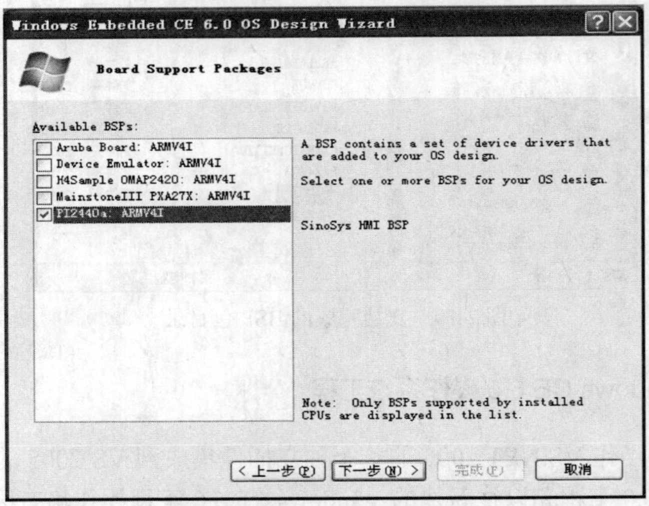

图 2-21 选择 BSP 列表对话框

（3）如图 2-22 所示的选择产品设计模板，用户可以根据自己的产品应用，选择相应的设备模板。选择设备模板的目的在于能够自动加入该产品原型需要的功能组件。

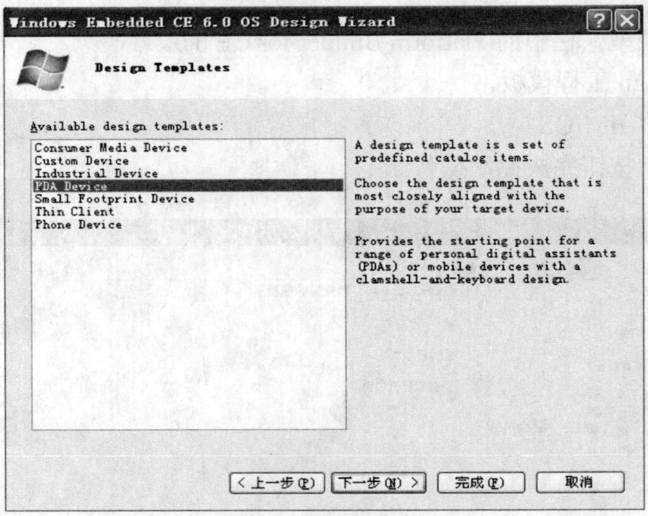

图 2-22 设计模板选择对话框

这里按照如下选择：

1）选择 PDA Device 设计模板。

2）单击“下一步”按钮。

3）选择 Mobile Handheld，如图 2-23 所示。

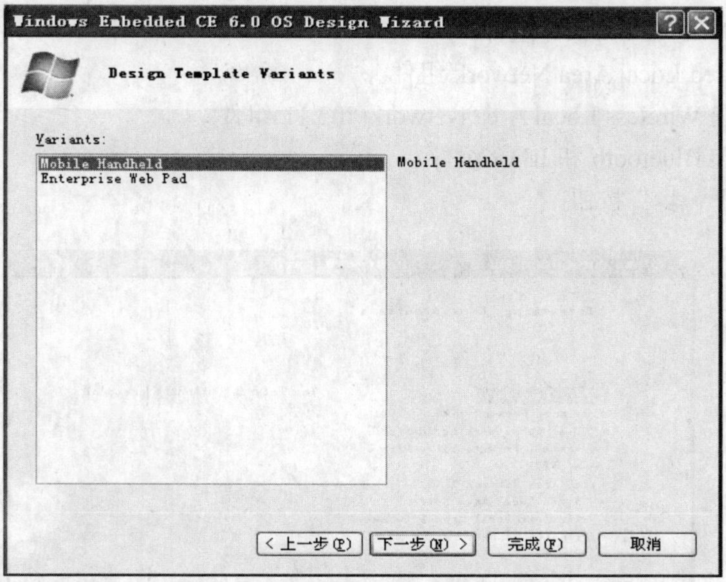

图 2-23　Design Template Variants 对话框

（4）开发人员在选择对应的设计模板之后，定制向导默认会将对应模板可能需要的组件加入进来，如图 2-24 所示，这里按照如下选择：

1）保持默认已勾选组件状态不变，额外勾选 Internet Explorer 6.0 组件。

2）单击“下一步”按钮。

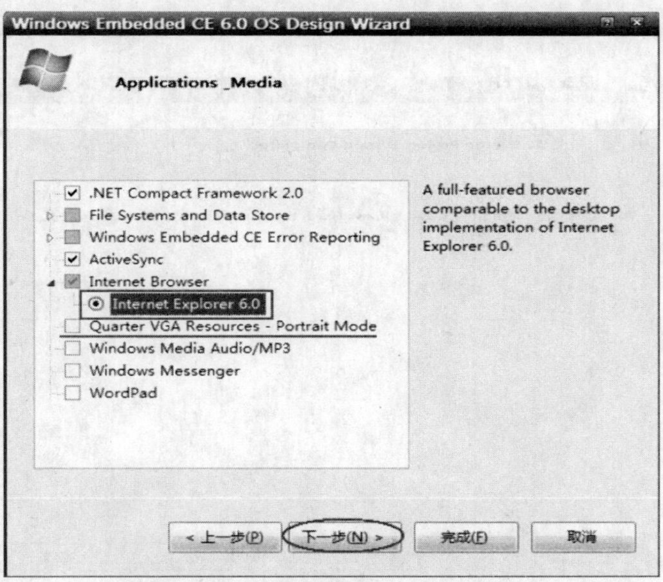

图 2-24　应用程序及媒体选项对话框

（5）选择网络和通信相关的组件，HMI（PI2440a）硬件平台只包含有线以太网连接设备，不包含无线网络组件。该设备也没有蓝牙和红外的个人网络，所以可以把这些组件去掉。另外保留 Dial-up Networking(RAS/PPP)组件，因为该组件需要和 Activesync 同步工具配合使用。如图 2-25 所示，这里按照如下选择：

1）勾选 TCP/IPV6 Support 组件。
2）勾选 Wired Local Area Network 组件。
3）去掉勾选 Wireless Local Area Network(802.11)组件。
4）去掉勾选 Bluetooth 和 IrDA 组件。
5）单击“下一步”按钮。

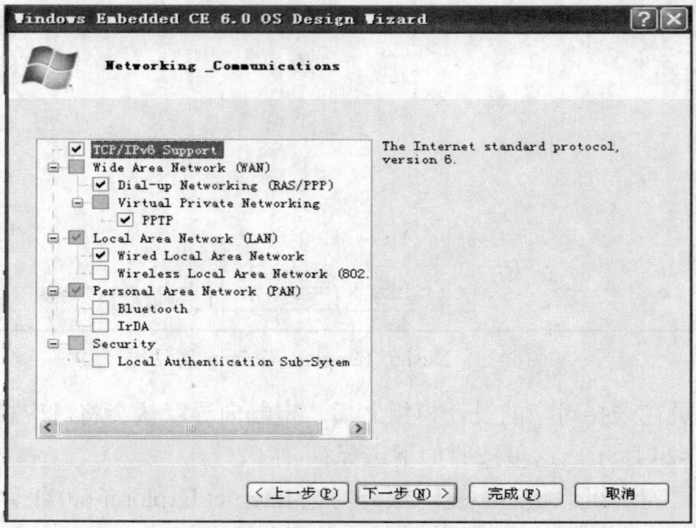

图 2-25　网络与通信选项对话框

（6）单击“完成”按钮，最后完成工程的基本设计，如图 2-26 所示。

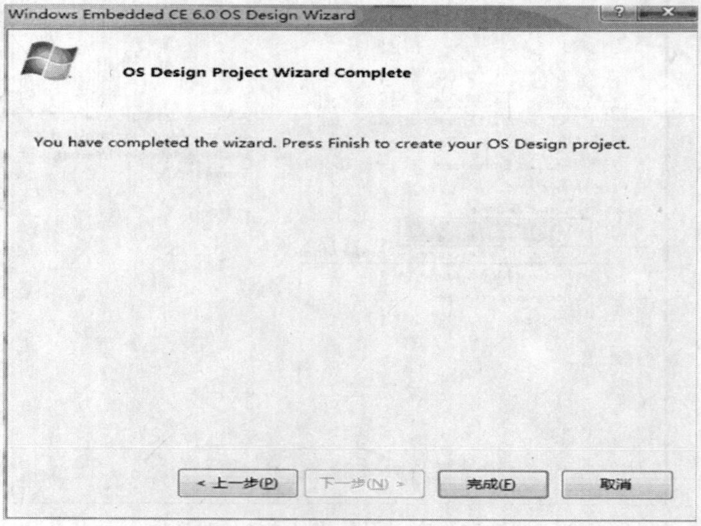

图 2-26　完成 OS 工程的基本设计

2.3.4 添加支持硬件平台应用的特性组件

根据上面 HMI OS 工程向导创建了 Windows CE 的操作系统项目，它只是基本地完成了 Windows CE 所具有的通用特性功能设置，如图 2-27 所示展示了所有 Windows CE 6.0 的 Catalog

Items，为了支持后面的应用程序运行，需要对 Windows CE OS 添加一些应用程序运行所支持的组件。

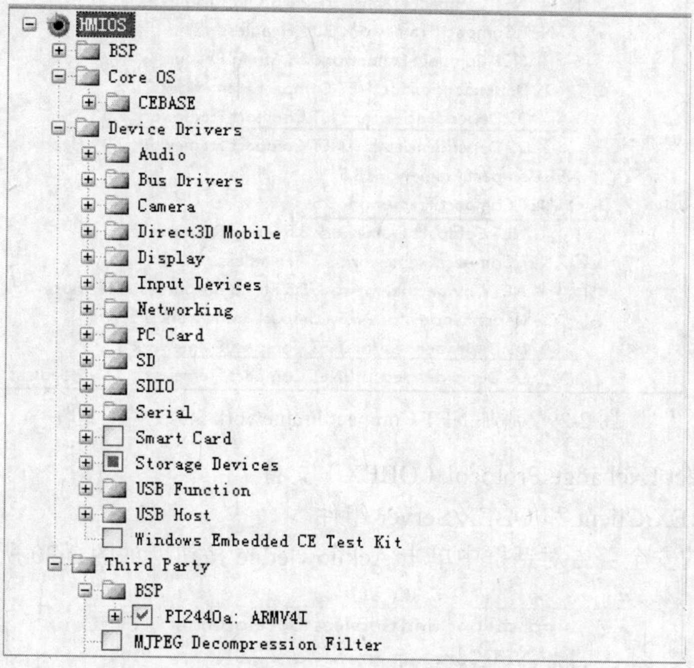

图 2-27　Windows CE 6.0 的 Catalog Items

1. 添加 CAB File Intaller/UnInstaller 支持

为了能在目标硬件平台上安装.CAB 程序和通过 Windows CE 设备的控制面板删除应用程序，需要在 OS 中添加 CAB File Intaller/Uninstaller 支持的组件，如图 2-28 所示。

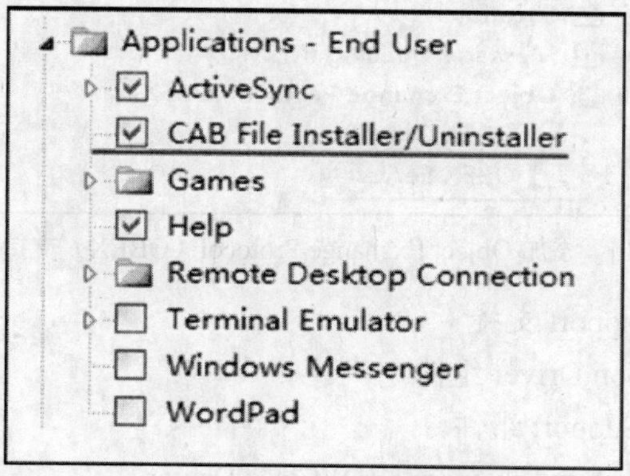

图 2-28　添加 CAB File Intaller/UnInstaller 支持的组件

2. 添加.NET Compact Framework 3.5 支持

- 去掉.NET Compact Framework 2.0 和 OS Dependencies for .NET Compact Framework 2.0 组件。
- 添加.NET Compact Framework 3.5 和 OS Dependencies for .NET Compact Framework 3.5 组件，如图 2-29 所示。

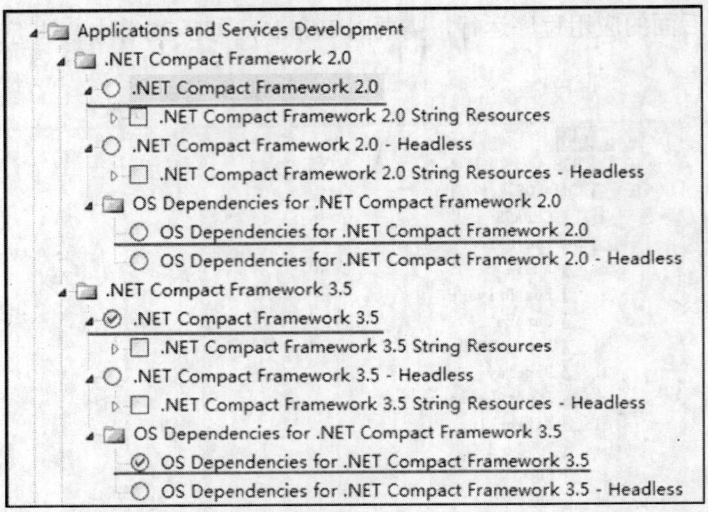

图 2-29　添加.NET Compact Framework 3.5 支持的组件

3. 添加 Object Exchange Protocol（OBEX）支持

- 添加 OBEX Client 和 OBEX Server 组件。
- 在弹出的安全警告对话框中单击 Acknowledge 按钮，如图 2-30 所示。

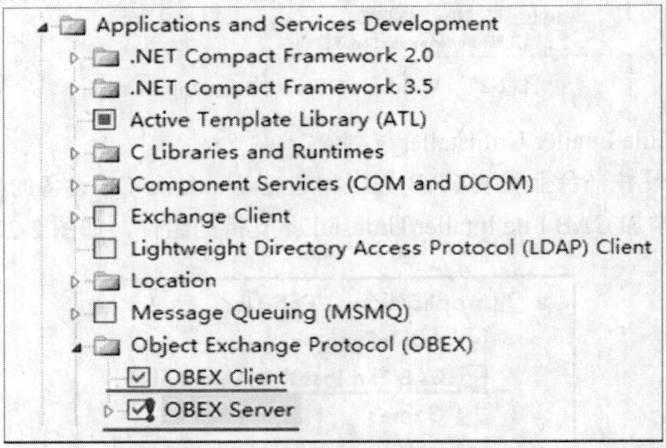

图 2-30　添加 Object Exchange Protocol（OBEX）支持的组件

4. 添加 USB Host Support 支持

- 添加 USB Function Driver 组件。
- 添加 USB Host Support 组件。
- 添加 USB Human Input Device (HID) Class Driver 组件。
- 添加 USB Storage Class Driver 组件。
- 添加 Windows Embedded CE Driver Development Kit Support Library 组件，如图 2-31 所示。

5. 添加 File Systems and Data Store 有关文件系统和注册表支持

- 添加 RAM and ROM File System 组件。
- 添加 Hive-based Registry 组件，如图 2-32 所示。

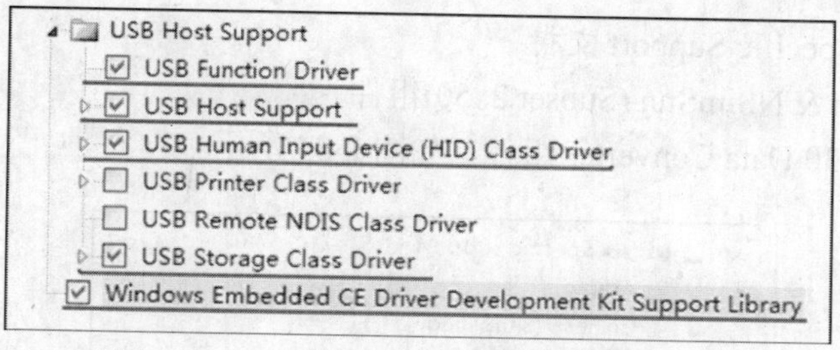

图 2-31　添加 USB Host Support 支持的组件

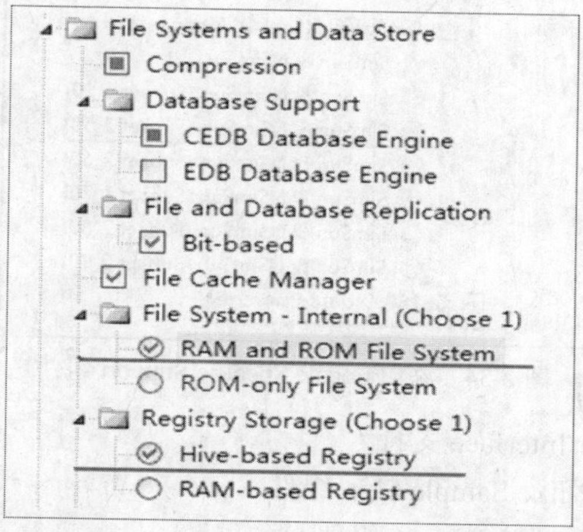

图 2-32　添加 File Systems and Data Store 有关中文件系统和注册表支持的组件

6. 添加 File Systems and Data Store 有关文件系统和存储管理支持

- 添加 Storage Manager 组件。
- 添加 Binary Rom Image File System 组件。
- 添加 exFAT File System 组件。
- 添加 FAT File System 组件。
- 添加 Partition Driver 组件。
- 添加 Storage Manager Control Panel Applet 组件，如图 2-33 所示。

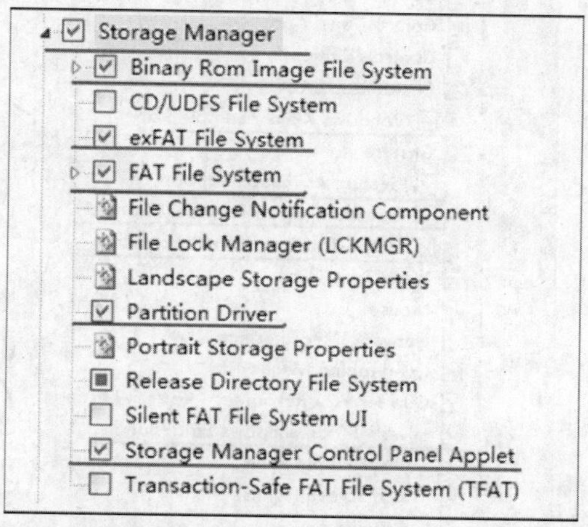

图 2-33　添加 File Systems and Data Store 有关文件系统和存储管理支持的组件

7. 添加 Locale Specific Support 支持

- 添加 SimSun & NSimSun (Subset 2_50)组件。
- 添加 GB18030 Data Converter 组件，如图 2-34 所示。

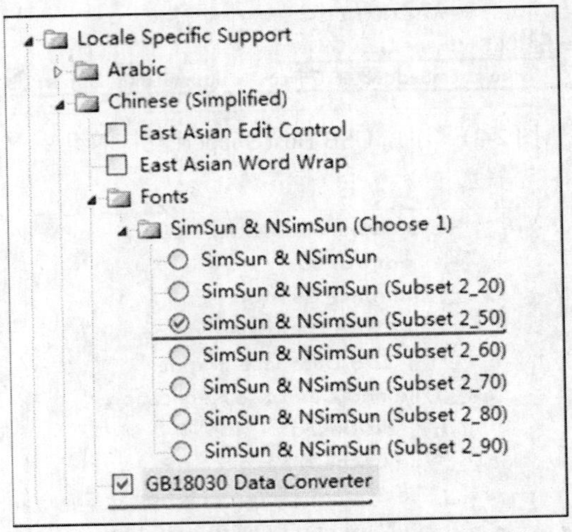

图 2-34 添加 Locale Specific Support 组件

8. 添加 Shell and User Interface 支持

- 添加 Windows XP-like Sample Skin 组件。
- 添加 Gesture Animation Support 组件。
- 添加 Gesture Support for Win32 Controls 组件。
- 添加 Single-Touch Gesture Recognition 组件。
- 添加 Silverlight for Windows Embedded 组件，如图 2-35 所示。

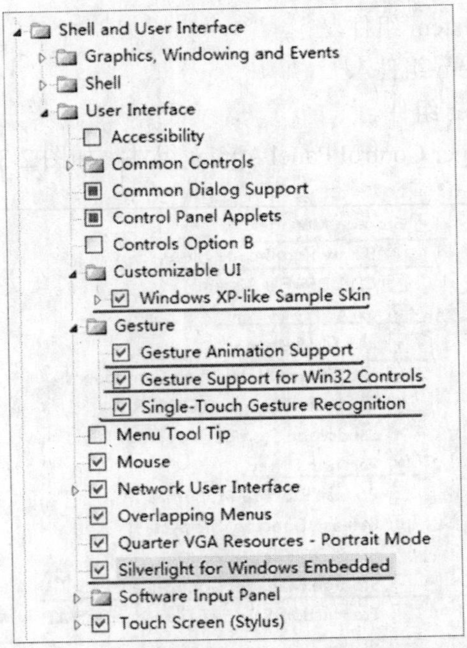

图 2-35 添加 Shell and User Interface 支持的组件

2.3.5 编译生成 Windows CE 6.0 操作系统运行时映像

1. Windows CE 6.0 操作系统编译的参数设置

（1）完成 OS 定制后，先对生成的项目进行设置，设置操作如下：

- 选中“解决方案资源管理器”，右击新建的 HMIOS 项目。
- 在弹出的快捷菜单中选择“属性”选项，如图 2-36 所示。

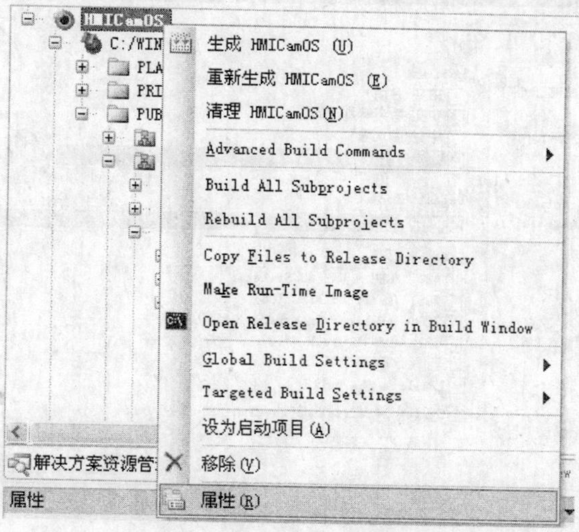

图 2-36　选择 HMIOS 项目属性

（2）VS 2005 会弹出设置 HMIOS 项目的属性页，具体配置如下：

- 将配置下拉列表框中由原来的 PI2440a ARMV4I Debug 改选为 PI2440a ARMV4I Release。
- 此时开发者可以看到 General 树列表中的 Build type 属性由 Debug 变为 Release，如图 2-37 所示。

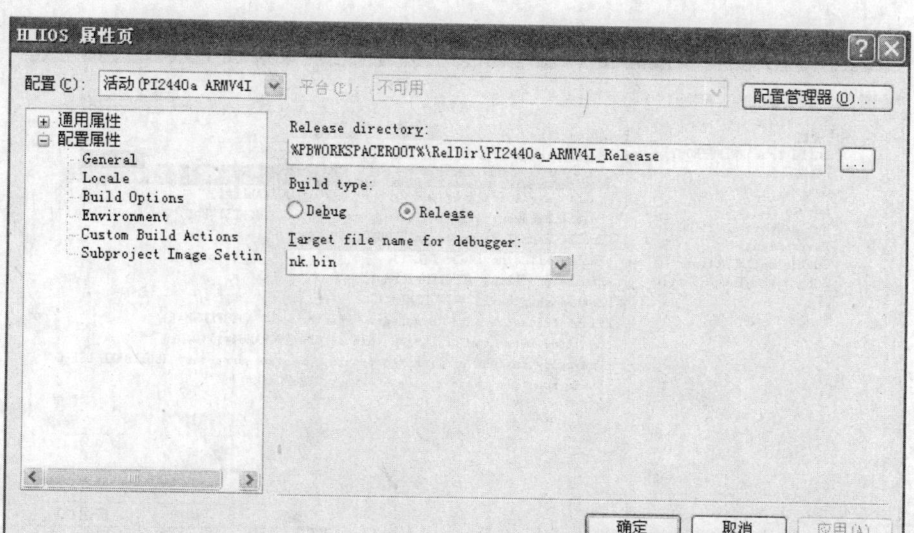

图 2-37　选择映像建立的类型

（3）单击 Locale 树列表项，选择系统支持的语言类型。

- 单击 Clear All 清除所有语言支持。
- 选择“中文(中国)”复选项。
- Default Locale 下拉列表框选择“中文(中国)”，使系统默认语言选择简体中文，如图 2-38 所示。

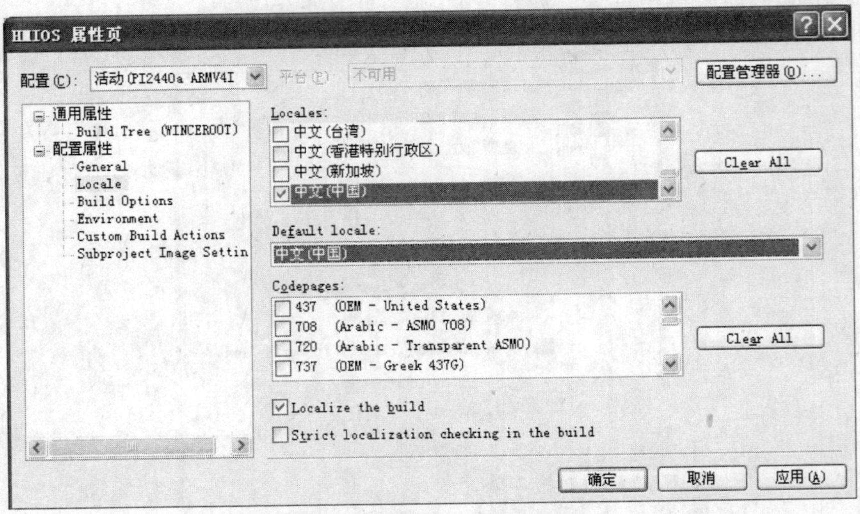

图 2-38 选择系统的语言类型

（4）单击 Build Options 树列表项，进行编译选项的配置。因为该工程是选用发布版本，所以和调试相关的编译选项应全部去掉。

- 只保留 Enable eboot space in memory (IMGRBOOT=1)复选项。
- 单击“确定”按钮完成配置。
- 回到 VS 2005 主界面，将配置管理器中的“输出版本”设置为 PI2440a ARMV4I Release，如图 2-39 所示。

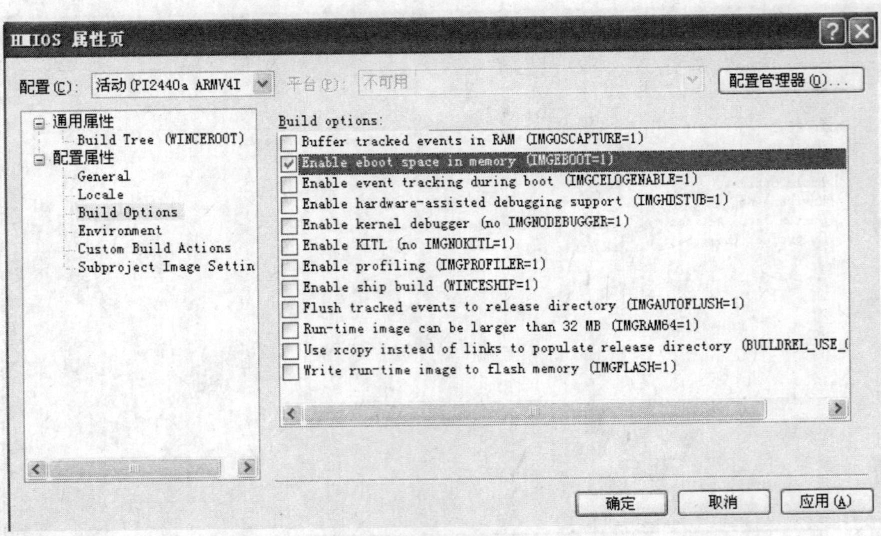

图 2-39 设置 OS 构建选项

2. 编译 Windows CE 6.0 操作系统工程

（1）开始编译 HMIOS 项目。

单击"生成"→"生成 HMIOS"选项，如图 2-40 所示。

图 2-40　开始编译 HMIOS

（2）编译成功后，在 VS 2005 的调试输出口会出现类似提示信息。可以看到此次项目生成成功，error 数为 0，warning 数为 228。Warning 数的多少对项目映像生成和正常的运行没有任何影响。若用户编译出错，可在 Windows CE 6.0 安装的\WINCE600 目录下找到编译信息记录文件 build.log，通过查找错误提示信息来定位错误原因，如图 2-41 所示。

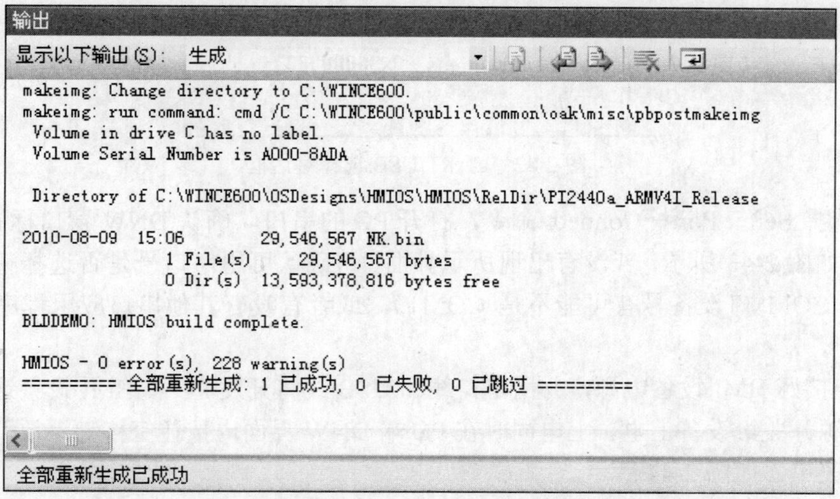

图 2-41　创建操作系统映像成功的信息输出窗口

编译成功后，会在指定的目录下生成一些文件。例如：X:\WINCE600\OSDesigns\HMIOS\HMIOS\RelDir\PI2440a_ARMV4I_Release（X 是 Windows CE 6.0 所在的盘符）的目录下生成的一些文件为：STEPLDR.nb1、STEPLDR.bin、EBOOT.bin、EBOOT.nb0、NK.bin、NK.nb0。

2.4 下载 Windows CE 6.0 映像到目标平台

在最终产品发布的时候，嵌入式产品是脱离 PC 机的，因此，我们必须让嵌入式产品能加电自启动，这就需要把映像文件固化到 Flash 里。利用 DNW 下载工具，通过 USB 将 OS 映像先存放到 SDRAM 中，然后利用 u2440mon.bin 程序将存放在 SDRAM 中的 OS 映像固化到 Nand Flash 中。

嵌入式操作系统一般分为两个部分：一个是 Bootloader，另一个就是 OS 映像。Bootloader 主要用来引导或更新操作系统，而 OS 映像则包括了嵌入式操作系统的系统内核、文件系统、设备驱动等。通过前面编译得到的 Stepldr 和 Eboot 文件属于 Bootloader，而 NK 文件则属于 OS 映像。

（1）运行 DNW.exe 工具，这个工具具有通过 USB 下载/烧写系统 OS 的功能，选择 Configuration→Options 命令，确认 UART/USB Options 对话框中的设置，如图 2-42 所示。

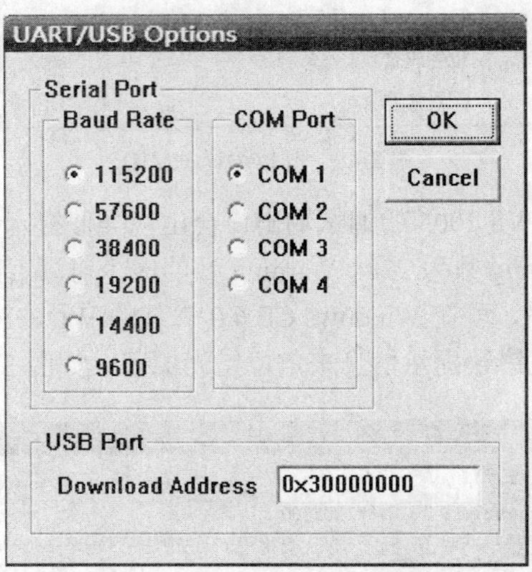

图 2-42 UART/USB 选择对话框

（2）选择 Serail Port→Connect 命令，打开 PC 的串口，确认 DNW 窗口标题栏的显示。配置成功后如图 2-43 所示，若没有出现所示界面，请确认可用串口号是否选择正确（由 USB 口转出来的 COM 口设备号有可能不是 COM1），或者有没有其他串口应用程序占用了当前串口。

（3）连接好 HMI 设备电源，并用串口线和 USB 线将开发 PC 和 HMI 设备连接起来，完成后打开电源开关给设备上电。上电同时在 PC 端 DNW 界面内按住空格键不放，这时就会弹出一个下载菜单，如图 2-44 所示。

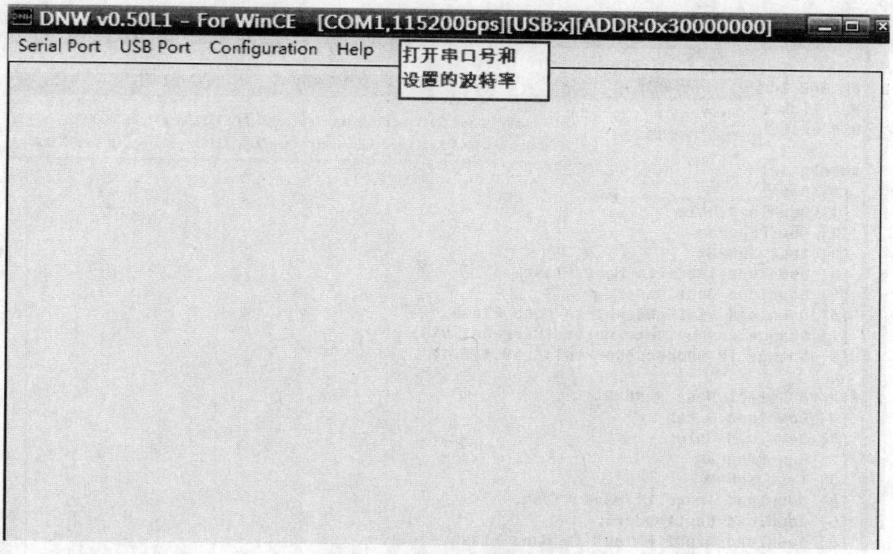

图 2-43　DNW 运行界面

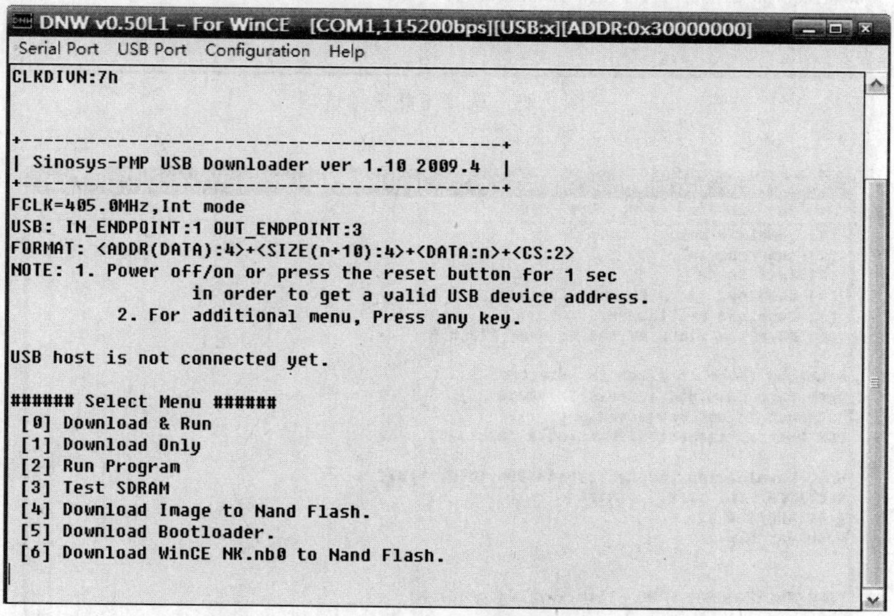

图 2-44　启动下载菜单

（4）选择“4”选项，如图 2-45 所示，然后单击 DNW 的 USB Port 菜单栏，单击 Transmit 选项→C:\WINCE600\OSDesigns\HMIOS\HMIOS\RelDir\PI2440a_ARMV4I_Release→STEPLDR.nb1。STEPLDR.nb1 功能单一，主要用来启动 eboot，eboot 功能强大，具备 USB 和 Ethernet 的驱动，它能用来更新引导系统。这么设计是和嵌入式 CPU 的特点有关系的，CPU 在上电时候最多只能拷贝 Flash 起始块 4KB 大小的程序到 RAM 中运行，所以就先设计出一段 STEPLDR，一般的 STEPLDR 只有初始化 CPU、Nand Flash 的功能，启动后就把 eboot 拷贝到指定的 RAM 位置运行。

（5）输入第“0”块，如图 2-46 所示。

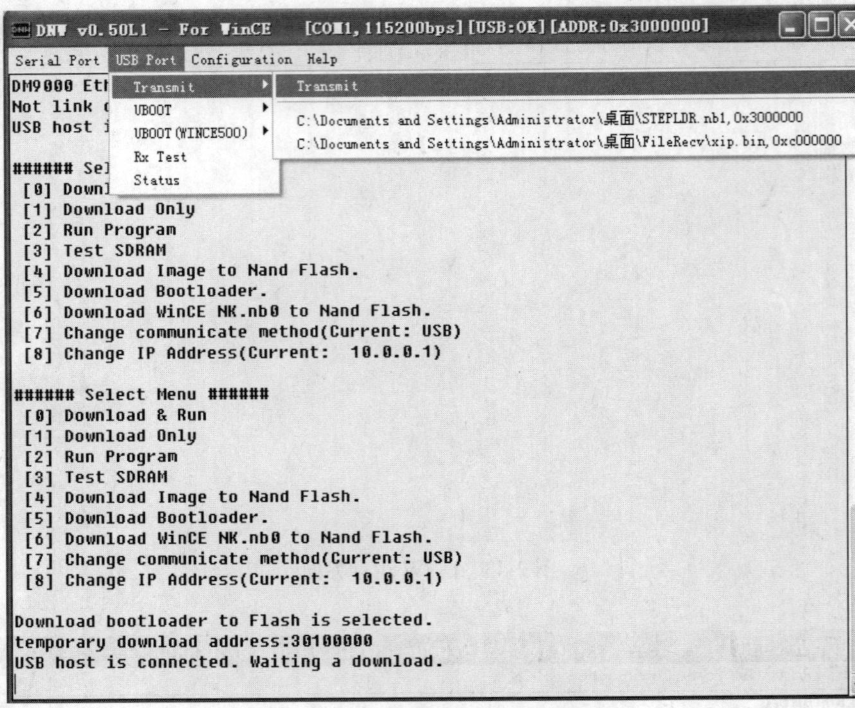

图 2-45 选择下载菜单选项

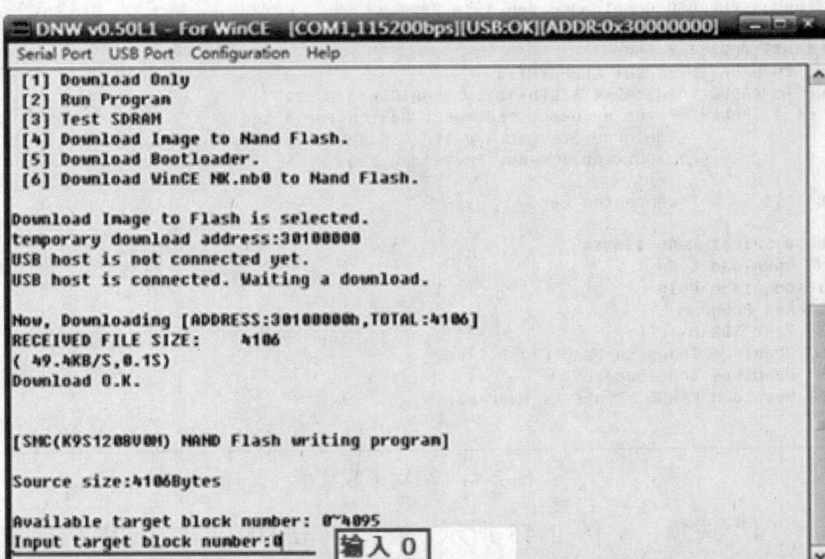

图 2-46 输入下载参数

（6）再次选择“4”选项，如图 2-47 所示，然后单击 DNW 的 USB Port 菜单栏，单击 Transmit 选项→C:\WINCE600\OSDesigns\HMIOS\HMIOS\RelDir\PI2440a_AR MV4I_Release→EBOOT.nb0 选项。然后输入 16，执行下载。eboot 一般具有菜单，菜单内容根据需要制定，它带有 Flash 的擦除、建立文件系统、USB 下载、Ethernet 下载、引导系统以及配置启动信息等较为复杂的功能。

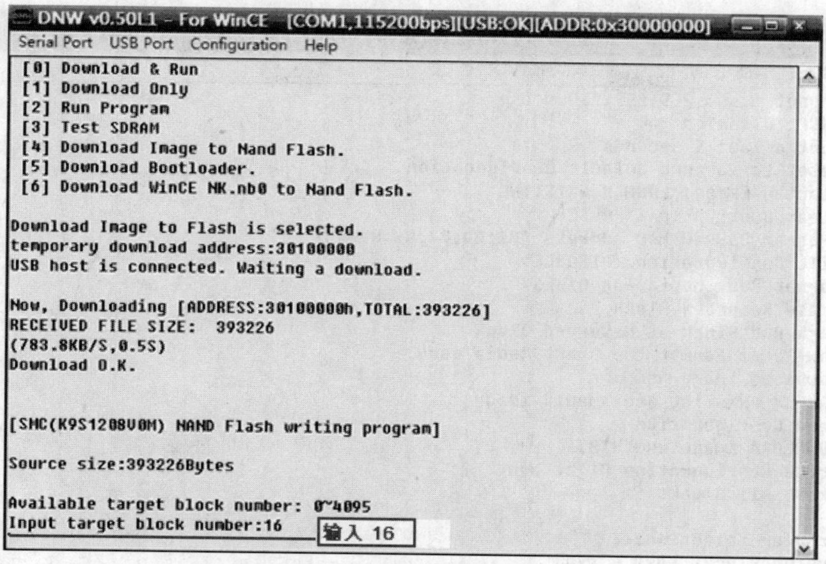

图 2-47　选择下载菜单选项

（7）烧写完两个 Bootloader 文件后，复位 PI2440a，复位后可在 DNW 端看到新的启动菜单内容，按照提示按下空格键进入引导菜单。如图 2-48 所示，若没有看到启动菜单，请检查烧写文件和文件烧录位置（分别为第 0 和第 16Block）是否正确。

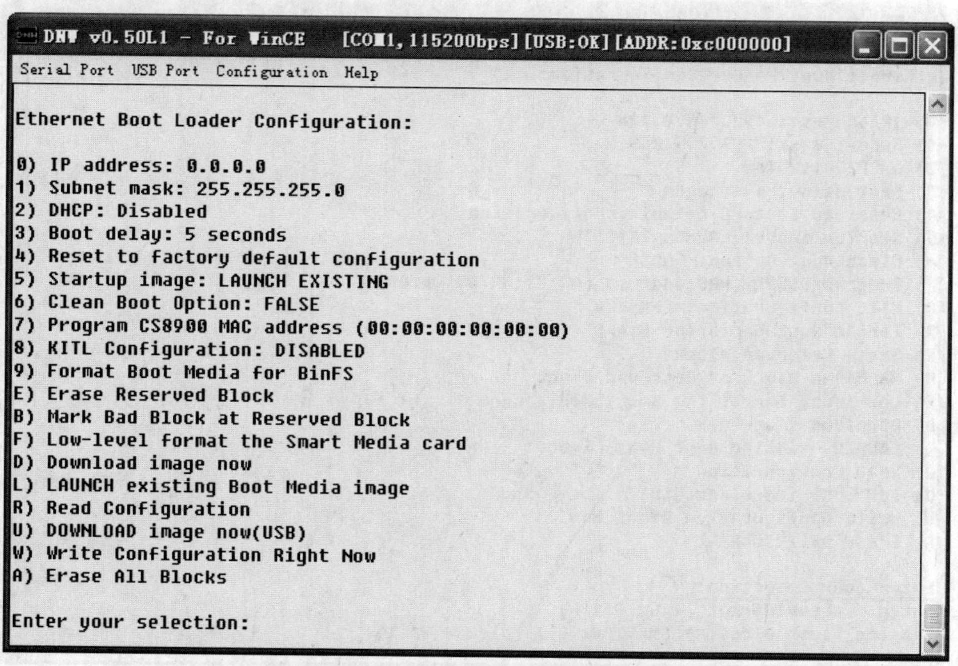

图 2-48　烧写完成 Bootloader 文件之后的菜单选项

（8）在每次烧写系统映像之前需要对存储介质进行格式化，首先按下 F 键进行擦除，擦除过程中程序会默认保留存放 Bootloader 的块，如图 2-49 所示。

（9）擦除完成后再按下“9”键，将存储介质格式化为 Binfs 文件格式。此次过程时间会比较长，请耐心等待，如图 2-50 所示。

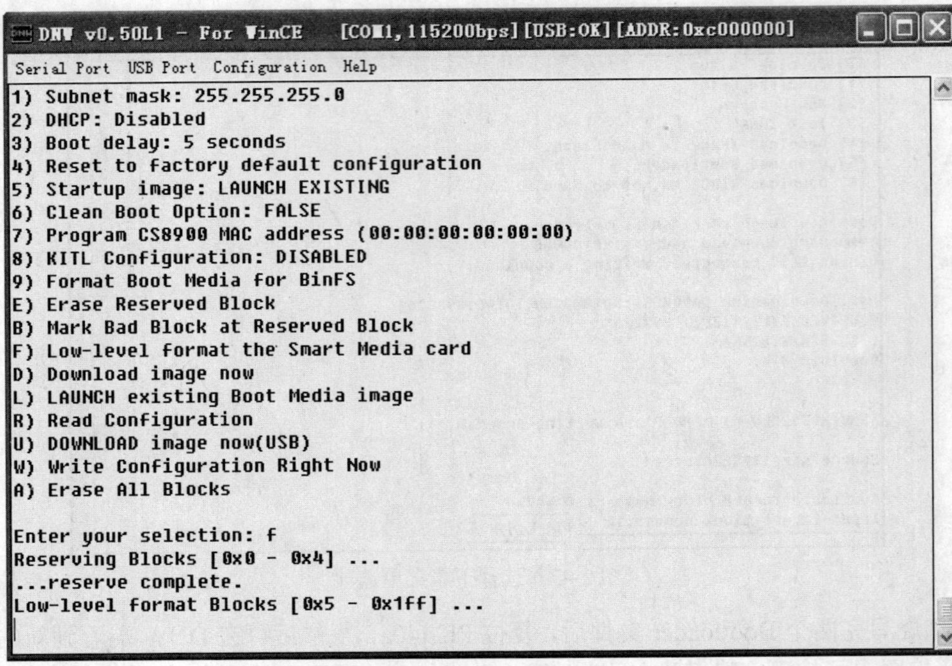

图 2-49 选择格式化选项

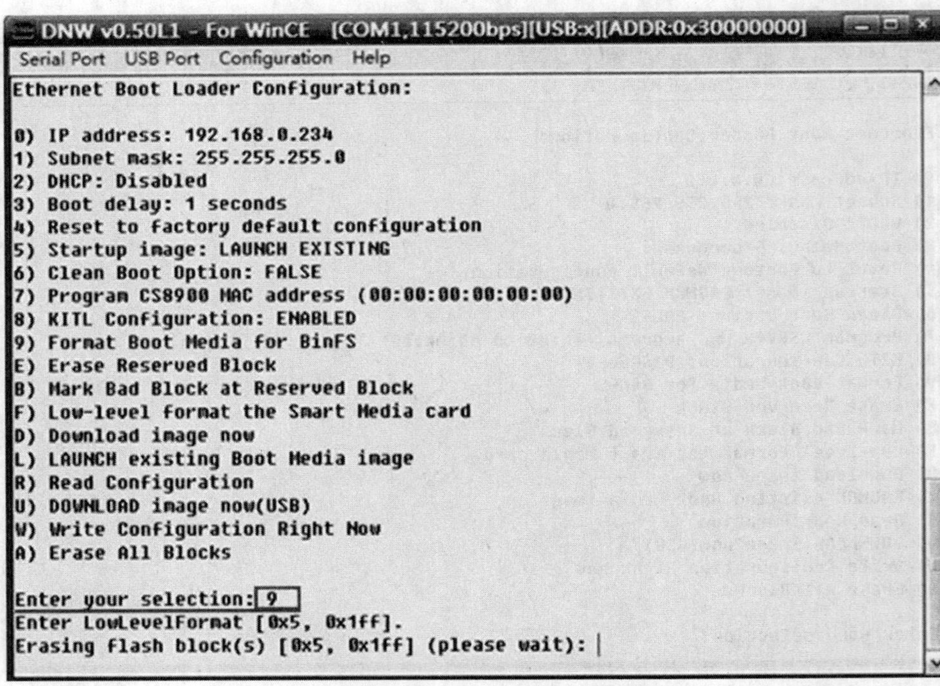

图 2-50 选择 Binfs 文件格式选项

（10）格式化完成之后回到主菜单，按下“U”键通过 USB 下载系统映像，然后单击 DNW 菜单栏的 USB Port 选项→UBOOT(WINCE500)→UBOOT，浏览 C:\WINCE600\OSDesigns\HMIOS\HMIOS\RelDir\PI2440a_ARMV4I_Release 目录下的的 NK.bin 文件（这里确保下载前 USB 线已连接好），如图 2-51 所示。

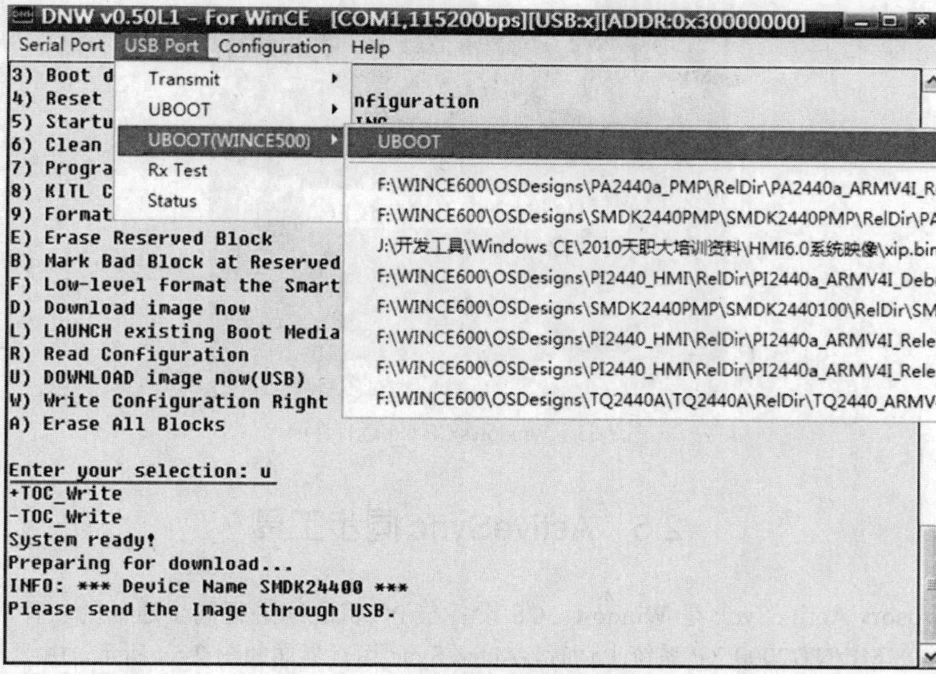

图 2-51　选择下载系统映像选项

（11）这时下载操作系统映像 NK.bin 文件到 Nand Flash 中，下载进度显示如图 2-52 所示。

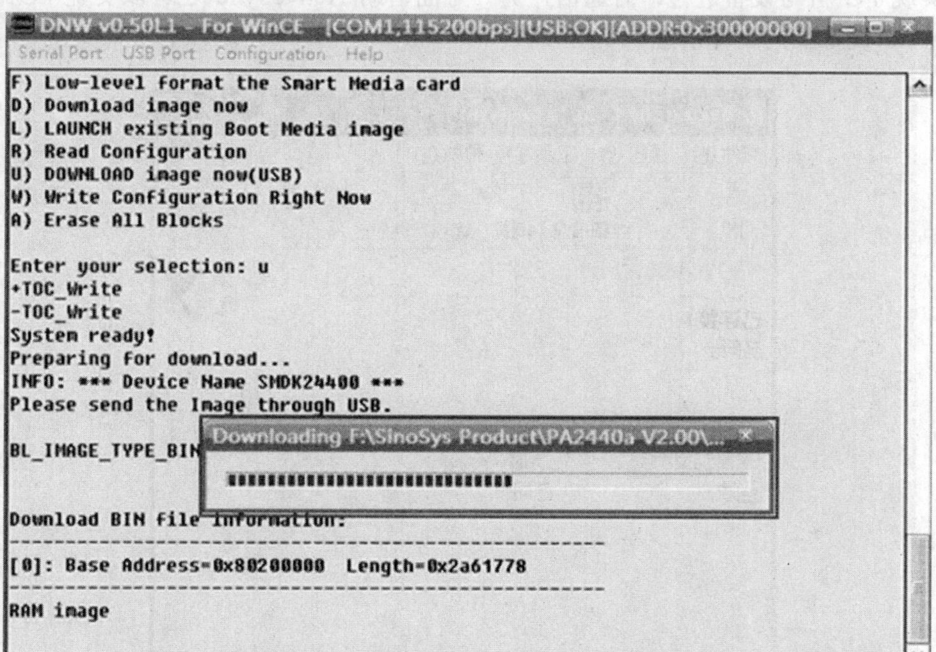

图 2-52　操作系统映像下载进度

（12）下载完成后，等待 10～20 秒就可以在 HMI 设备的液晶屏上看到 WinCE 系统的运行界面了。如果将串口线接到 HMI 设备的 COM1 口，还可以看到 WinCE 启动的信息，如图 2-53 所示。

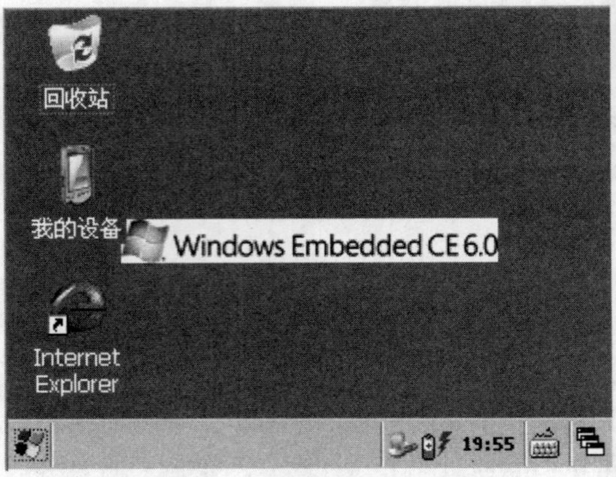

图 2-53　Windows CE 6.0 运行界面

2.5　ActiveSync 同步工具

Microsoft ActiveSync 是 Windows CE 设备与 PC 机之间进行同步通信的软件，可以在 Windows 98/ME/NT/2000/XP 系统上运行，ActiveSync 运行界面如图 2-54 所示，由于 Windows CE 系统是一个程序运行的平台，而开发程序都是在 PC 机端进行的，开发者经常需要通过 PC 机端将编译完成的程序下载至 Windows CE 设备端上进行在线调试运行，通过 ActiveSync 软件一方面实现 PC 机与设备进行即时通信，另一方面借助 ActiveSync 还可以实现 PC 机端访问 Windows CE 设备上的文件信息。

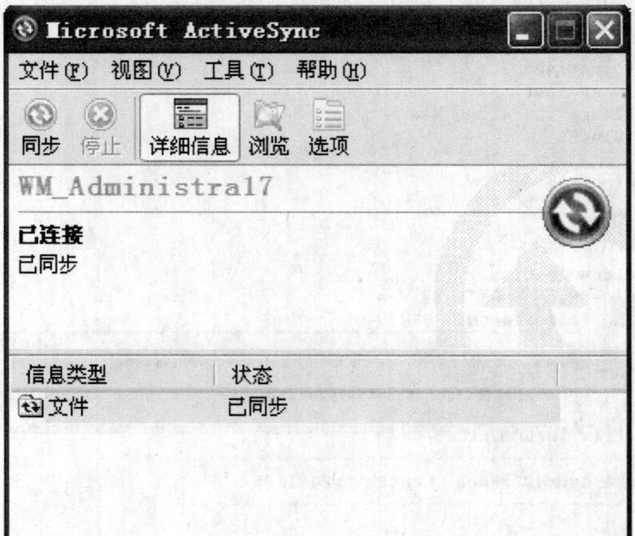

图 2-54　ActiveSync 运行界面

当 Microsoft ActiveSync 运行界面上出现已连接、已同步信息时，单击“浏览”选项，弹出如图 2-55 所示的窗口，这时可以通过 PC 机端操作设备端上的文件，包括从 PC 机中拷贝一个文件到设备端，或从设备端拷贝一个文件到 PC 端等。

图 2-55　PC 端访问设备端文件

2.6　创建 C#智能设备应用程序

2.6.1　VS.NET 2008 平台安装简介

微软推出的 VS.NET 2008 平台可用来开发基于 Windows CE 平台上应用程序，它既可以开发基于.NET Compact Framework 3.5 下的托管应用程序，也可以使用 C++语言开发（非托管）本地应用程序。

为了能够在 PC 端开发基于 Windows CE 平台上应用程序，需要在安装 VS.NET 2008 开发平台过程中，选择相应语言的“智能设备可编程技术”选项，如图 2-56 所示，就可以用对应的语言开发针对目标硬件平台的 Windows CE 应用程序。

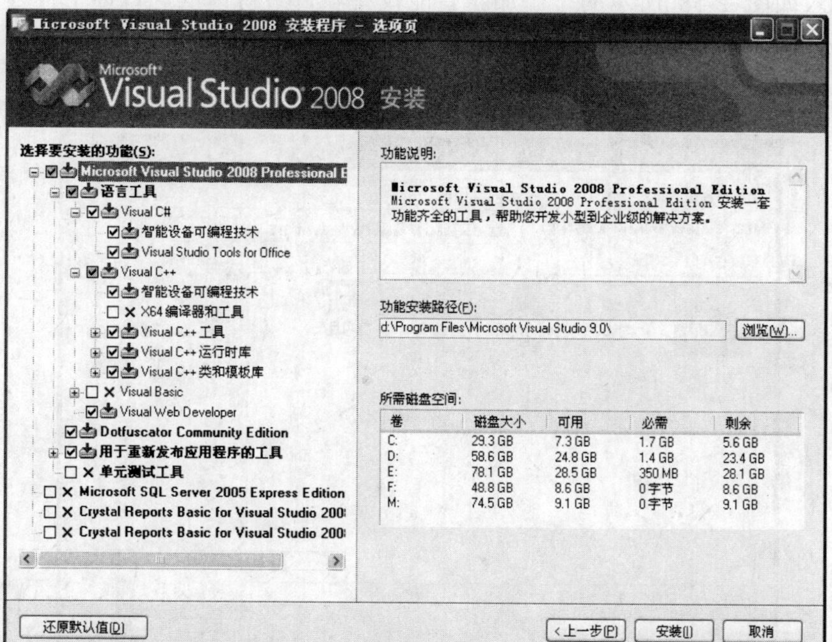

图 2-56　VS.NET 2008 安装向导中的“智能设备可编程技术”选项

现在通过 VS.NET 2008 平台创建一个简单的 C#智能设备应用程序，并将它通过 ActiveSync 下载到目标设备平台上在线运行和调试，以展示一个完整的基于 Windows CE 应用程序的开发过程。

（1）启动 VS.NET 2008。

（2）在起始页的项目窗体界面上，选择“文件”→“新建”→“项目”选项，进入“新建项目”对话框，如图 2-57 所示，在左侧“项目类型”列表中选择“Visual C#智能设备”选项，在右侧的模板中选择“智能设备项目”选项，在下方的“名称”输入栏中输入将要开发的应用程序名 MyFirstApp，在“位置”栏选择应用程序所保存的路径位置，最后单击“确定”按钮。

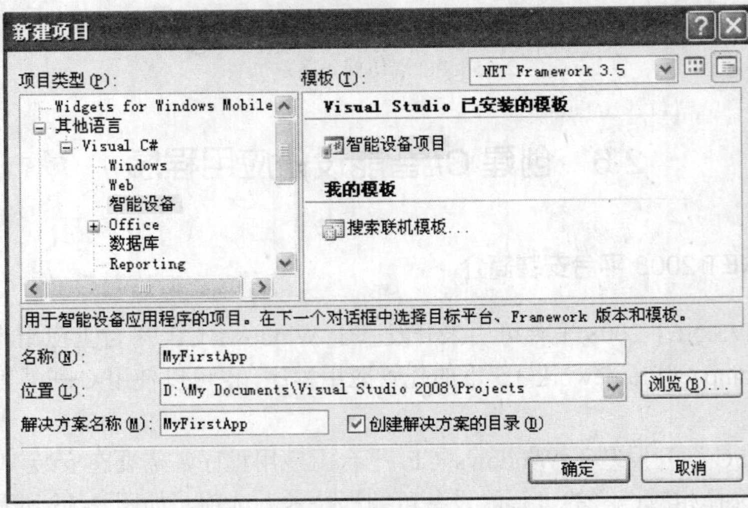

图 2-57 “新建项目”对话框

（3）进入如图 2-58 所示的“添加新智能设备项目”对话框，目标平台选择 Windows CE，.NET Compact Framework 版本选择.NET Compact Framework Version 3.5，模板选择“设备应用程序”，单击“确定”按钮，创建完成基于 Windows CE 6.0 的 C#设备应用程序。

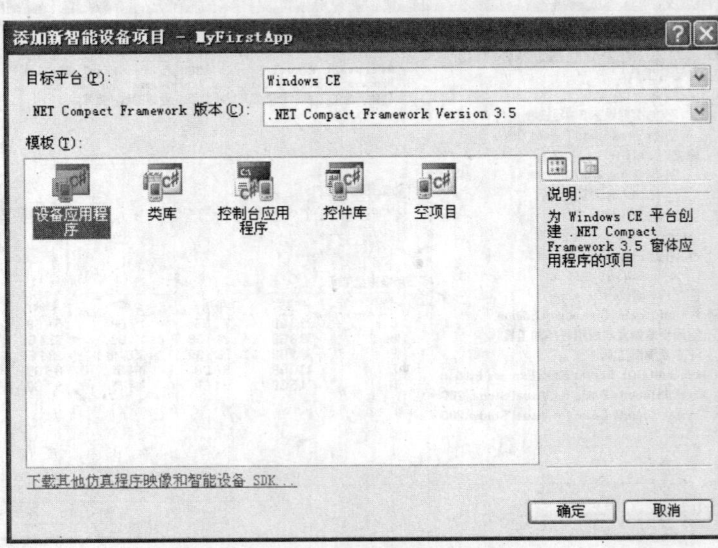

图 2-58 “添加智能设备项目”对话框

（4）当 MyFirstApp 应用程序项目创建成功之后，VS.NET 2008 会显示如图 2-59 所示的 Form 设计界面。

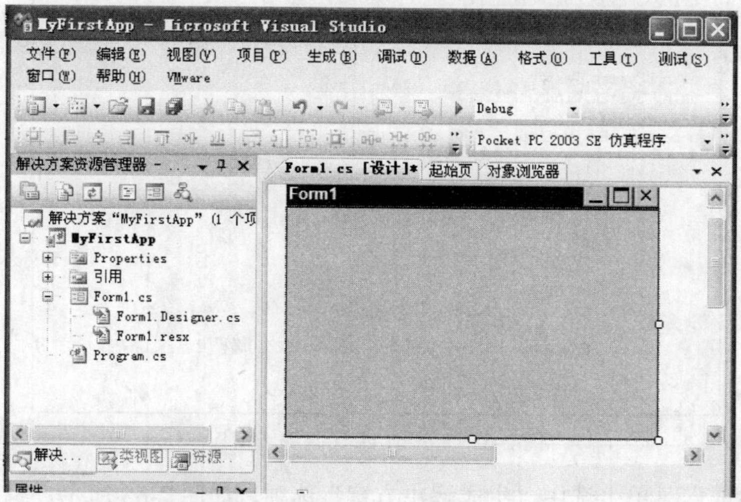

图 2-59　Windows CE 应用程序 Form 设计界面

（5）将鼠标移动到设计窗体左边的工具箱上，这时会显示工具箱面板，将一个 Button 按钮拖放至 Form1 设计窗体上，如图 2-60 所示。

（6）单击 Button 按钮，在窗体右下角的属性面板中将 Name 属性设置为 btnStart，Text 属性设置为“单击按钮”，如图 2-61 所示。

图 2-60　MyFirstApp 应用程序设计界面

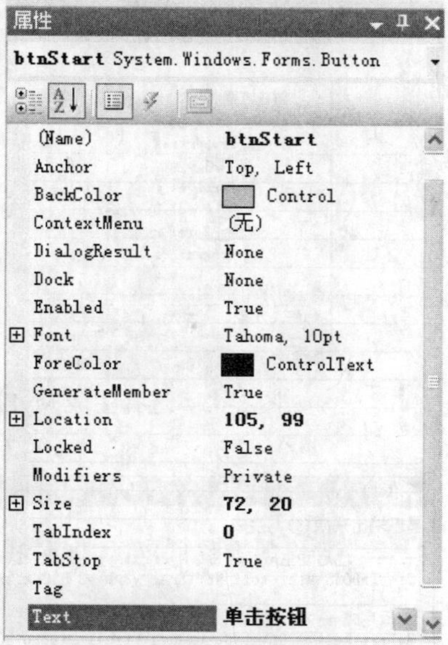

图 2-61　Button 控件属性面板

（7）双击 Button 按钮，系统自动切换到代码编辑窗口，这样 Button 按钮的单击事件就自动和 btnStart_Click 方法对应起来，这时只需要添加如图 2-62 所示的代码即可完成简单的事件处理任务。

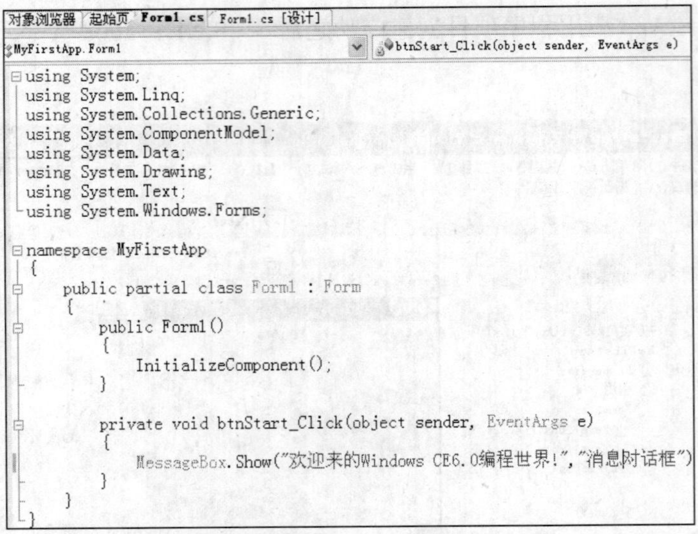

图 2-62 Form1.cs 代码编辑窗口

（8）在“生成”菜单上选中“生成解决方案”选项，如图 2-63 所示，编译当前工程，编译成功之后屏幕下方的输出窗口会显示“生成：1 成功，0 失败，0 被跳过”信息，如图 2-64 所示。

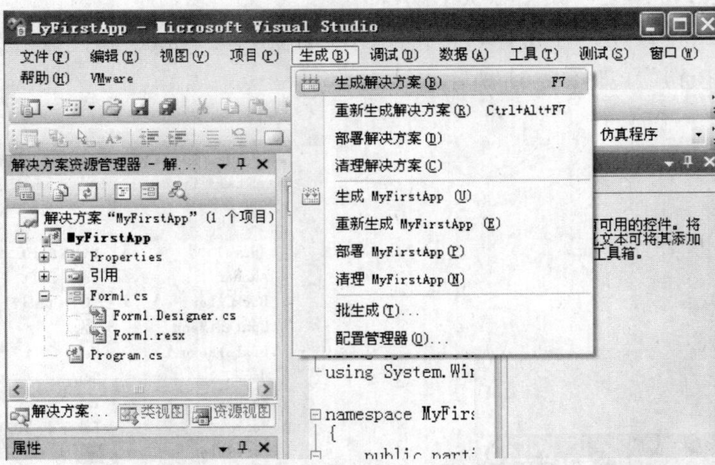

图 2-63 选择生成 MyFirstApp 应用程序项目的解决方案选项

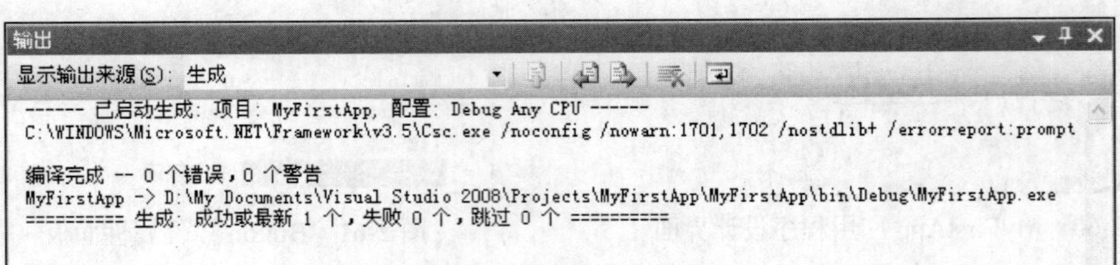

图 2-64 MyFirstApp 应用程序项目编译成功的输出信息

至此，我们已成功创建了一个简单的 C#的 Windows CE 应用程序，下面将 MyFirstApp 应用程序部署到目标硬件平台上运行。

2.6.2　在 Windows CE 目标设备上部署 C#应用程序

目标硬件设备平台中大部分硬件外围接口是按照标准化设计的，其中它上面含有一个 USB Slave 接口，另外在前面定制 Windows CE 操作系统时，已将 ActiveSync 组件包含进 OS 了，所以在将 VS.NET 2008 中 Windows CE 的 C#应用程序部署到目标设备平台上运行之前，需要通过 ActiveSync 加 USB 接口实现与设备端之间的连接。

下面介绍在硬件平台上部署 MyFirstApp 应用程序的流程。

1. 通过 ActiveSync 程序建立 PC 端与目标设备的通信连接

（1）在桌面 PC 上，选择“开始”→“所有程序”→Microsoft ActiveSync 命令，在 Microsoft ActiveSync 的窗口界面上选择“文件”→“进行连接”命令，系统弹出如图 2-65 所示的“建立合作关系”向导，选择“是”单选项，然后单击“下一步”按钮。

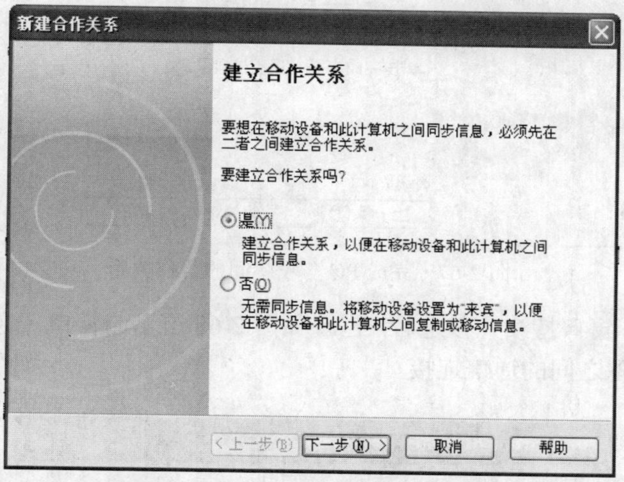

图 2-65　ActiveSync 的新建合作关系对话框

（2）在“选择同步设置”对话框中选择“文件”选项，如图 2-66 所示，单击“下一步”按钮。

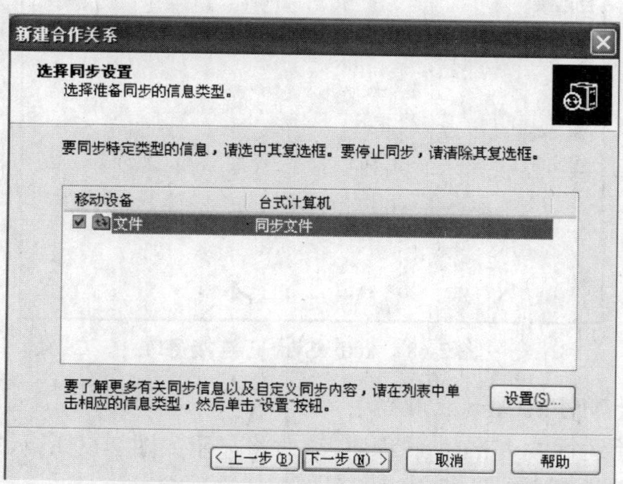

图 2-66　“选择同步设置”对话框

（3）在如图 2-67 所示的“设置完毕”向导界面上单击“完成”按钮，完成新建合作关系的设置，系统开始通过 USB 接口进行桌面 PC 与目标设备的 ActiveSync 连接，这时就实现了 PC 端与设备之间的合作关系。

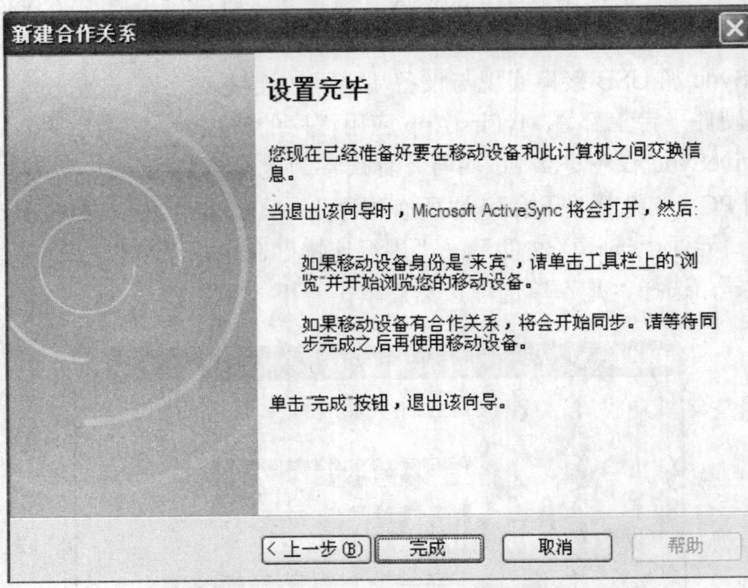

图 2-67　完成 PC 与设备间的合作关系

（4）ActiveSync 窗口持续几秒之后，出现如图 2-68 所示的窗口，这表示我们已经成功建立了 PC 机与目标设备之间的通信连接。

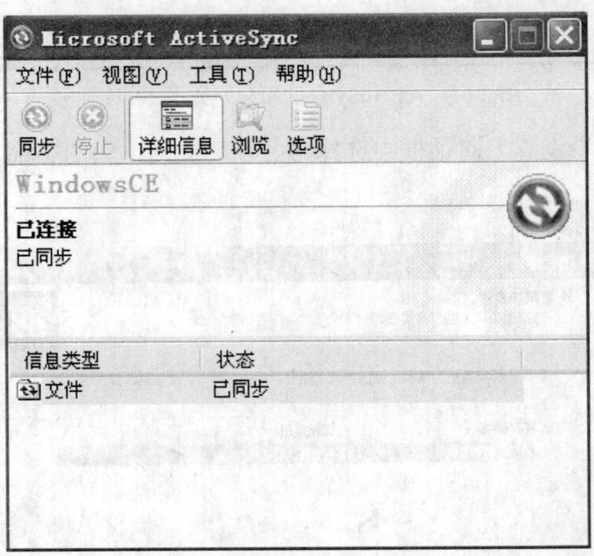

图 2-68　ActiveSync 已连接窗口

2. 在线调试部署 MyFirstApp 应用程序

（1）按 F5 键开始运行 MyFirstApp 程序，这时将显示如图 2-69 所示的应用程序部署窗口，选择 Windows CE 设备选项之后，单击“部署”按钮。

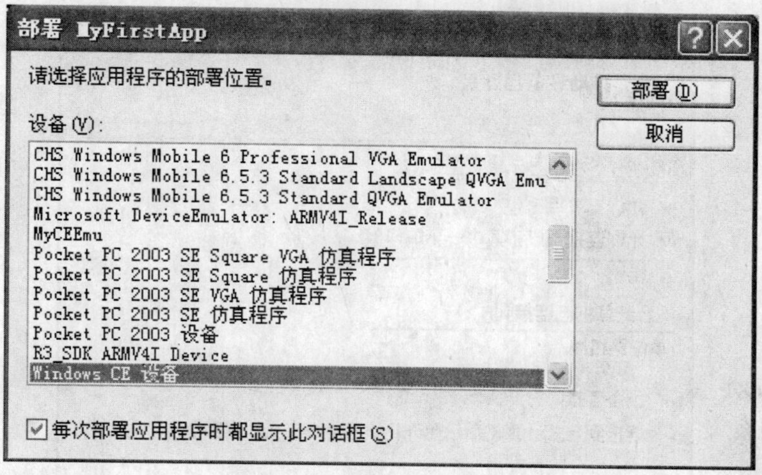

图 2-69 应用程序部署窗口

（2）在部署成功之后，持续几秒钟，可以在设备端上看到如图 2-70 所示的程序运行界面，单击“单击按钮”按钮，出现对话框中的显示信息。

图 2-70 设备端上运行的 MyFirstApp 应用程序

2.7 Windows CE 6.0 远程工具

VS.NET 2008 包含 6 个远程工具，它们用于在开发平台与实际平台间执行一些调试工作。利用它们可以在开发平台中得到实际运行平台上的文件、监视实际平台上进程或线程的状况、测试实际平台上应用程序的性能以及获得实际平台上运行程序的截图等。在使用远程工具之前需要在设备端加载相应的服务和做一些适当的配置。

1. 建立 PC 端与设备端通信

（1）打开 Microsoft ActiveSync 同步软件，选择“File→连接设置”选项，设置参数如图 2-71 所示，单击“确定”按钮。

（2）等待几秒钟之后，可以看到如图 2-72 所示已连接成功的提示信息。

至此 PC 机和设备端就建立了通信连接，在“我的电脑”下双击“移动设备”图标，就可以浏览到目标设备中的文件，如图 2-73 所示。一方面可以把 PC 机上的文件拷贝到目标设备，另一方面可以把目标设备的文件传送到 PC 机，实现了双方文件的上传和下载。

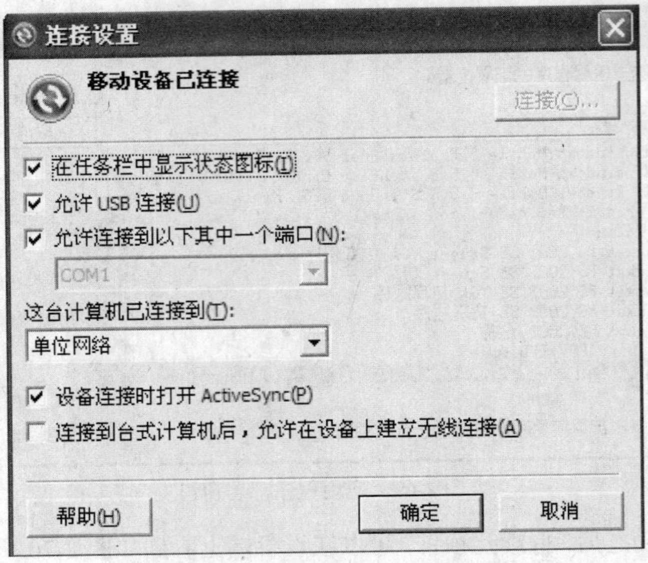

图 2-71　ActiveSync 连接设置

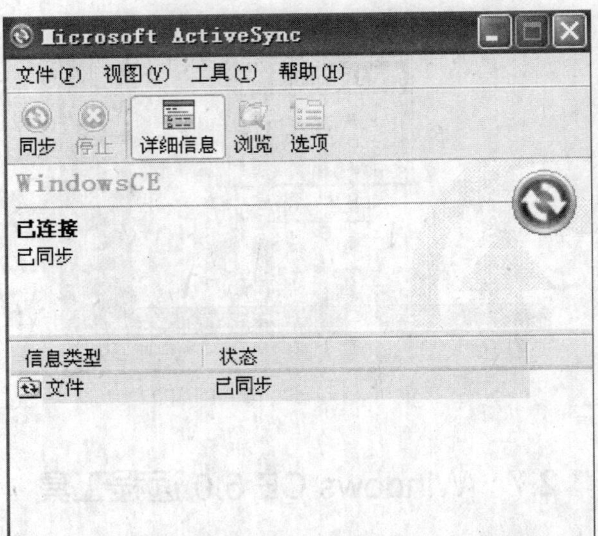

图 2-72　设备端与 PC 端连接成功

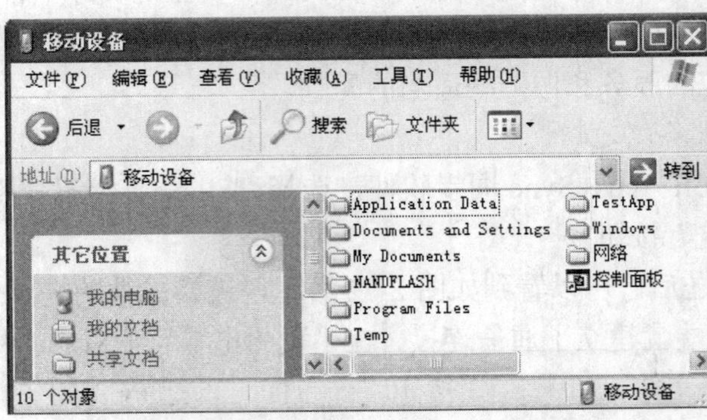

图 2-73　PC 端访问设备的快捷方式

2. 远程工具的使用

当通过 ActiveSync 方式完成了 PC 端与 Windows CE 设备的连接成功之后，可以在 PC 端的“开始”→“所有程序”→Microsoft Visual Studio 2008→Visual Studio Remote Tools 项中使用任何一种远程工具，这些远程工具按照功能可以分成两类：一类是进行调试的，如 Remote Heap Walker、Remote Process Viewer、Remote Spy；另一类是进行远程信息管理的，如 Remote File Viewer、Remote Registry Editor、Remote Zoom-in。

（1）远程堆查看器（Remote Heap Walker）。从名字就可以看出它是用来查看操作系统中每个进程使用的堆的情况。利用“远程堆查看程序”能够查看到内核中正运行的进程的名字、ID 及使用的所有的堆的 ID。进程的一个堆中的首地址、结束地址及标志（Fixed、Free），堆中每块（Block）的实际内容，如图 2-74 所示。

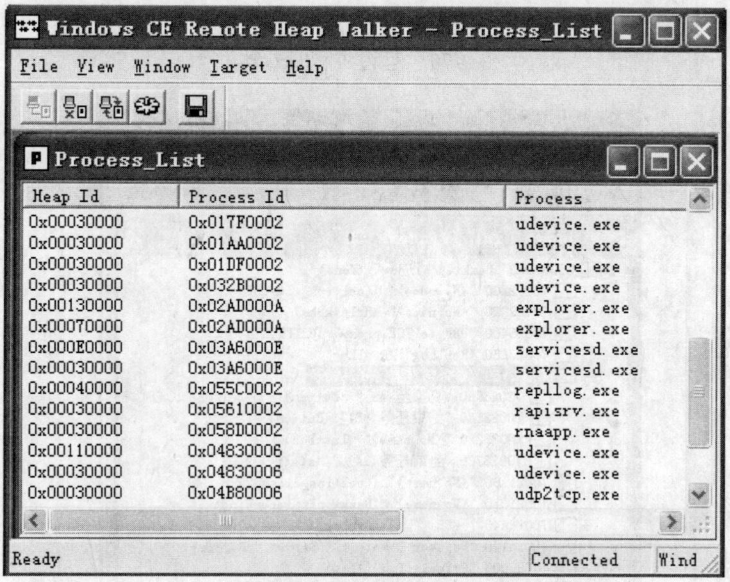

图 2-74　远程堆查看器

（2）远程进程查看器（Remote Process Viewer）。此程序共有三个窗口，分别显示当前内核中所有进程、进程中的线程及进程中所有加载的 DLL。如图 2-75 所示，在显示进程的窗口中，分别显示进程名、进程 ID、基本优先级级别、拥有的线程总数、基地址、访问键值、主窗口名。在显示线程的窗口中，分别显示线程 ID、当前进程 ID、线程优先级、访问键。在显示 DLL 模块的窗口中，分别显示模块名、模块 ID、当前进程使用计数、全局使用计数、基地址、大小、模块句柄、路径。

（3）远程监视（Remote Spy）。这个程序和 VC 下附带的工具 Spy 非常相似。能够列出所有实际平台下的窗口和窗口消息。熟悉 VC 下的工具，就能操作这个工具。界面如图 2-76 所示。

（4）远程文件查看器（Remote File Viewer）。远程文件查看程序可以远程查看和管理 WinCE 设备端上的各个文件，它有点类似 PC 端的资源管理器，如图 2-77 所示，通过该程序一方面可以对 WinCE 设备上的文件进行删除、重命名等操作，另一方面可以在 PC 端和设备端之间进行文件传输。

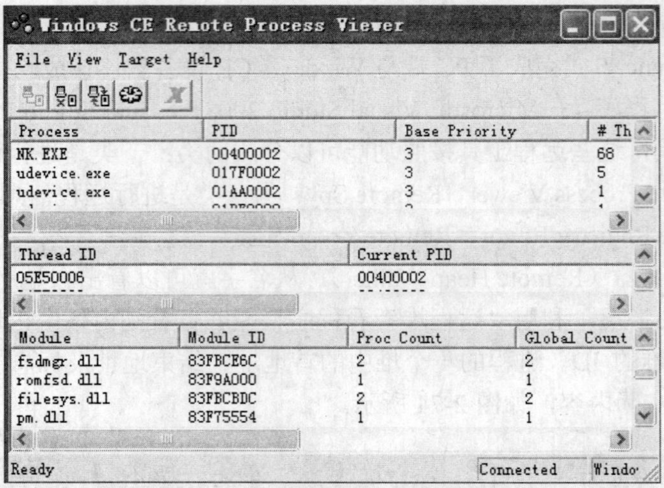

图 2-75 远程进程查看器

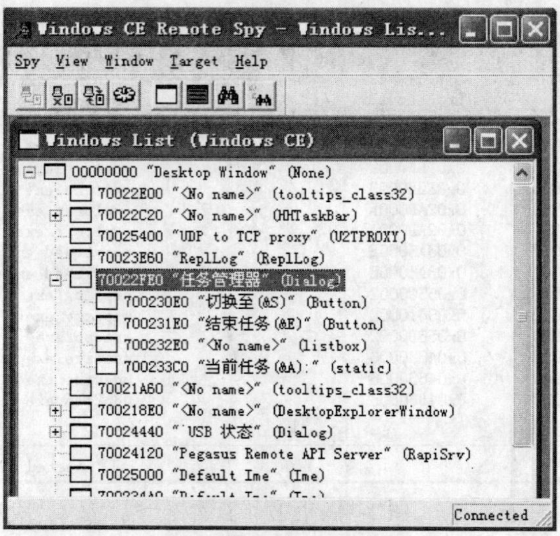

图 2-76 远程监视器

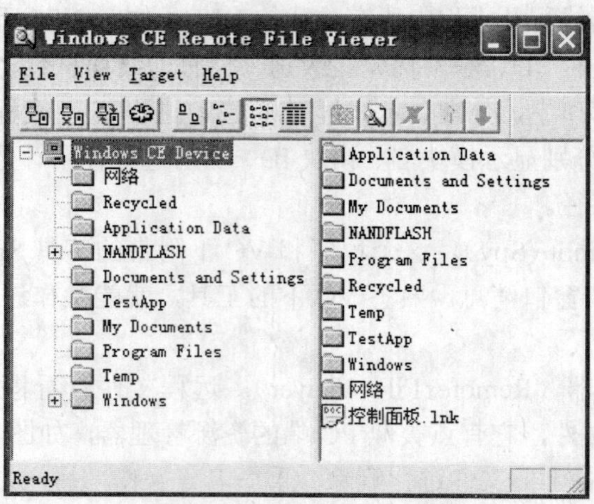

图 2-77 远程文件查看器

（5）远程注册表编辑器（Remote Registry Editor）。远程注册表编辑程序可以在 PC 端管理和查看 WinCE 设备端上的注册表，例如可以添加、删除或修改注册表键值等操作，如图 2-78 所示，其操作方法类似与 PC 端 Windows 操作系统下的注册表编辑器。

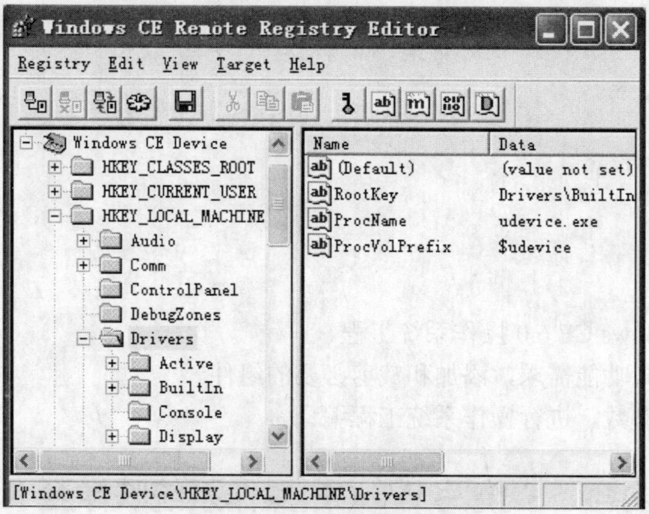

图 2-78　远程注册表编辑器

（6）远程放大（Remote Zoom-in）。远程放大程序其实就是用于获取远程 WinCE 设备端屏幕中的图像（.bmp），当需要演示设备端程序运行的结果或者在写文档时需要得到设备屏幕中的图片时，这个工具就起到了很重要的作用，如图 2-79 所示。

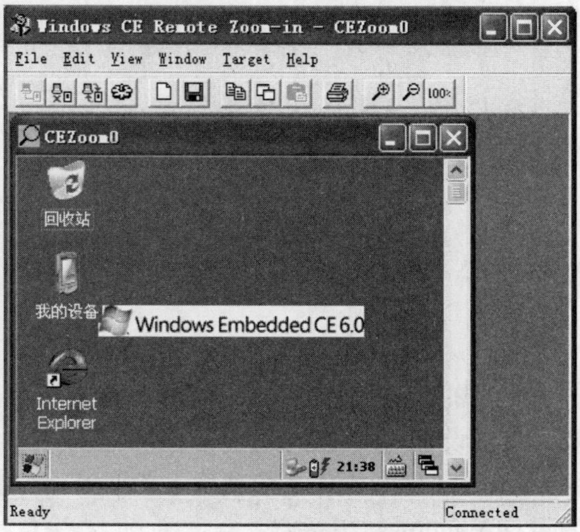

图 2-79　远程放大程序

2.8　实验内容一：创建 Windows CE 6.0 操作系统映像

1. 实验目的

通过本实验掌握如何创建一个 Windows CE 6.0 的系统映像，且该映像可在基于 ARM9 的

HMI 设备上运行。创建过程中要弄清楚嵌入式系统中 BSP 的概念和作用，理解 VS 2005 和 Windows CE 6.0 系统之间的关系。

2. 实验设备

（1）硬件：

PC 机一台

HMI 实验设备一套

（2）软件：

Visual Studio 2005

Windows CE 6.0

3. 实验内容

（1）安装 BSP 包。

（2）新建 Windows CE 6.0 操作系统工程。

（3）根据嵌入式功能需求，添加和裁剪必要的组件。

（4）设置编译参数，进行操作系统工程编译。

2.9 实验内容二：烧写 WinCE 操作系统映像至 Nand Flash

1. 实验目的

通过本实验掌握如何将编译完后的 Windows CE 映像下载并烧写（固化）到 Nand Flash 中，完成系统的最终发布。

2. 实验设备

（1）硬件：

PC 机一台

HMI 实验设备一套

（2）软件：

Visual Studio 2005

Platform Builder for Windows CE 6.0

DNW 下载工具

3. 实验内容

（1）利用串口线缆和 USB 线缆连接 HMI 设备接口。

（2）运行 DNW 下载工具，设置初始化参数。

（3）将编译生成的 Windows CE 6.0 操作系统映像下载至 Nand Flash 中。

（4）设备重新起电，运行 Windows CE 系统。

2.10 实验内容三：创建基于 C#的 Windows CE 应用程序

1. 实验目的

通过本实验掌握在 VS.NET 2008 平台中利用 C#语言开发托管的基于智能设备的 Windows CE 嵌入式应用程序的方法。

2. 实验设备

（1）硬件：

PC 机一台

HMI 实验设备一套

（2）软件：

Visual Studio 2008

ActiveSync 同步软件

3. 实验内容

（1）创建 C#的 Windows CE 嵌入式应用程序工程项目。

（2）在窗体界面上加入 Button 按钮，并产生 Click 单击事件方法。

（3）在按钮单击事件方法中编写代码，完成对话框中的信息显示，如显示 Hello World!。

（4）利用 ActiveSync 同步软件保持 HMI 设备与开发 PC 机同步通信。

（5）将开发 PC 机中编译完成的应用程序在线下载至 HMI 设备中运行。

本章小结

本章以目前主流的 ARM9 微处理器为核心的 HMI 设备作为 Windows CE 嵌入式硬件开发平台，然后通过创建操作系统项目工程实例，一步一步地介绍 Windows CE 6.0 操作系统的定制，包括添加和裁剪系统组件、编译操作系统映像、下载操作系统映像至硬件设备。接着通过 VS.NET 2008 平台开发一个基于 C#的智能设备 Windows CE 应用程序实例，有助于让读者掌握 Windows CE 应用程序的开发流程和开发方法。最后安排三个实验，希望读者能动手操作，有助于让读者快速掌握 Windows CE 6.0 操作系统的定制、烧写操作系统映像以及开发嵌入式应用程序。

习题二

1. 嵌入式操作系统一般分为两个部分：一个是 Bootloader，一个就是 OS 映像。Bootloader 主要用来________，而 OS 映像则包括________、________、________等。

2. 在 Windows CE 设备和 PC 机连接过程中，可以通过 ActiveSync 软件一方面________，另一方面借助 ActiveSync 还可以________。

3. Windows CE 远程工具按照功能可以分成两类：一类是进行调试的，如________、________、________；另一类是进行远程信息管理的，如________、________、________。

第3章　屏幕图形图像应用开发

本章学习目标

Windows CE 是一个图形界面操作系统，它可以帮助开发者设计出丰富的图形界面，因此，图形编程就显得比较重要。在 Windows CE 系统中，GDI+图形设备接口提供了强大的图形界面绘制功能，它主要包括线的绘制、图形的绘制与填充、文本显示以及图像绘制输出显示等。通过本章的学习，要求掌握以下内容：

- 了解 GDI+图形设备接口。
- 掌握常用的 GDI+图形绘制。
- 掌握图像的绘制方法。
- 掌握图形编程方法。

3.1　基于 GDI 屏幕绘图

3.1.1　GDI+简介

GDI+（Graphics Device Interface Plus）就是图形设备接口，它提供了各种丰富的图形图像处理功能，在 Windows CE 系统中，它充当应用程序和硬件设备之间的中间层，封装与硬件交互所需的低级 API，这些 API 函数可用于绘制图形和文本。过去 GDI 是以 C 语言函数形式提供可以调用的 API，而 GDI+在很大程度上是 GDI 和应用程序之间的一层，提供了更直观、基于继承性的对象模型。它是对 GDI 作了一个面向对象的封装，是 GDI 的一个包装器。随着.Net Compact Framework 的出现，微软将 GDI+非托管的 API 进行包装，形成类库放进.Net 精简版的框架中，这种类库称之为 GDI+类库，它是一种托管对象，使得开发人员很方便地完成屏幕绘图任务，同时当托管的 GDI+类对象不再使用时，可由.Net Compact Framework 中的垃圾回收器进行释放，以回收 GDI+绘图所占用的资源。当定制 Windows CE 操作系统时，加入有关.NET Compact Framework 框架的组件，这时我们就可以使用 GDI+提供的功能来完成有关屏幕绘图任务。

在.NET Compact Framework 中，GDI+通过一套部署为托管代码的类来展现，这套类被称为 GDI+的托管类接口，GDI+主要提供了以下三类服务：

（1）二维矢量图形：GDI+提供了存储图形基元自身信息的类（或结构体）、存储图形基元绘制方式信息的类，以及实际进行绘制的类。

（2）图像处理：大多数图片都难以划定为直线和曲线的集合，无法使用二维矢量图形方式进行处理。因此，GDI+为我们提供了 Bitmap、Image 等类，它们可用于显示、操作和保存 BMP、JPG、GIF 等图像格式。

（3）文字显示：GDI+支持使用各种字体、字号和样式来显示文本。

要进行图形编程，就必须了解 Graphics 类，同时还必须掌握 Pen、Brush 和 Rectangle 等这几种类。GDI+的类被组织到如表 3-1 所示的命名空间中。

表 3-1　GDI+的命名空间

命名空间	功能
System.Drawing	提供了基本的图形功能，定义了用以存储基元自身信息的类、结构和存储基元绘制方式信息的类，以及实际进行绘制的类
System.Drawing.Drawing2D	提供大多数高级 2D 和矢量绘图操作的类，例如消除锯齿、几何转换和图形路径等
System.Drawing.Imaging	提供处理图像（位图、GIF 文件等）的各种类
System.Drawing.Text	提供字体和字体系列操作的类

3.1.2　设备绘图表面

在嵌入式设备上使用 GDI+进行绘图时，得到的图形可以放在两种目标环境中：一种是屏幕上窗口，另一种是内存中的位图。每一个环境都有一个绘图表面，而绘图表面包括两种：矢量表面和光栅表面。

1．矢量表面

在矢量表面上，图元是用一种实体表示的，该实体具有特定的坐标、方向、大小等属性。例如线条就可以用实体来表示，它从一个定义好的点开始根据指定的长度指向特定的方向，如图 3-1 所示，通过矢量表面可以很方便地对图形进行描述和绘制。

2．光栅表面

在光栅表面上，图元则是一组着了色的像素集合，如图 3-2 所示，目前所有的嵌入式设备都是基于光栅表面对图形进行显示，在开发绘制图形应用程序中，可以先假定图形是基于矢量表面绘制的，因为矢量图形更加容易描述图像，然后根据需要采用某种机制，将矢量形式转换为光栅的形式，这种机制就是利用 GDI+的绘图技术来提取矢量图形表达式，然后把它们显示在基于光栅的绘图表面上。

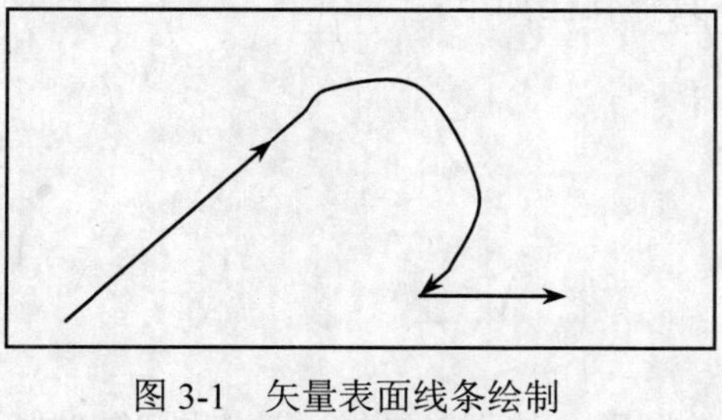

图 3-1　矢量表面线条绘制

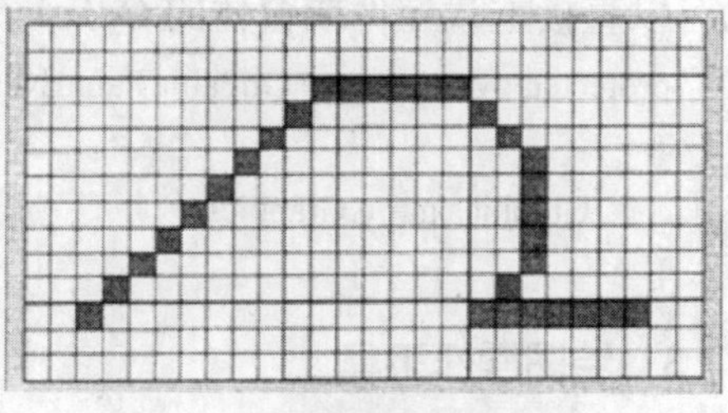

图 3-2　光栅表面的线条绘制

3．使用 Graphics 类创建绘图表面

在画任何对象（如 Circle、Rectangle）时，我们首先要创建一个 Graphics 类实例，这个实例相当于建立了一块画布，有了画布才可以用各种画图方法进行绘图，在 GDI+中可以利用 Graphics 类创建一个与目标环境相关的绘图表面，即产生对应的 Graphics 对象，Graphics 对象

与特定的设备上下文关联，并提供绘制图形图像到显示设备的方法，这样就可以在该表面上进行图形组件的绘制。在.NET Compact Framework 中，有四种方法可以创建 Graphics 对象，分别如下：

（1）Graphics.FromHdc 方法。该方法用于从一个设备环境句柄中创建一个绘图表面，在编程中用这种方法创建绘图表面可以将 GDI+中的托管对象和非托管对象联系在一起。

（2）Graphics.FromImage 方法。该方法用于从内存中的一个位图对象去创建绘图表面，这样在绘图表面上绘制的图形都将被保存在位图中。

例如下面的代码：

```
Bitmap m_bitmp=new Bitmap(@"\My.bmp");
Graphics g= Graphics.FormImage(m_bitmp);
```

创建上述 Graphics 对象之后，可以调用 Graphics 对象的相应方法来绘制线条、形状或文本。

（3）使用控件类的 CreateGraphics 方法。调用某控件或窗体的 CreateGraphics 方法以获取对 Graphics 对象的引用，该对象表示该控件或窗体的绘图界面。通过这种方法创建的 Graphics 对象以及进行的各种绘图操作都将体现在所指定的窗体控件上，包括窗体本身。用这种方法绘制的图形一旦窗体被刷新，就需要一种重绘机制完成窗体内容的重绘。如果想在已存在的窗体或控件上绘图，通常会使用此方法。

例如下面的代码：

```
Graphics g= this.CreateGraphics();       //通过窗体本身创建 Graphics 对象
```

（4）在窗体或控件的 Paint 事件处理方法中创建 Graphics 对象。通过窗体或控件触发 Paint 事件，并在 Paint 事件中接收对图形对象的引用，作为 PaintEventArgs（PaintEventArgs 指定绘制控件所用的 Graphics）的一部分，产生对应的事件处理方法去获取 Graphics 对象，PaintEventArgs 类的参数中包含图形对象的引用，开发人员只需编写相应代码即可完成图形的绘制及显示操作。在为控件创建绘制代码时，通常会使用此方法来获取对图形对象的引用。

例如下面的代码：

```
private void Form1_Paint(object sender,System.Windows.Forms.PaintEventArgs e)
{
    Graphics g=e.Graphics;
}
```

也可以直接重载控件或窗体的 OnPaint 方法，具体代码如下：

```
protected override void OnPaint(PaintEventArgs e)
{
    Graphics g = e.Graphics;
}
```

3.1.3 绘图操作工具

在创建了 Graphics 对象后，就可以用它开始绘图了，如可以画线、填充图形、显示文本等，其中主要用到的对象有：Pen、Brush、Color、Font、Point、Rectangle。

1. Pen 类

Pen 类用于绘制直线或曲线对象，通过它本身的属性能够绘制具有指定宽度和样式的直线。另外可以使用 Pen 类的 DashStyle 属性绘制虚线，DashStyle 属性值是由 DashStyle 枚举定义的，具体说明如表 3-2 所示。

表 3-2　DashStyle 枚举的取值

DashStyle 属性值	说明
DashStyle.Solid	画笔绘制出的线条是直线
DashStyle.Dash	画笔绘制出的线条是虚线

例如下面创建 Pen 对象的两种方法：

```
Pen redPen=new Pen(Color.Red)          //创建一个红色，宽度默认为 1 像素的画笔
Pen redPen=new Pen(Color.Red,3)        //创建一个红色，宽度为 3 像素的画笔
```

2．Brush 类

Brush 类定义用于填充图形形状内部的对象，Brush 类是一个抽象基类，不能进行实例化处理。如果需要创建一个画刷对象，则需要 Brush 类的派生类。SolidBrush 类和 TextureBrush 类都是 Brush 类的子类，位于 System.Drawing 命名空间中，SolidBrush 类定义了单色画刷，画刷可以填充图形形状。当实心画刷难以满足要求时，还可以使用 TextureBrush 把位图当作画刷进行位图的填充。例如，下面的代码创建了一个实心画刷和位图画刷。

```
SolidBrush myBrush = new SolidBrush(Color.Blue);                          //创建一个实心画刷
TextureBrush tBrush=new TextureBrush(Properties.Resources.Bitmap);      //创建一个位图画刷
```

3．Color 结构

GDI+用 System.Drawing.Color 结构来描述颜色，在.NET CF 类库中 GDI+使用 RGB 颜色，Color 结构以属性的方式定义了大量的有名称的颜色，例如 Color.Red、Color.Blue 和 Color.Pink 等。通过 Color 结构内的 FormArgb 方法可以自定义生成的颜色，通过设置 3 个值来组成创建的颜色。每种值的取值范围为 0～255。例如，使用下面的代码创建一种颜色。

```
Color mm = Color.FormArgb(0,255,0);      //绿色
```

4．Font 类

Font 类定义特定文本格式，包括字体、字号和字形属性。Font 类的常用构造函数是 public Font(string 字体族名称,float 字号,FontStyle 字形)和 public Font(FontFamily 字体族,float 字号,FontStyle 字形)，其中“字体族名称”为 Font 的 FontFamily 的字符串表示形式。

定义一个 Font 对象的示例代码如下：

```
Font font = new Font("Arial",16,FontStyle.Bold);
```

5．Point 类

Point 类对象用于指定坐标初始化 Point 类的新实例。它描述了一对有序的 x,y 两个坐标值，其构造函数为：public Point(int x,int y)，其中 x 为该点的水平位置，y 为该点的垂直位置。

构造 Point 对象的示例代码如下：

```
Point pt1=new Point(30,30);
```

6．Rectangle 类

Rectangle 类对象存储一组整数，共 4 个，表示一个矩形的位置和大小。矩形结构通常用来在窗体上画矩形，除了利用它的构造函数构造矩形对象外，还可以使用 Rectangle 结构的属性成员。

Rectangle 结构的构造函数为：

```
public Rectangle(int x,int y,int width ,int height);
```

3.1.4 常用图形的绘制

通过 GDI+可以绘制直线、矩形、椭圆、弧线、多边形和基数样条等矢量图形，Graphics 对象除了可以创建绘图表面之外，还提供了一系列方法，用来完成实际的绘图工作，绘制工作可以分为两部分：一部分是绘制线条，另一部分是填充图形。如表 3-3 所示，绘制线条可以用产生的画笔对象绘制具体形状的外形线条，而填充图形可以用画刷对象填充具体形状的封闭区域。

表 3-3 Graphics 类提供的常用绘制方法

方法名称	说明
DrawLine	绘制线条
DrawRectangle	绘制矩形
DrawPolygon	绘制多边形
DrawEllipse	绘制椭圆形
FillEllipse	填充椭圆
FillRectangle	填充矩形

1. 画直线

使用 Graphics 类的 DrawLine 方法。格式：DrawLine(画笔,x1,y1,x2,y2)。

功能：在点(x1,y1)和(x2,y2)之间画一条直线。

绘制两条直线的代码如下：

```
Graphics g=this.CreateGraphics();        //生成图形对象
Pen Mypen=new Pen(Color.Blue ,5);        //生成画笔，蓝色，5 个像素
g.DrawLine(Mypen,1,1,30,30);             //画线
```

2. 画椭圆

使用 Graphics 类的 DrawEllipse 方法。

格式 1：DrawEllipse (画笔,矩形结构数据)。

功能：绘制一个边界由矩形结构数据定义的椭圆。

格式 2：DrawEllipse (画笔,x,y,width,height)

功能：绘制一个由边框定义的椭圆。

绘制一个椭圆的代码如下：

```
Graphics g=this.CreateGraphics();                //生成图形对象
Pen Mypen=new Pen(Color.Blue ,5);                //生成画笔，蓝色，5 个像素
g.DrawEllipse(Mypen,1,1,80,40);                  //画椭圆
Rectangle rect=new Rectangle(10,10,160,80);      //生成矩形
g.DrawEllipse (Mypen,rect);                      //画椭圆
```

3. 画矩形

使用 Graphics 类的 DrawRectangle 方法。

格式 1：DrawRectangle (画笔,矩形结构数据)

功能：绘制一个边界由矩形结构数据定义的矩形。

格式 2：DrawRectangle (画笔,x,y,width,height)。

功能：绘制一个由左上角坐标、宽度、高度定义的矩形。

绘制一个矩形的代码如下：

```
Graphics g=this.CreateGraphics();                    //生成图形对象
Pen Mypen=new Pen(Color.Blue,2);                     //生成画笔，蓝色，2 个像素
g.DrawRectangle (Mypen,5,5,80,40);                   //画矩形
Rectangle rect=new Rectangle(85,15,140,50);          //生成矩形
g.DrawRectangle (Mypen,rect);                        //画矩形
```

4. 画多边形

使用 Graphics 类的 DrawPolygon 方法。

格式：DrawPolygon (画笔,Point[] points)

功能：绘制由一组 Point 结构定义的多边形。

绘制一个多边形的代码如下：

```
Pen blackPen = new Pen(Color.Black,3);               //生成画笔，黑色，3 个像素
Graphics g=this.CreateGraphics();                    //生成图形对象
Point point1 = new Point( 50,50);
Point point2 = new Point(70,25);
Point point3 = new Point(100,30);
Point point4 = new Point(120,85);
Point point5 = new Point(80,100);
Point[] curvePoints ={point1,point2,point3,point4,point5};   //定义 Point 结构的数组
g.DrawPolygon(blackPen, curvePoints);                //绘制多边形
```

5. 填充椭圆

使用 Graphics 类的 FillEllipse 方法。

格式 1：FillEllipse(Brush F,矩形结构数据)

功能：填充边界由矩形结构数据定义的椭圆。

格式 2：FillEllipse(Brush F,int x,int y,int width,int height)

功能：填充一个由边框（坐标、宽度、高度）定义的椭圆。

填充一个椭圆的代码如下：

```
Graphics g=this.CreateGraphics();                    //生成图形对象
SolidBrush BlueBrush = new SolidBrush(Color.Blue);   //生成填充用的画刷
//定义外接矩形的左上角坐标、高度及宽度
int x = 0;
int y = 0;
int width = 200;
int height = 100;
Rectangle rect = new Rectangle( x, y,width, height); //定义矩形
g.FillEllipse(BlueBrush，rect);                      //填充椭圆
```

6. 填充矩形

使用 Graphics 类的 FillRectangle 方法。

格式 1：FillRectangle(Brush F,矩形结构数据)

功能：用指定的画刷填充一个矩形。

格式 2：FillRectangle (Brush F,int x,int y,int width,int height)

功能：填充一个由边框（坐标、宽度、高度）定义的矩形。

填充一个矩形的代码如下：

```
Graphics g=this.CreateGraphics();                          //生成图形对象
SolidBrush BlueBrush = new SolidBrush(Color.Blue);         //生成填充用的画刷
int x = 15;                                                //定义外接矩形的左上角坐标和高度及宽度
int y = 15;
int width = 200;
int height = 100;
Rectangle rect = new Rectangle( x,y,width,height);         //定义矩形
g.FillRectangle(BlueBrush,rect);                           //填充矩形
```

3.1.5 绘制文本

在.NET Compact Framework 中，利用 GDI+库中的 Graphics 类的 DrawString 方法可以实现文本的绘制工作。

1. Graphics 类的 DrawString 方法的四个重载方法

（1）public void DrawString(string str,Font ft,Brush bh,RectangleF rf);

参数说明：str 需要绘制的字符串；ft 绘制字符串使用的字体；bh 绘制字体使用的画刷； rf 绘制字符串的矩形区域。

（2）public void DrawString(string str,Font ft,Brush bh,RectangleF rf,StringFormat ft);

这里参数 ft 代表控制整个字符串的呈现格式，其他参数含义同上所示。

（3）public void DrawString(string str,Font ft,Brush bh,float x,float y);

这里参数 x、y 代表需要绘制字符串左上角的横坐标及纵坐标位置，其他参数含义同上所示。

（4）public void DrawString(string str,Font ft,Brush bh,float x,float y, StringFormat ft);

参数含义同上所示。

2. 控制文本的格式

在上述 Graphics 类的 DrawString 重载方法中，有两个方法用到 StringFormat 类型参数，它们是用来控制整个字符串的呈现样式。通过如表 3-4 所示的 StringFormat 类型的主要属性值，开发者可以通过编写代码来控制字符串格式。

表 3-4 StringFormat 类型的主要属性说明

属性	类型	说明
Alignment	StringAlignment 枚举	控制字符串的水平对齐方式
LineAlignment	StringAlignment 枚举	控制字符串的垂直对齐方式
FormatFlags	StringAlignment 枚举	控制字符串的排列

字符串在水平和垂直方向上都是通过 StringAlignment 枚举值来控制对齐方式的，具体的取值可以参见表 3-5 所示。

表 3-5 StringAlignment 枚举值

枚举值	说明
Center	绘制区居中对齐
Far	对于水平对齐，这表示右对齐，对于垂直对齐，表示底端对齐
Near	对于水平对齐，这表示左对齐，对于垂直对齐，表示顶端对齐

例如以下实例代码：

```
private void Form1_Paint(object sender, PaintEventArgs e)
{
    Font ft = new Font("Arial", 12.0f, FontStyle.Bold);
    SolidBrush sbh = new SolidBrush(Color.Blue);
    StringFormat sf = new StringFormat();
    sf.Alignment = StringAlignment.Near;
    e.Graphics.DrawString("WinCE 编程_水平方向_Near",ft,sbh,
     new RectangleF(0, 0, 320, 240), sf);
    sf.Alignment = StringAlignment.Far;
    e.Graphics.DrawString("WinCE 编程_水平方向_Far",ft, sbh,
    new RectangleF(0,30,320,210), sf);
    sf.Alignment = StringAlignment.Center;
    e.Graphics.DrawString("WinCE 编程_水平方向_Center",ft, sbh,
    new RectangleF(0,60,320,180),sf);
    sf.Alignment = StringAlignment.Far;
    sf.LineAlignment = StringAlignment.Center;
    e.Graphics.DrawString("WINCE 编程_垂直_Center_水平_Far",ft,sbh,
    new RectangleF(0,0,320,240),sf);
}
```

运行效果如图 3-3 所示。

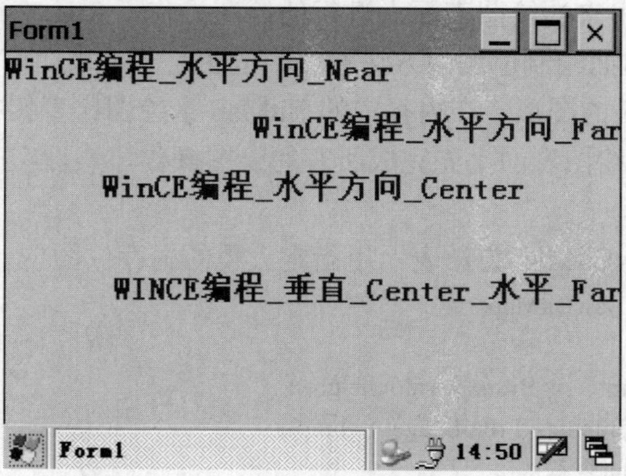

图 3-3　文字格式的控制

3.1.6　绘制图像

1. 用屏幕作绘图表面进行绘图

GDI+使用 Bitmap 类表示一个位图，这个类是抽象类 Image 的子类，尽管 Bitmap 类表示的是一个位图，并且在内存中也是使用位图的格式来存储图片的，但 Bitmap 类可以支持 bmp、jpeg、gif 等常见的图像格式文件。

在绘制图像时，可以使用 Bitmap 类对象指定 Image 类型的图像，然后调用 Graphics 类中的 DrawImage 方法进行绘制。DrawImage 方法为可重载方法，它主要用来在指定位置绘制指定的 Image 图像，其常用格式有以下两种：

（1）在指定的位置按原始大小绘制指定的 Image 图像。

方法为：public void DrawImage (Image image,int x,int y)

参数说明：image 表示要绘制的 Image 图像，x 和 y 表示所绘制图像的左上角的坐标

例如下面的代码表示在屏幕上绘制一个位图。

```
private void MainForm_Paint(object sender,EventArgs e)
{
    Bitmap bmp=new Bitmap("图片文件.gif");
    e.Graphics.DrawImage(bmp,0,0);
}
```

（2）对 Image 图像进行缩放。

GDI+在绘制位图的过程中，还具有对位图进行缩放的功能。

方法：public void DrawImage (Image image,Rectangle destRect,Rectangle srcRect,GraphicsUnit srcUnit)

DrawImage 方法中各参数说明如下：

Image 为要绘制的位图，srcRect 为 Rectangle 结构，指定 image 图像中规定的矩形区域显示到绘制表面上，destRect 指定绘图表面上哪一块矩形区域中显示 srcRect 矩形结构中的位图。srcUnit，GraphicsUnit 枚举类型，用来指定 srcRect 和 destRect 矩形区域的单位，对于.NET CF 中只能取值为 Pixel。

2. 用内存中位图作绘图表面

在从一个位图创建出来的绘图表面上进行的绘图操作不会反映到屏幕上，如果希望看到绘图的结果，只需使用前面绘制位图的方法将这个位图绘制出来即可。这样使用的优势就是当所需的图像包含大量复杂的图形，在内存中的 BitMap 上绘图比直接在屏幕上绘图要快很多，因此可以在一个 Bitmap 绘图表面上先完成所有的绘图操作，然后在必要的时候将这个位图直接显示到屏幕上。

例如下面的 MyDrawBitMap 方法表示用指定大小的内存位图创建一个绘图表面：

```
private void    MyDrawBitMap()
{
    Bitmap m_bmp=new Bitmap(width,height);
    Graphics g= Graphics .FromImage(m_bmp);
    g.FillRectangle(参数);
    g.DrawString(参数);
}
private void MainForm_Paint(object sender,EventArgs e)
{
    e.Graphics.DrawImage(m_bmp,0,0);        //将内存中绘制完成的位图显示在屏幕上
}
```

3. 将 Image 图像保存为文件

在一个内存位图的绘图表面上完成绘图工作以后，希望将图像结果保存为文件，以备今后浏览或使用，Bitmap 类提供了 Save 方法用于完成这一工作。

方法：public void Save(string filename,ImageFormat format);

参数 filename 代表包含文件路径的文件名，ImageFormat 属性有四个可选项：bmp、gif、

jpeg、png。

例如下面的代码将上面在内存中的生成的位图进行保存。

```
private    void SaveBitmap()
{
    if(m_bmp==null)
    return;
    m_bmp.Save("文件名. Bmp", ImageFormat. Bmp);
}
```

3.2 手写笔签名程序开发

3.2.1 程序功能设计

1. 功能描述

程序实现的功能是在 Windows CE 设备上用手写笔点下并滑动触摸屏时，将记录所有经过的点，并将它们连接在一起，这样整个图形就可以看成是由一个个线条构成的，如果单击“清除”按钮，则擦除刚刚所写的内容，单击“保存文件”按钮，就会保存前一次所写内容，单击“转载文件”按钮，将前一次保存的文件装载并显示在屏幕正下方。如图 3-4 所示，在编程实现过程中，可以通过响应一个 MouseDown、若干个 MouseMove 和一个 MouseUp 事件的方法去实现线条的绘制。此外，由于要在重绘的时候避免已经绘制完成的线条丢失，程序还必须能够实现所有绘制内容的存储。设计思路可以先在内存中创建一个位图，由位图创建一个绘图表面，所有的绘图操作都是在内存中的位图中进行的，如果要显示在屏幕上，再用绘制位图的方法显示出来，这样使用的优势就是当所需的图像包含有大量的基本图形时，在内存中的 Bitmap 上进行绘图比直接在屏幕上绘图要快很多。

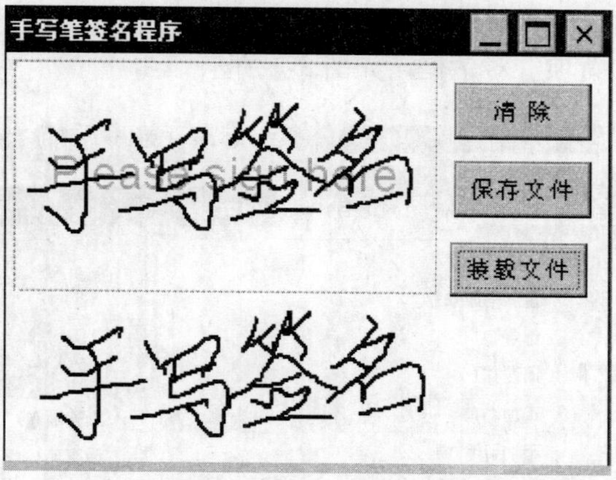

图 3-4　手写笔设计界面

2. 手写笔事件响应处理

由于嵌入式设备的显示屏较小，一般都是通过手写笔来单击触摸屏完成响应的输入输出处理。在.NET Compact Framework 中使用事件驱动机制将手写笔的输入信息传送给应用程序处理，如表 3-6 所示是嵌入式设备手写笔程序能够接受的事件，对于开发者而言，所要做的工作就是为事件对应的处理方法添加处理代码，以实现所需的程序功能。

表 3-6 程序手写笔事件处理说明

手写笔事件	程序事件对应的操作
Click 事件	当手写笔单击触摸屏时，响应事件
MouseDown 事件	当手写笔接触到触摸屏时，开启一个新的线条
MouseMove 事件	当手写笔接触到触摸屏并移动手写笔时，陆续连接手写笔经过的一个个连续的点，以便构成一个线条
MouseUp 事件	当手写笔离开触摸屏时，结束连接当前的最后一个点

3.2.2 程序功能实现

1. 创建手写笔程序工程项目

（1）在 VS.NET 2008 平台上选择 C#语言创建基于 Windows CE 的手写笔程序工程项目，名称为 SignCaptureApp，创建完成之后解决方案资源管理器界面如图 3-5 所示。

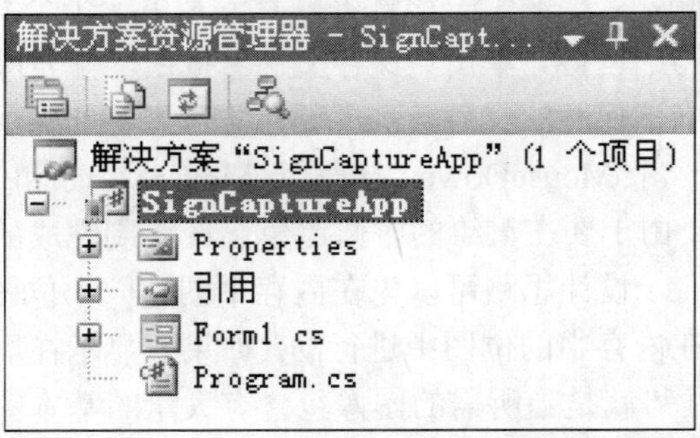

图 3-5 所示项目中解决方案资源管理器

（2）右击 SignCaptureApp 项目，在弹出的快捷菜单中选择“添加”→“组件”选项，如图 3-6 所示，弹出“添加新项”对话框，如图 3-7 所示。

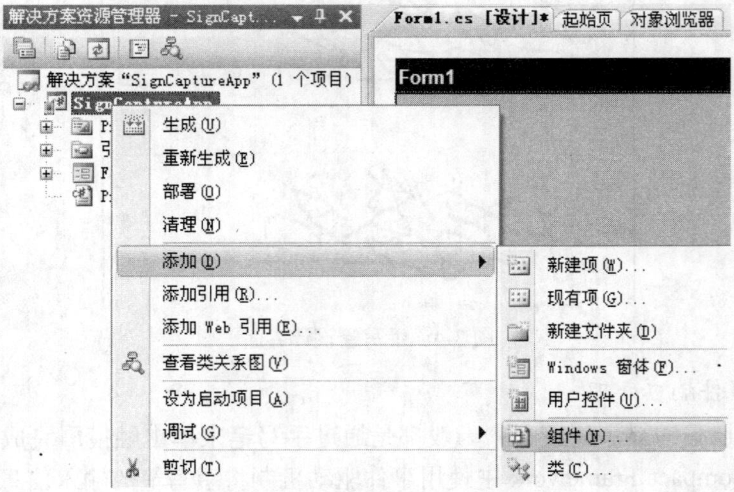

图 3-6 添加控件项目

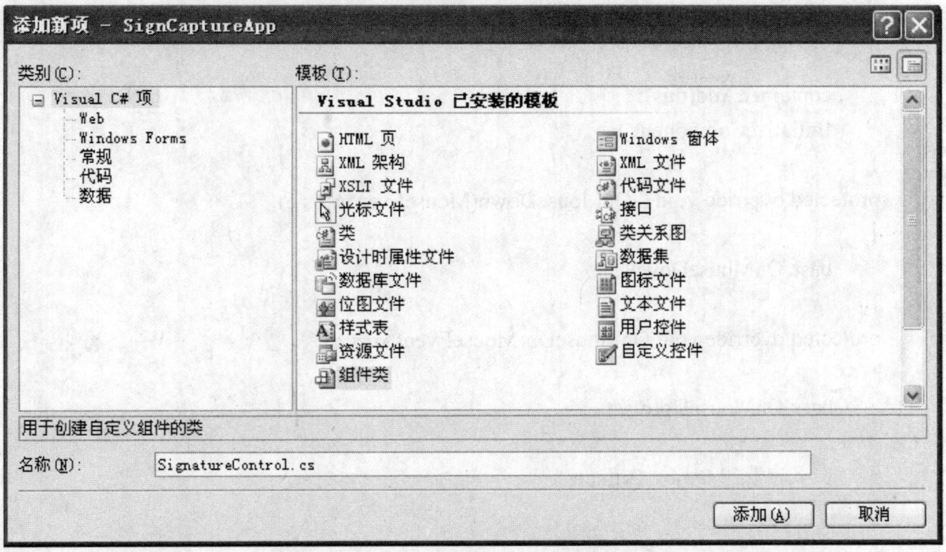

图 3-7 选择组件类模版选项

（3）选择“组件类”选项，名称输入 SignatureControl，单击“添加”按钮。

（4）在项目解决方案资源管理器中出现组件类 SignatureControl.cs，如图 3-8 所示。

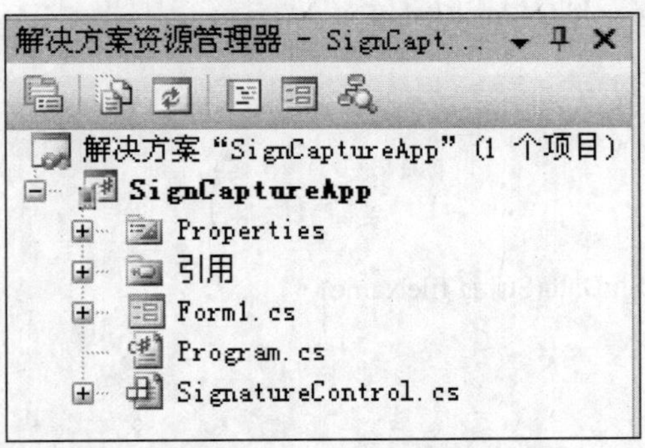

图 3-8 添加 SignatureControl 组件类

2. SignatureControl 组件类功能实现

（1）SignatureControl 类代码文件（SignatureControl.cs）结构。

```
public partial class SignatureControl : Control
{
    private Bitmap bmp;
    private Graphics graphics;
    private Pen pen = new Pen(Color.Black,2);
    private ArrayList pVector = new ArrayList();
    private Point lastPoint = new Point(0, 0);
    private bool drawSign = false;
    public string Background = null;
    public SignatureControl()
    {
        InitializeComponent();
    }
```

```
        public SignatureControl(IContainer container)
        {
            container.Add(this);
            InitializeComponent();
        }
        protected override void   OnMouseDown(MouseEventArgs e)
        {
            base.OnMouseDown(e);
        }
        protected override void OnMouseUp(MouseEventArgs e)
        {
            base.OnMouseUp(e);
        }
        private void InitMemoryBitmap()
        {
        }
        protected override void OnMouseMove(MouseEventArgs e)
        {
            base.OnMouseMove(e);
        }
        protected override void OnPaint(PaintEventArgs e)
        {
        }
        public void Clear()
        {
        }
        public void StoreSigData(String fileName)
        {
        }
    }
```

注意：以上 SignatureControl 类中要将 public partial class SignatureControl : Component 修改为 public partial class SignatureControl : Control。

（2）OnMouseDown 方法。

当手写笔接触触摸屏时，该方法被调用。如果布尔型变量 drawSign 为 false，则条件成立，并确定手写笔接触的所在位置坐标作为当前线条轨迹的起点。

具体代码实现如下：

```
    protected override void   OnMouseDown(MouseEventArgs e)
    {
        base.OnMouseDown(e);
        if (!drawSign)
        {
            drawSign = true;
            lastPoint.X = e.X;
            lastPoint.Y = e.Y;
        }
    }
```

（3）OnMouseUp 方法。

当手写笔离开触摸屏时，该方法被调用。如果布尔型变量 drawSign 为 true，则条件成立，并将 drawSign 赋值为 false，以结束当前线条的绘制。

具体代码实现如下：

```
protected override void OnMouseUp(MouseEventArgs e)
{
    base.OnMouseUp(e);
    if (drawSign)
    {
        drawSign = false;
    }
}
```

（4）InitMemoryBitmap 方法。

该方法用于创建指定宽度和高度的内存位图，然后根据内存位图创建绘图表面 Graphics 对象。首先判断屏幕区域的背景位图是否为 null，如果背景位图为 null，根据指定宽度和高度创建内存位图，然后调用 Graphics 类的 FromImage 方法，并传递内存位图对象参数，创建 Graphics 对象，最后将位图用白色清屏；反之，根据指定的背景位图创建内存位图对象，调用 Graphics 类的 FromImage 方法创建 Graphics 对象。

具体代码实现如下：

```
private void InitMemoryBitmap()
{
    // load the background image
    if (Background == null)
    {
        bmp = new Bitmap(this.Width, this.Height);
        graphics = Graphics.FromImage(bmp);
        graphics.Clear(Color.White);
    }
    else
    {
        bmp = new Bitmap(this.Background);
        // get graphics object now to make drawing during mousemove faster
        graphics = Graphics.FromImage(bmp);
    }
}
```

（5）OnMouseMove 方法。

当手写笔在触摸屏区域滑动时，该方法被调用。首先判断布尔型变量 drawSign 是否为 true，如果为 true，条件成立，在内存位图表面绘制当前线条轨迹，并将前一点位置坐标和当前位置坐标值保存在 ArrayList 集合对象中，以便可以重现内存位图的内容。另外，再将当前点位置坐标赋值给前一点位置坐标变量，以便作为下一次绘制时的前一点坐标值。最后执行 Invalidate 方法，使屏幕绘制区无效，激活 Paint 事件，实现屏幕重绘。

具体代码实现如下：

```
protected override void OnMouseMove(MouseEventArgs e)
{
    base.OnMouseMove(e);
    if (drawSign)
    {
        graphics.DrawLine(pen, lastPoint.X, lastPoint.Y, e.X, e.Y);
        pVector.Add(lastPoint.X + " " + lastPoint.Y + " " + e.X + " " + e.Y);
        // update the current position
        lastPoint.X = e.X;
        lastPoint.Y = e.Y;
        // display the updated bitmap
        Invalidate();
    }
}
```

（6）OnPaint 方法。

当最终要在触摸屏上显示内存位图的内容时，触发 Paint 事件，调用该方法将经过处理的内存位图显示在屏幕上。同时当窗体绘制区无效时，也调用该方法进行窗体重绘。

具体代码实现如下：

```
protected override void OnPaint(PaintEventArgs e)
{
    if (bmp == null)
    {
        // memory bitmap to draw on
        InitMemoryBitmap();
    }
    e.Graphics.DrawImage(bmp, 0, 0);
}
```

（7）Clear 方法。

当要清除屏幕绘制区中的内容时，调用该方法实现。该方法首先调用 ArrayList 集合对象，清除所有以前绘制线条时点轨迹的坐标值。然后调用 InitMemoryBitmap 方法，实现内存位图及内存位图表面的创建，最后执行 Invalidate 方法，使屏幕绘制区无效，激活 Paint 事件，实现屏幕重绘，以清除屏幕绘制区内容。

具体代码实现如下：

```
public void Clear()
{
    pVector.Clear();
    InitMemoryBitmap();
    Invalidate();
}
```

（8）StoreSigData 方法。

当屏幕绘制区的内容需要保存为文本文件时，调用该方法实现。首先通过循环将 ArrayList 集合对象内容（包含所有当前绘制线条时点的轨迹坐标值）读取出来，然后调用 File 类的 CreateText 方法创建或打开一个文件用于写入 UTF-8 编码的文本，返回字符输出流对象。其中 fileName 为要打开以进行写入的文件，值表示为文件的路径字符串。接着调用输出流对象的 WriteLine 方法将 ArrayList 集合对象内容 fileContent 写入文件。最后关闭输出流对象。

具体代码实现如下：

```
public void StoreSigData(String fileName)
{
    string fileContent = "";
    for (int i = 0; i < pVector.Count; i++)
    {
        fileContent = fileContent + pVector[i].ToString() + "\n";
    }
    StreamWriter sr = File.CreateText(fileName);
    sr.WriteLine(fileContent);
    sr.Close();
}
```

3. 项目窗体功能设计

（1）单击 SignCaptureApp 工程项目下默认生成的 Form1.cs 窗体，在属性栏上重新命名为 MainForm.cs，如图 3-9 所示。

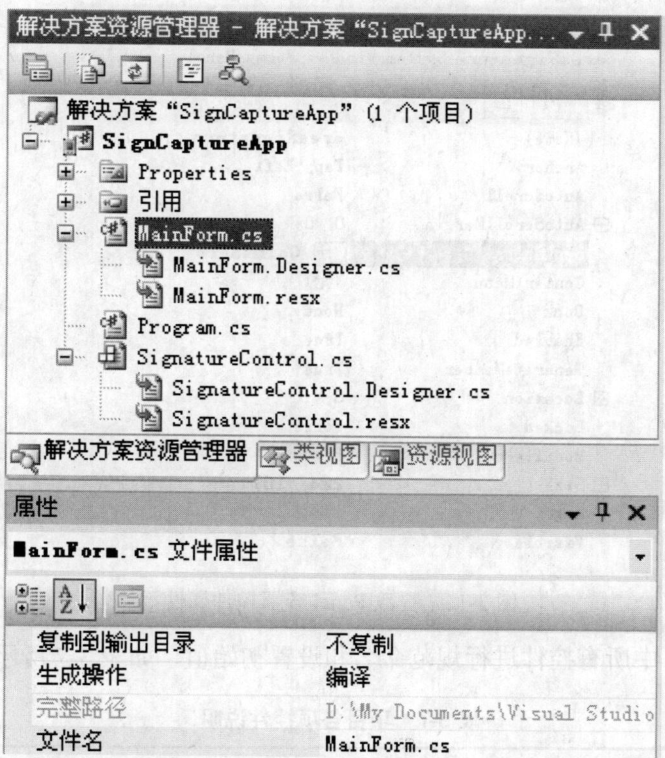

图 3-9　更改 SignCaptureApp 工程项目 Form1 窗体名称

（2）在 MainForm 窗体对应的属性栏中输入 Text 属性值为“手写笔签名程序”，Size 大小输入为 320,240，如图 3-10 所示。

（3）从工具栏中将 Panel 容器控件拖放至 MainForm 窗体设计界面的左上方，调整至合适的高度和宽度，然后再添加 3 个 Button 按钮，如图 3-11 所示。

图 3-10 更改 MainForm 窗体属性值

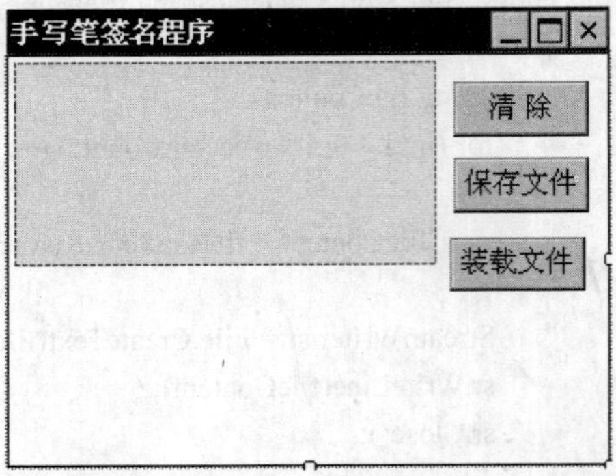

图 3-11 MainForm 窗体设计界面

（4）选择 Panel 容器控件，修改 Panel 容器控件属性，如 Name 为 areaSignature，Visible 为 False，如图 3-12 所示。

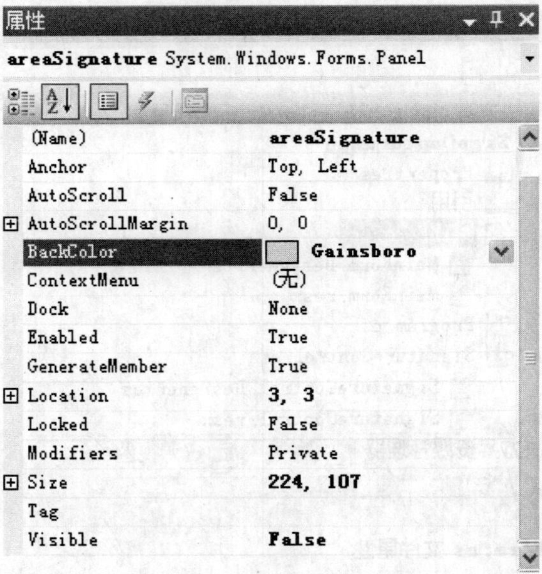

图 3-12 更改 Panel 容器控件属性

（5）将图 3-12 中所有控件进行规范命名和设置初始值，如表 3-7 所示进行说明。

表 3-7 项目各项控件说明

控件名称	命名	说明
Panel	areaSignature	容器控件，用于内存位图的屏幕绘制区
Button	butNew	用于清除绘制区
Button	btnSave	用于将内存位图内容保存为文本文件
Button	btnLoad	用于装载文本文件，显示内存位图内容

4. 项目窗体功能实现

（1）MainForm 窗体代码文件（MainForm.cs）结构

```
public partial class MainForm : Form
{
    SignatureControl signature = new SignatureControl();
    public MainForm()
    {
        InitializeComponent();
    }
    private void butNew_Click(object sender, EventArgs e)
    {
    }
    private void btnSave_Click(object sender, EventArgs e)
    {
    }
    private void btnLoad_Click(object sender, EventArgs e)
    {
    }
}
```

（2）MainForm 方法。

在创建 MainForm 窗体对象实例时，自动调用 MainForm 构造方法，完成窗体对象的初始化工作，这里主要完成将 Panel 容器控件的位置、大小分别赋值给组件类 SignatureControl 对象的 Location 属性和 Size 属性，同时将指定的背景位图赋值给 SignatureControl 对象的 Background 属性，最后将 SignatureControl 对象加入到窗体控件集合中。

具体代码实现如下：

```
public MainForm ()
{
    InitializeComponent();
    signature.Location = areaSignature.Location;
    signature.Size = areaSignature.Size;
    signature.Background = "\\Program Files\\sign here.png";
    this.Controls.Add(signature);
}
```

（3）butNew_Click 事件方法。

单击“清除”按钮时，调用该方法。主要实现屏幕绘制区的清除工作和使屏幕绘制区产生无效区域，重绘屏幕绘制区。

具体代码实现如下：

```
private void butNew_Click(object sender, EventArgs e)
{
    signature.Clear();
    this.Refresh();
}
```

（4）btnSave_Click 事件处理方法。

单击“保存文件”按钮时，调用该方法。主要实现将屏幕绘制区的内容（包含所有当前绘制线条时点的轨迹坐标值）保存为文本文件，文件名为 SignFile.txt。

具体代码实现如下：

```
private void btnSave_Click(object sender, EventArgs e)
{
    signature.StoreSigData("SignFile.txt");
}
```

（5）btnLoad_Click 事件处理方法。

单击“装载文件”按钮时，调用该方法。主要将保存在文本文件当中的内存位图的内容读取出来，并显示在屏幕下方的绘制区中。

具体代码实现如下：

```
private void btnLoad_Click(object sender, EventArgs e)
{
  int baseX = 10;
  int baseY = 110;
  System.IO.StreamReader streamReader = new System.IO.StreamReader("SignFile.txt");
        string pointString = null;
        while ((pointString = streamReader.ReadLine()) != null)
        {
            if (pointString.Trim().Length > 0)
            {
                String[] points = new String[4];
                points = pointString.Split(new Char[] { ' ' });
                Pen pen = new Pen(Color.Black, 2);
          this.CreateGraphics().DrawLine(pen, (baseX + int.Parse(points[0].ToString())), (baseY
          + int.Parse(points[1].ToString())),
          (baseX + int.Parse(points[2].ToString())),
          (baseY + int.Parse(points[3].ToString())));
            }
        }
        streamReader.Close();
}
```

3.3 图片浏览程序开发

3.3.1 程序功能设计

图片浏览程序功能有以下三部分：

（1）定时在触摸屏中显示每一张图片，如图 3-13 所示。

（2）当显示完每一张图片之后，再把刚才显示的所有图片以小画面的形式重新展现在屏幕中，如图 3-14 所示。

（3）当用手写笔点击屏幕中所有图片的任意一个小画面时，该图片将进行放大显示，如图 3-15 所示。如果手写笔离开触摸屏，放大显示的图片消失。

图 3-13　定时浏览图片

图 3-14　小画面浏览图片

图 3-15　放大显示图片

3.3.2　程序功能实现

1. 创建图片浏览程序工程项目

打开 VS.NET 2008 开发平台，创建基于 Windows CE 的 C#设备应用程序，工程名为 PictureViewer，创建完成之后的解决方案资源管理器界面如图 3-16 所示。

图 3-16　PictureViewer 项目解决方案资源管理器

2. 窗体界面设计

（1）从工具栏中将 PictureBox 控件拖放至 MainForm 窗体设计界面的正上方，调整至合适的高度和宽度，然后再从工具栏中将定时器控件 timer1 拖放至窗体内，用于定时显示图片，最后再添加一个 Button 按钮，用于开始图片浏览，如图 3-17 所示。

（2）选择定时器控件 timer1 属性，将间隔时间 Interval 调整为 1000 毫秒。其他属性为默认值，如图 3-18 所示。

图 3-17　MainForm 窗体界面设计

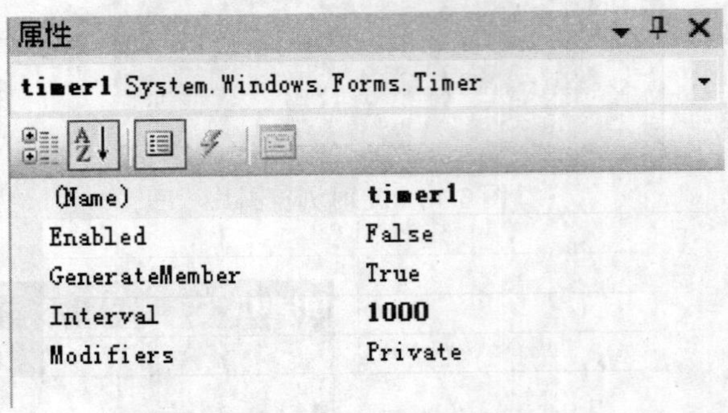

图 3-18　设置定时器控件属性

3. 图片分类窗体（MainForm）功能实现

（1）MainForm 窗体代码文件（MainForm.cs）结构。

```
public partial class MainForm : Form
{
    private int i;
    private Graphics g;
    public MainForm()
    {
        InitializeComponent();
    }
    private void btnStart_Click(object sender, EventArgs e)
    {
    }
    private void timer1_Tick(object sender, EventArgs e)
    {
    }
    private void MainForm_Paint(object sender, PaintEventArgs e)
    {
    }
    private void MainForm_MouseDown(object sender, MouseEventArgs e)
    {
    }
    private void MainForm_MouseUp(object sender, MouseEventArgs e)
    {
    }
}
```

（2）btnStart_Click 事件处理方法。

当单击“开始浏览”按钮时，调用该方法。首先调用 CreateGraphics 方法创建窗体绘图表面，然后利用 Color 的 FromArgb 方法将指定的颜色值赋给 Graphics 对象的 Clear 方法做参数，用于清除屏幕绘图表面。接着将变量 i 赋值为 0，以便开始从第 1 张图片浏览，最后使定时器打开、按钮不可用、PictureBox1 控件可见。

具体代码实现如下：

```
private void btnStart_Click(object sender, EventArgs e)
{
    g = this.CreateGraphics();
    g.Clear(Color.FromArgb(192, 192, 192));
    i = 0;
    timer1.Enabled = true;
    btnStart.Enabled = false;
    pictureBox1.Visible = true;
}
```

（3）timer1_Tick 事件处理方法。

当定时器 timer1 的 Enabled 属性为 true 时，定时器开始定时工作，这样每隔 1 秒种执行 1 次 timer1_Tick 方法。在执行过程中，首先判断变量 i 的值是否为 7（这里总共包含 6 张图片），如果变量 i 的值不等于 7，则顺序加载相应路径下的图片文件，然后生成位图对象，并绑定到 PictureBox 控件的 Image 属性中进行显示。反之代表图片已全部浏览完毕，这时定时器关闭、按钮可用、PictureBox 控件不可见，最后执行 Invalidate 方法，产生屏幕绘制区无效，以激活窗体的 Paint 事件。

具体代码实现如下：

```
private void timer1_Tick(object sender, EventArgs e)
{
    i++;
    if (i == 7)
    {
        timer1.Enabled = false;
        btnStart.Enabled = true;
        pictureBox1.Image = null;
        pictureBox1.Visible = false;
        Invalidate();
    }
    else
    {
        string file = "\\Program Files\\images\\00" + i.ToString() + ".png";
        Bitmap bmp = new Bitmap(file);
        pictureBox1.Image = bmp;

    }
}
```

（4）MainForm_Paint 事件处理方法。

当窗体内产生无效区域，激活窗体的 Paint 事件，这时调用该方法。在调用过程中，首先判断变量 i 的值是否为 7，如果条件成立，开始从 1 循环到 6，每循环一次，顺序加载指定的图片文件以产生内存位图对象，然后利用内存位图对象做参数，执行 Graphics 类的 FromImage 方法，生成内存位图绘图表面的 Graphics 对象，接着判断一行 3 幅图片是否显示完成，当显示第 4 幅图片时换行显示。在每显示一幅图片时，先调用内存位图绘图表面对象的 DrawImage 方法实现位图的缩放绘制，最后再通过屏幕绘图表面对象的 DrawImage 方法将内存位图绘制到屏幕中。

具体代码实现如下：

```
private void MainForm_Paint(object sender, PaintEventArgs e)
{
    if (i == 7)
        for (i = 1; i < 7; i++)
        {
            string file = "\\Program Files\\images\\00" + i.ToString() + ".png";
            Bitmap bmp = new Bitmap(file);
            Graphics gc = Graphics.FromImage(bmp);
            if (i < 4)
            {
                gc.DrawImage(bmp, new Rectangle(100 * (i - 1), 0, 100, 100), new
                Rectangle(0, 0, 250, 200), GraphicsUnit.Pixel);
                e.Graphics.DrawImage(bmp, 100 * (i - 1), 0);
            }
            else
            {
                gc.DrawImage(bmp, new Rectangle(100 * (i - 4), 100, 100, 100), new
                Rectangle(0, 0, 250, 200), GraphicsUnit.Pixel);
                e.Graphics.DrawImage(bmp, 100 * (i - 4), 100);
            }
        }
}
```

（5）MainForm_MouseDown 事件处理方法。

当手写笔点击触摸屏时，调用该方法。在调用过程中，首先判断变量 i 的值是否为 7，如果条件成立，开始判断手写笔点击触摸屏的所在位置坐标是否在指定的区域，如果在指定的区域，则加载相应的图片文件以产生位图对象，最后调用 Graphics 对象的 DrawImage 方法将指定的图片进行放大显示。

具体代码实现如下：

```
private void MainForm_MouseDown(object sender, MouseEventArgs e)
{
    string file=null;
    if (i == 7)
    {
        if (e.X > 0 && e.X < 100)
        {
            if (e.Y > 0 && e.Y < 100)
            {
                file= "\\Program Files\\images\\001.png";
```

```
                    }
                    else
                    {
                        if (e.Y > 100 && e.Y < 200)
                        {
                            file = "\\Program Files\\images\\004.png";
                        }
                    }
                }
                else
                {
                    if (e.X > 100 && e.X < 200)
                    {
                        if (e.Y > 0 && e.Y < 100)
                        {
                            file = "\\Program Files\\images\\002.png";
                        }
                        else
                        {
                            if (e.Y > 100 && e.Y < 200)
                            {
                                file = "\\Program Files\\images\\005.png";
                            }
                        }
                    }
                    else
                    {
                        if (e.X > 200 && e.X < 300)
                        {
                            if (e.Y > 0 && e.Y < 100)
                            {
                                file = "\\Program Files\\images\\003.png";
                            }
                            else
                            {
                                if (e.Y > 100 && e.Y < 200)
                                {
                                    file = "\\Program Files\\images\\006.png";
                                }
                            }
                        }
                    }
                }
            }
            Bitmap    Zoombmp = new Bitmap(file);
            g.DrawImage(Zoombmp, new Rectangle(50, 50, 200, 200), new Rectangle(0, 0, 250, 200),
            GraphicsUnit.Pixel);
        }
```

（6）MainForm_MouseUp 事件处理方法。

当手写笔离开触摸屏时，调用该方法。在调用过程中，用 Invalidate 方法实现屏幕区域中指定的矩形区域为无效区域。

具体代码实现如下：

```
private void MainForm_MouseUp(object sender, MouseEventArgs e)
{
    Invalidate(new Rectangle(50, 50, 200, 200));
}
```

3.3.3 部署安装应用程序

当在桌面计算机上完成了 Windows CE 应用程序开发和测试工作之后，就需要将其部署到嵌入式设备中去运行。

1. 制作 CAB 安装包

当用户需要在 Windows CE 设备的开始菜单项中，通过单击安装程序名的快捷方式就能运行程序，就需要使用 CAB 安装包进行程序的部署。VS.NET 2008 对 CAB 安装包制作提供了良好的支持，开发者只需进行一些操作，无须编写一行代码就能完成安装包的制作。

（1）创建 CAB 安装包项目。

VS.NET 2008 专门为制作安装包提供了项目类型和专用的项目模板，因此，一个 CAB 安装包的制作工作是从创建一个项目开始的，将安装项目添加到现有解决方案之中，开发者可以在解决方案资源管理器窗口中，右击“解决方案”条目，依次选择“添加→新建项目”选项，这样将弹出“添加新项目”对话框，选择“智能设备 CAB 项目”，输入项目名称 MyPictureViewer，如图 3-19 所示。

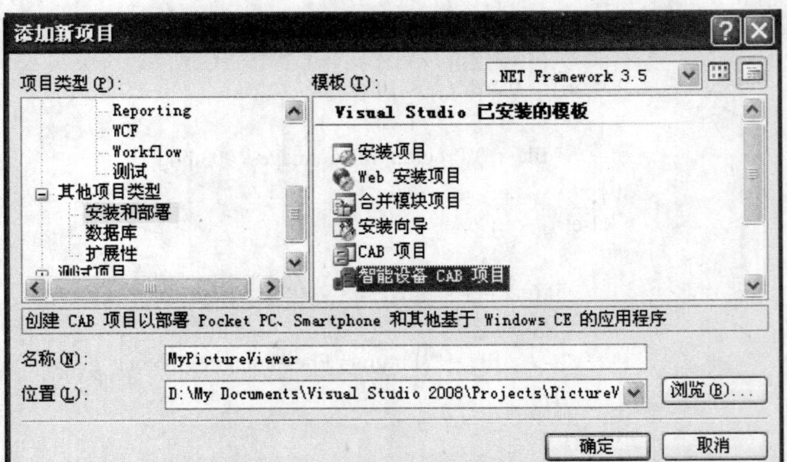

图 3-19 新建 CAB 安装包项目

（2）编辑器。

当 CAB 安装包项目创建好之后，VS.NET 2008 就会自动打开文件系统编辑器。在 Program Files 文件夹下建立 images 文件夹，再在 images 文件夹下添加相应的图片文件，如图 3-20 所示。

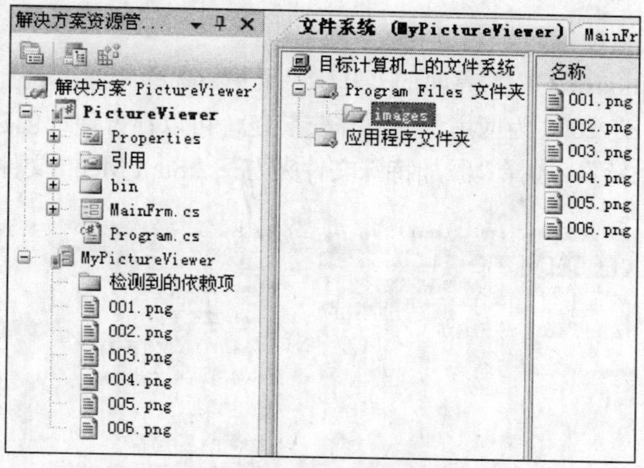

图 3-20　文件系统编辑器

（3）添加可执行文件。

可执行文件通常放在“应用程序文件夹”中，右击“应用程序文件夹”，依次选择“添加”→“项目输出”选项，如图 3-21 所示。

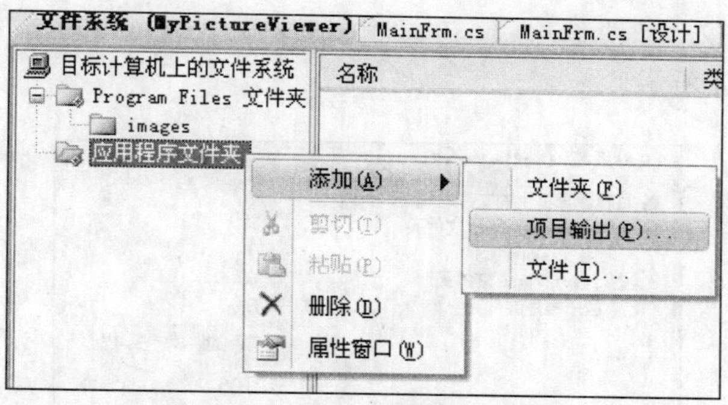

图 3-21　选择“项目输出”选项

这时将弹出“添加项目输出组”对话框，选中“主输出”，单击“确定”按钮，将对应项目输出的可执行文件添加到安装包中，如图 3-22 所示。

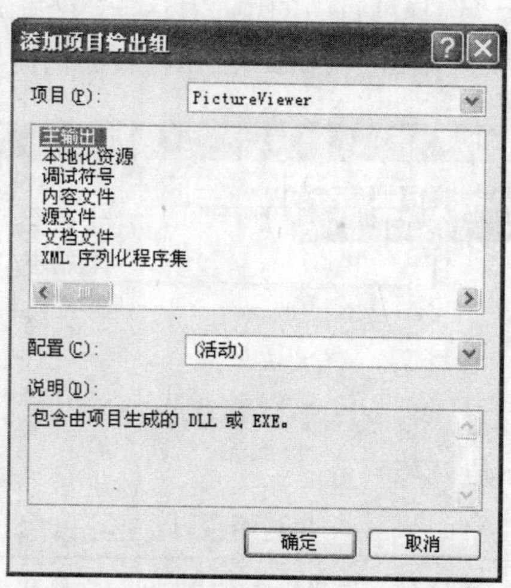

图 3-22　“添加项目主输出组”对话框

（4）创建快捷菜单项。

一般通过打开 Windows CE 主界面的“开始”菜单，选择相应的快捷菜单选项运行指定的程序。通过使用 VS.NET 2008 为应用程序制作安装包，可以很方便地创建快捷菜单项。右击目标计算机上的“文件系统”，选择“添加特殊文件夹”→“Start Menu 文件夹”，如图 3-23 所示。

图 3-23 添加“Start Menu 文件夹”

单击“Start Menu 文件夹”选项后，在编辑器右侧列表视图中右击并选择“创建新的快捷方式”选项，如图 3-24 所示。

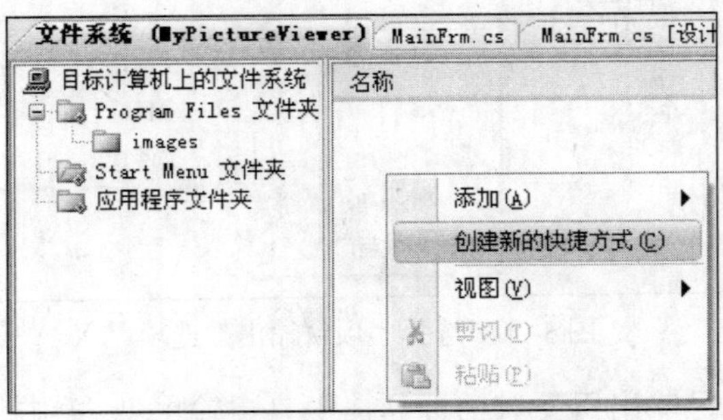

图 3-24 添加新的快捷方式

这时会弹出如图 3-25 所示“选择项目中的项”对话框，这里选择应用程序文件夹中的“主输出来自 pictureViewer（活动）”，单击“确定”按钮，新的快捷方式就添加完毕了。

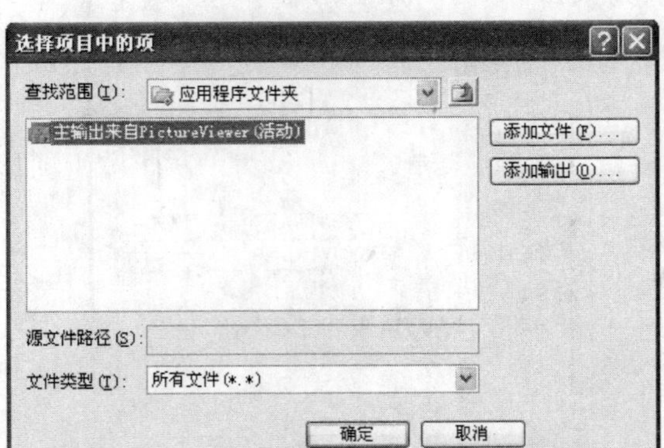

图 3-25 选择快捷方式的目标文件

当出现如图 3-26 所示的快捷方式时，将“Shortcut to 主输出来自 PictureViewer(活动)”重命名为 MyPictureViewer，如图 3-27 所示。

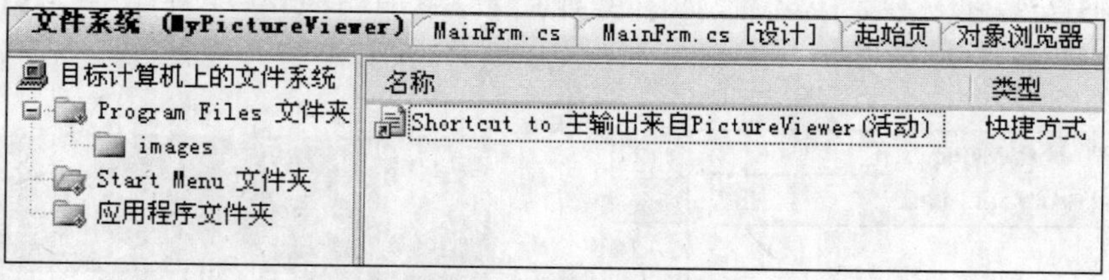

图 3-26　添加完成快捷方式

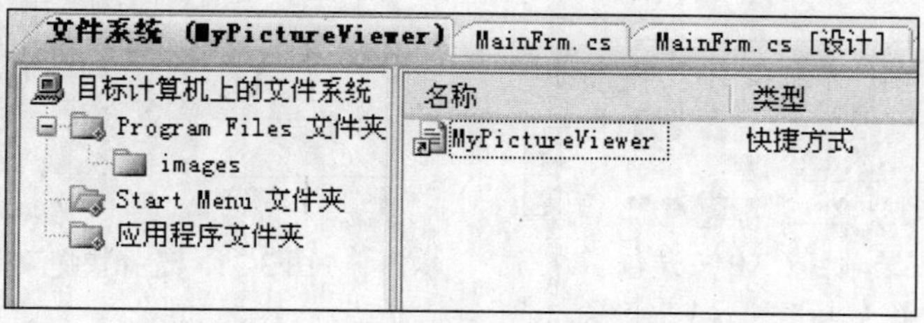

图 3-27　重命名之后的快捷方式名称

（5）生成项目安装包。

在解决方案资源管理器窗口中右击安装包 MyPictureViewer 项目，选择“生成”选项，等待片刻之后，生成扩展名为 MyPictureViewer.CAB 的安装文件，如图 3-28 所示。

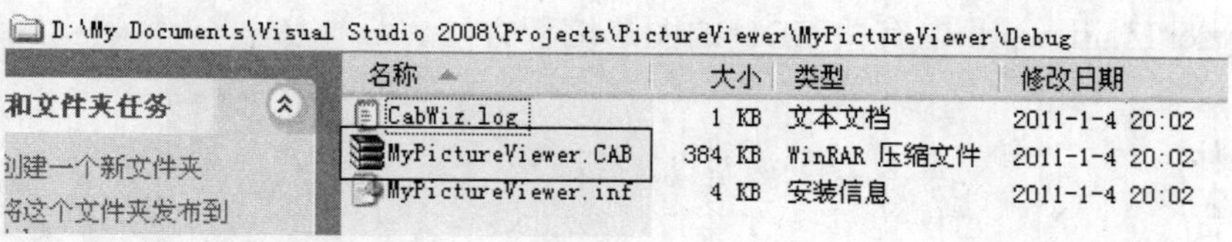

图 3-28　生成项目 CAB 包

2. 部署安装 CAB 包

当 MyPictureViewer.CAB 安装包生成完成后，可以通过 ActiveSync 软件分发 CAB 安装包，这时必须确保嵌入式设备与桌面计算机已经通过 ActiveSync 建立了良好的通信连接，如图 3-29 所示。

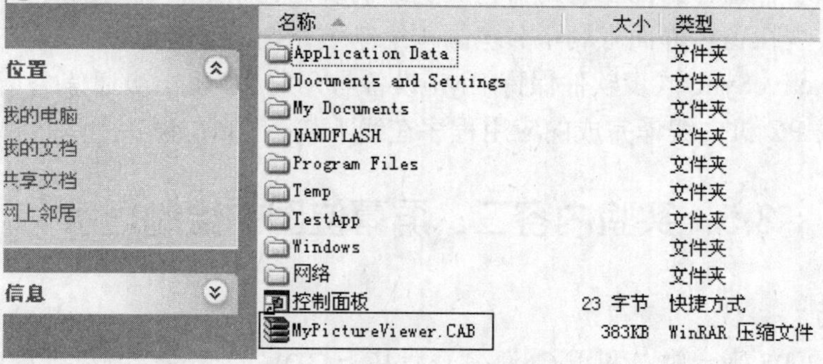

图 3-29　设备中的 CAB 安装包

在 Windows CE 设备中，双击 MyPictureViewer.CAB 安装包，弹出如图 3-30 所示的对话框，单击 OK 按钮，进行项目的安装。

项目 CAB 安装包安装完成之后，如图 3-31 所示，单击“开始”→“程序”→MyPictureViewer 运行图片浏览程序。

图 3-30　安装项目 CAB 安装包

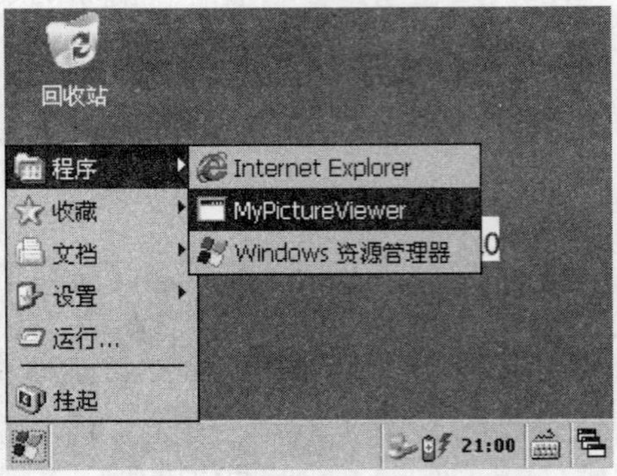

图 3-31　选择快捷菜单选项运行

3.4　实验内容一：绘制和填充常用图形

1. 实验目的

在 VS.NET 2008 平台中，利用 C#语言开发基于 GDI+的常用图形程序，通过本实验掌握在.NET Compact Framework 中有关 GDI+的图形编程方法。

2. 实验设备

（1）硬件：

PC 机一台

HMI 实验设备一套

（2）软件：

Visual Studio 2008

ActiveSync 同步软件

3. 实验内容

（1）创建 C#的 Windows CE 嵌入式应用程序工程项目。

（2）编程实现在窗体界面上利用蓝色画笔绘制线条、矩形、椭圆以及多边形。

（3）编程实现在窗体界面上利用黄色画刷绘制填充椭圆和矩形。

（4）利用 ActiveSync 同步软件保持 HMI 设备与开发 PC 机同步通信。

（5）将开发 PC 机中编译完成的应用程序在线下载至 HMI 设备中运行。

3.5　实验内容二：屏幕位图的绘制显示

1. 实验目的

在 VS.NET 2008 平台中，利用 C#语言开发基于 GDI+的位图绘制显示程序，通过本实验掌握在.NET Compact Framework 中，有关 GDI+的图像编程方法。

2．实验设备

（1）硬件：

PC 机一台

HMI 实验设备一套

（2）软件：

Visual Studio 2008

ActiveSync 同步软件

3．实验内容

（1）创建 C#的 Windows CE 嵌入式应用程序工程项目。

（2）编程实现在窗体界面上绘制位图并显示。

（3）编程实现在内存位图表面绘制位图，然后通过屏幕表面显示内存位图。

（4）利用 ActiveSync 同步软件保持 HMI 设备与开发 PC 机同步通信。

（5）将开发 PC 机中编译完成的应用程序在线下载至 HMI 设备中运行。

本章小结

本章首先介绍了在.NET Compact Framework 中，GDI+图形设备接口提供了强大的图形图像绘制功能以及常用的图形图像绘制方法。然后通过手写笔签名程序以及图片浏览程序详细介绍了利用 GDI+编程技术实现图形图像的有关功能。最后通过两个实验练习，使读者能够熟练掌握图形图像编程方法。

习题三

1．简述使用 Graphics 类创建绘图表面的方法。

2．简述用屏幕作绘图表面进行绘图的过程。

3．简述用内存中位图作绘图表面进行绘图的过程，并最终显示在屏幕上。

第 4 章　Windows CE 6.0 数据库应用开发

本章学习目标

在 Windows CE 嵌入式系统编程过程中，数据库的开发是比较重要的一部分，微软提供的 SQL Server Compact 数据库以其功能强大、性能优越、方便使用，在很多嵌入式行业中被广泛应用。本章详细介绍有关 SQL Server Compact 嵌入式数据库的开发应用，通过本章的学习，要求掌握以下内容：

- 了解嵌入式数据库的基本概念。
- 理解 SQL Server Compact 数据访问。
- 掌握 ADO.NET 数据访问技术。
- 掌握 Windows CE 下的数据库编程方法。

4.1　嵌入式设备数据存储简介

现代嵌入式设备中所运行的程序需要大量的数据，其主要目的是运算数据、处理数据和传输数据，作为嵌入式开发人员在设计程序的时候，首先要考虑使用的数据是结构化数据（如表数据）还是非结构化数据（如二进制数据），另外在现代企业环境应用中存在多种数据目标平台，例如桌面机、Tablet PC、Mobile 移动设备以及其他嵌入式设备，这些多种多样的数据终端设备所包含的数据有时需要进行数据同步和数据共享，因此在目标设备上选择合适的数据存储方式是非常重要的。

目前在嵌入式设备中存储数据的方式有两种：一种是以 xml 文件方式存储数据，另一种是以数据库方式存储数据。在以 xml 文件方式存储数据的时候，其优点是 xml 文件可以跨操作系统平台进行访问，不管什么应用平台、开发工具，都可以按照文本文件的方式来解析，同时在 VS.NET 开发平台下具有良好的托管代码支持；其缺点是一旦在嵌入式移动设备中 xml 文件含有较大量的数据时，处理数据的性能将会有所下降，另外 xml 文件中相对的冗余数据也比较多，所以开发人员在设计程序的时候，如果在应用中所需的数据量不是很大，利用 xml 文件方式进行数据存储将是一个较好的选择。

对于嵌入式设备以关系型数据库进行存储数据而言，微软在 2001 年发布了 SQL Server CE 1.0 版本，其主要定位是针对嵌入式设备的本地数据存储，当时嵌入式数据的应用开发工具是 EVC 和 EVB。在 2003 年微软发布了 VS.NET 2003，SQL Server CE 升级到了 2.0 版本，同时增加了支持.NET Compact Framework 1.0 版本。到了 2005 年微软又推出了 VS.NET 2005 开发平台，这样 SQL Server CE 就升级到了 3.0 版本，同时数据库名称也改为 SQL Server Mobile 2005 Edition，其主要侧重移动设备，并包含支持 Tablet PC 平台。在 2006 年，随着微软 Winodws Mobile 6 操作系统的发布，里面内置了 SQL Server Compact 3.1 版本数据库，其中 Compact 表示是一种精简版数据库，部署非常灵活而且支持微软所有桌面操作系统。在 2007 年底，微软又推出了 VS.NET 2008 开发平台，它为开发人员提供了很多新的特性，其中 SQL Server Compact 3.5 是微软为解决智能客户端的本地数据存储推出的又一个升级产品，目前已支持桌面电脑、平板电脑以及智能设备等 Windows 平台，而且利用了一种基于服务的全新技术（即数据同步技术）来实现本地数据与服务器端数据进行同步。

4.2　SQL Server Compact 数据访问

4.2.1　SQL Server Compact 简介

SQL Server Compact 3.5 Edition 是在 SQL Server Mobile Edition 基础上增加了桌面系统的支持，这种精简的数据库可以跨平台运行在桌面操作系统，包括 Window XP、Window Vista、Windows 2003 系统，也可以运行在 Windows CE 操作系统中。整个 SQL Server Compact 3.5 版本体积很小，只有 7 个 dll 文件，大约 1.7MB，这种数据库的安全性是通过一种类似于文档的安全模式，支持为数据库文件设置密码。它是运行于应用程序的进程内，而不是像 SQL Server 2005/SQL Server 2008 作为服务存在，并可以让多个进程同时访问一个 SQL Server Compact 数据库文件。对于 SQL Server Compact 3.5 Edition 数据库的缺点是不支持存储过程、视图、自定义函数以及触发器操作，但已基本提供了关系性数据库的其他各项功能操作。如果在嵌入式设备中不需要进行复杂的数据处理，选择 SQL Server Compact 3.5 Edition 是一个很好的选择。

SQL Server Compact 3.5 Edition 数据库的使用环境包括设备端和服务器端两部分，设备端中包含 SQL Server Compact 数据库文件、数据库引擎和客户端代理。其中 SQL Server Compact 数据库文件扩展名为文件.sdf。而服务器端是运行 SQL Server 2005/2008 和 IIS 的环境。这样一方面在设备端与服务器端断开的情况下，SQL Server Compact 数据库作为一种运行在 Windows CE 嵌入式设备上的客户端数据库，进行着数据的存储和管理；另一方面可以通过以太网或者 ActiveSync 加 USB 接口连接服务器端环境，这样设备端中客户端代理一旦发出 HTTP 请求，驻留在服务器端环境中的 IIS 服务器的 SQL Server Compact Edition 服务器代理就会处理 HTTP 请求，从而实现设备端与服务器端的数据同步。如图 4-1 所示为 SQL Server Compact 的设备端与服务器环境。

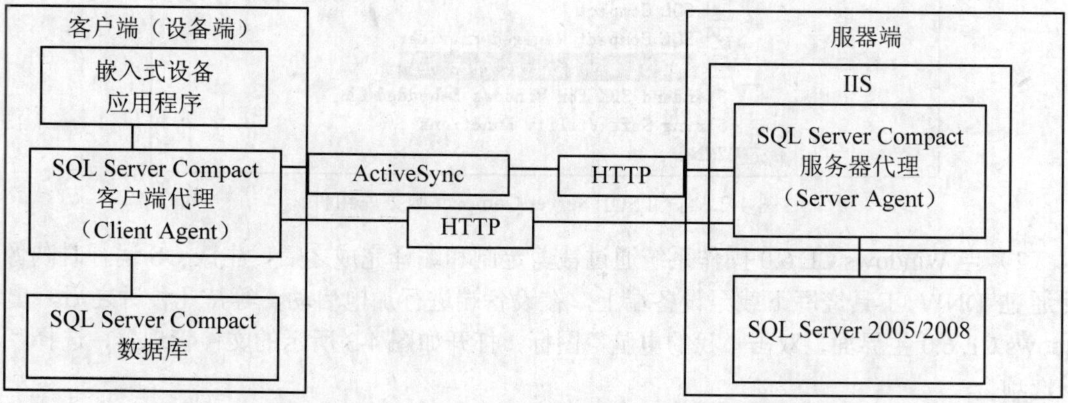

图 4-1　SQL Server Compact 的设备端与服务器环境

由于 SQL Server Compact 数据库与 SQL Server 2005/2008 及 VS.NET 2008 紧密集成，开发人员可以利用 Microsoft SQL Server Management Studio 管理工具和 VS.NET 2008 平台中的数据库设计工具进行创建、编辑、添加和删除 SQL Server Compact 数据库。另外在.NET Compact Framework 中还提供了完整的 SQL Server Compact 应用程序编程接口 ADO.NET，通过 ADO.NET 数据访问技术，可以提供给开发者一致的编程模型，使得开发人员可以利用 C#语言快速地开发托管的数据库应用程序。

4.2.2 SQL Server Compact 设备端安装与配置

（1）当开发人员在设计开发基于 Windows CE 嵌入式数据库应用程序时，为了能使 SQL Server Compact 3.5 数据库的应用程序能正常运行在 Windows CE 嵌入式设备中，在定制 Windows CE 操作系统时，需要将支持 SQL Server Compact 3.5 本地数据库管理的组件安装在 Windows CE 操作系统中。如图 4-2 所示为添加 SQL Server Compact 数据库组件。

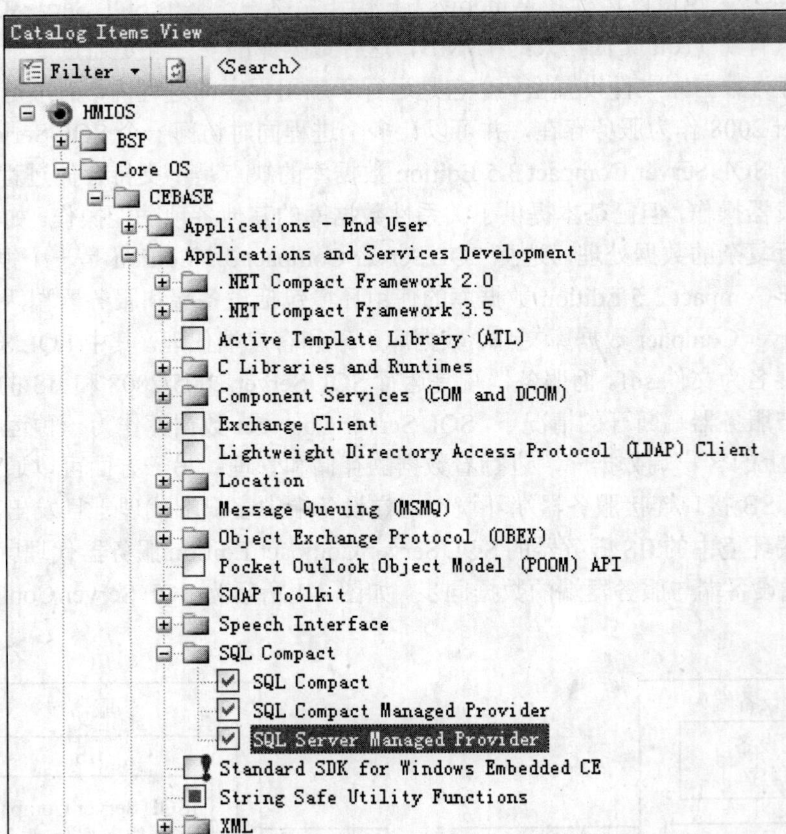

图 4-2 添加 SQL Server Compact 数据库组件

（2）当 Windows CE 6.0 操作系统通过裁剪定制和编译完成之后，生成 OS 运行时映像，然后通过 DNW 工具烧写下载至设备端上，在设备端进行加电启动，等待几秒钟之后，出现 Windows CE 6.0 主界面，双击“我的电脑”图标，打开如图 4-3 所示的文件管理器，选择“查看→选项”。

（3）当出现如图 4-4 所示的“文件夹选项”对话框时，将所有打钩的选项去除。

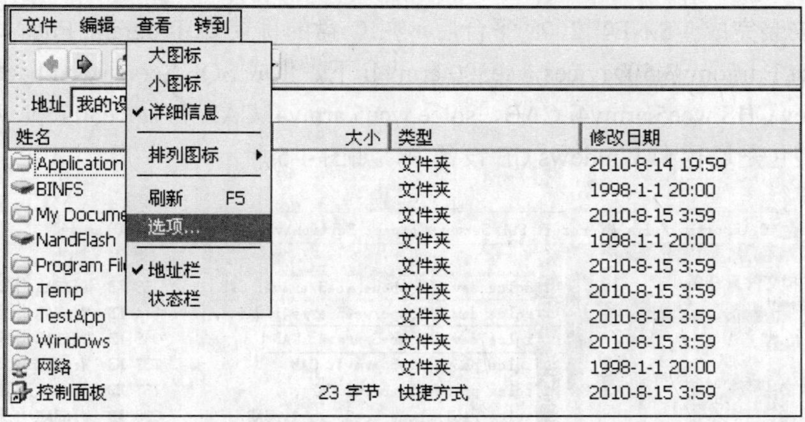

图 4-3　打开 Windows CE 文件管理器

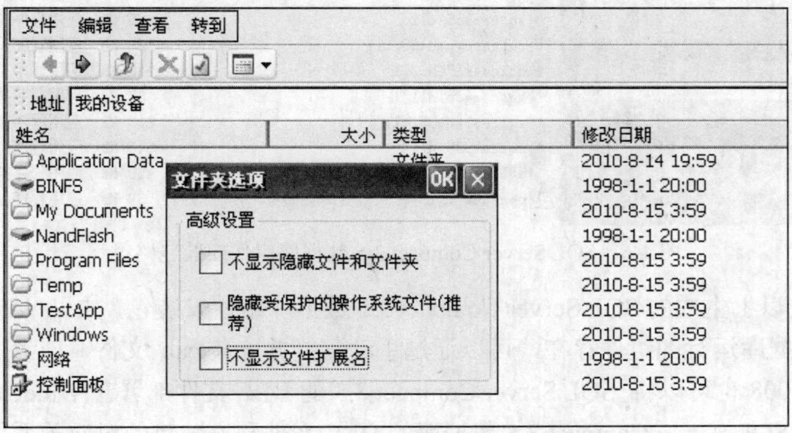

图 4-4　“文件夹选项”对话框

（4）打开 Windows CE 6.0 操作系统中的 Windows 文件夹，可以查看到 SQL Server Compact 数据库组件，如图 4-5 所示，这里包含 7 个跟数据库有关的 DLL 文件，分别是 sqlceca35.dll、sqlcecompact35.dll、sqlceer35en.dll、sqlceme35.dll、sqlceoledb35.dll、sqlceqp35.dll、sqlcese35.dll。

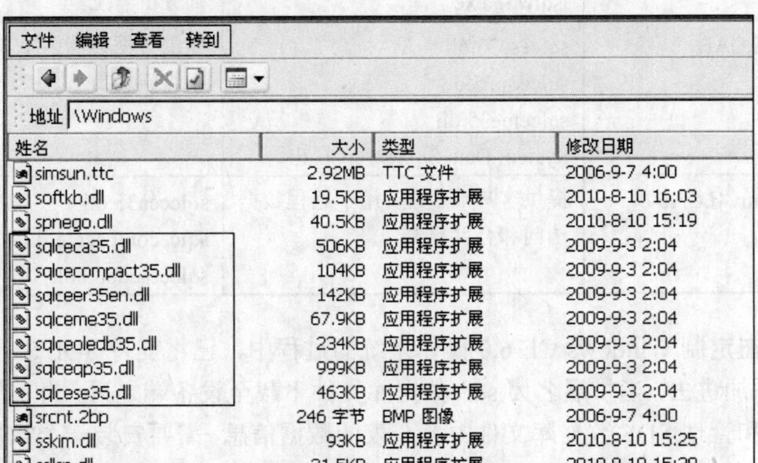

图 4-5　支持 SQL Server Compact 数据库的 DLL 文件

（5）当安装完成 VS.NET 2008 平台后，在 C 盘的目录 C:\Program Files\Microsoft SQL Server Compact Edition\v3.5\Devices\wce500\armv4i 下，生成 SQL Server Compact 3.5 组件的安装包（sqlce.dev.CHS.wce5.armv4i.CAB、sqlce.wce5.armv4i.CAB 和 sqlce30.repl.wce5.armv4i.）。

CAB 安装包是运行于 Windows CE 设备中，如图 4-6 所示。

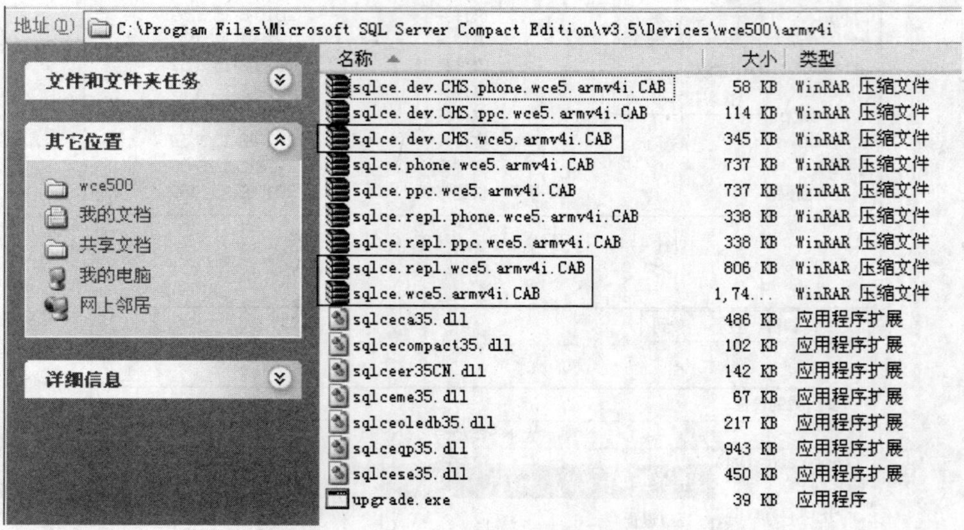

图 4-6 SQL Server Compact 3.5 数据库组件安装包路径

（6）通过以上生成的 SQL Server Compact 3.5 数据库组件安装包，如果 Windows CE 设备中没有支持数据库运行的组件存在，可以通过手动复制并安装.cab 文件，或者通过 Microsoft Visual Studio 2008 也可以将 SQL Server Compact 3.5 的 DLL 文件部署在 Windows CE 设备上。这里有关支持 SQL Server Compact 3.5 数据库的 DLL 文件和安装包的对应关系如表 4-1 所示。

表 4-1 SQL Server Compact 3.5 安装包和 DLL 文件的功能说明

CAB 安装包	内容文件	说明
sqlce.dev.CHS.wce5.armv4i.CAB	sqlceer35CN.dll isqlw35.exe	提供 SQL Mobile 错误信息显示和查询分析器工具
sqlce.wce5.armv4i.CAB	sqlcese35.dll sqlceqp35.dll sqlceme35.dll System.Data.SqlServerCe.dll	提供数据存储引擎和 ADO.NET 数据库访问接口
sqlce.repl.wce5.armv4i.CAB	提供客户端代理，用于远程数据访问和合并复制	sqlceca35.dll sqlcecompact35.dll sqlceoledb35.dll

（7）前面在定制 Windows CE 6.0 操作系统的过程中，已将支持 SQL Server Compact 3.5 数据库的组件添加进去，当扩展名为 sdf 数据库文件下载至设备端之后，为了能够在 Windows CE 设备端查看和管理 SDF 数据库文件中各个表的数据信息，需要安装一个数据库的查询分析器工具。这里可以将 sqlce.dev.CHS.wce5.armv4i.CAB 安装包下载并安装在设备端，安装完成

之后，可以在\Program Files\Microsoft SQL Server Compact Edition\v3.5\CN 目录下找到 isqlw35.exe 查询分析器工具，如图 4-7 所示。

图 4-7　设备端中安装完成的查询分析器

（8）当 isqlw35.exe 查询分析器工具安装完成之后，可以单击打开任意一个存在 Windows CE 设备端中的.sdf 数据库文件，然后可以在设备端中查询和管理 SQL Server Compact 3.5 数据库文件，如图 4-8 所示。

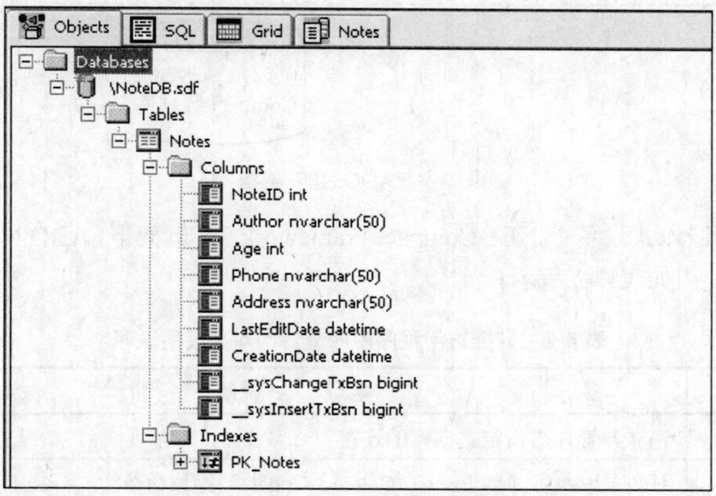

图 4-8　Windows CE 设备中的查询分析器

4.3　ADO.NET 数据访问

4.3.1　ADO.NET 概述

ADO.NET 是微软.NET 平台中新的数据访问技术，它实现了对关系数据库以及 XML 数据源的一致访问，基于 Windows CE 嵌入式应用程序通过 ADO.NET 可以与 SQL Server Compact 3.5 数据库轻松地进行通信和管理。在.NET Compact Framework 3.5 框架中，ADO.NET 包含一组类库，这些类库具有连接到数据源、执行命令以及存储、操作和获取数据等功能。ADO.NET 与以前数据访问技术相比的不同之处，就是它可以让应用程序与数据库以完全非连接的数据缓存的方式来交互，以实现离线操作数据。

ADO.NET 有两个核心组件构成：数据集（DataSet）与.NET Compact Framework 数据提供程序。如图 4-9 所示，.NET Compact Framework 数据提供程序包括 Connection、Command、DataReader 和 DataAdapter 对象。

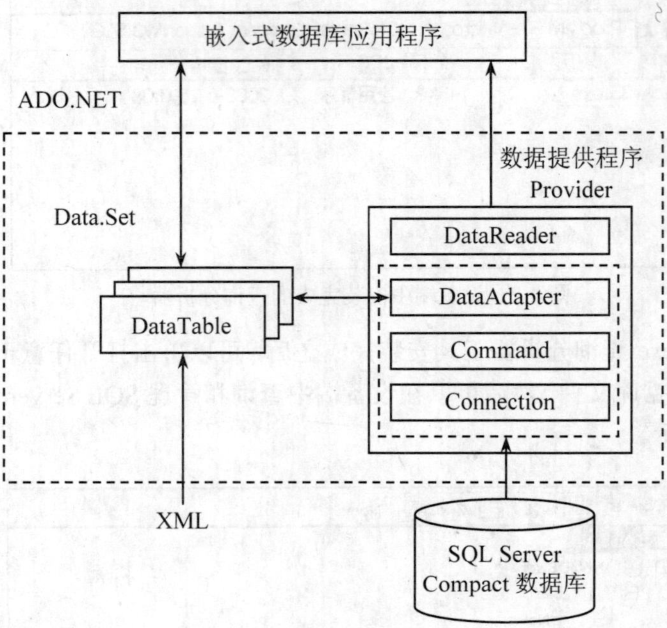

图 4-9 ADO.NET 架构

Windows CE 嵌入式设备在.NET Compact Framework 3.5 框架下，ADO.NET 数据访问程序中类的对象具体使用如表 4-2 所示。

表 4-2 数据访问程序中四个访问对象使用说明

对象	说明
SqlCeConnection	建立并管理与指定数据库的连接
SqlCeCommand	对数据库执行（如 Insert、Delete、Update）操作命令
SqlCeDataAdapter	与 DataSet 配套使用，用于将数据填充进 DataSet，并将 DataSet 的任何更改更新到数据库中
SqlCeDataReader	从数据源中读取一个高效、只向前的、只读的数据流

4.3.2 使用 ADO.NET 进行数据访问

1. SqlCeConnection 对象

嵌入式数据库应用程序与 SQL Server Compact 数据库进行交互，首先必须建立与数据库的连接，在 ADO.NET 中，可以使用 SqlCeConnection 对象进行数据库的连接。SqlCeConnection 对象具有 ConnectionString 属性，它用于获取或设置打开 SQL Server Compact 数据库的字符串。SqlCeConnection 对象的 Open 方法可以使用 ConnectionString 所指定的属性值打开数据库连接。连接数据库并完成相关的数据库操作之后，必须关闭连接，这可以使用 SqlCeConnection

对象的 Close 方法来实现。

方法一：

```
public void GetData1()
{
    string constr = "Data Source=" + @"\My Documents\NoteDB.sdf";
    SqlCeConnection Con = new SqlCeConnection(constr);
    Con.Open();
   …..对数据库相关操作…..
    Con.Close();
}
```

方法二：

```
public void GetData2()
{
    SqlCeConnection Con = new SqlCeConnection();
    Con.ConnectionString = "Data Source=" + @"\My Documents\NoteDB.sdf";
    Con.Open();
    …..对数据库相关操作…..
    Con.Close();
}
```

2. SqlCeCommand 对象

在完成连接 SQL Server Compact 数据库之后，就可以对数据库执行一些命令操作。命令操作包括对数据存储区进行插入、更新、删除及检索操作。在 ADO.NET 中，对嵌入式数据库的命令操作是通过 SqlCeCommand 对象来实现的。常用的 SQL 命令语句如 Update、Delete、Insert 都可以在 SqlCeCommand 对象中执行完成。

（1）ExecuteNonQuery 方法。该方法可以执行除 Select 查询以外（如 Update、Insert 和 Delete）的 Sql 命令语句，该方法执行的命令不返回任何数据行，而只返回执行该命令时所影响到得行数。

例如：

```
public int ExcuteSql()
{
    string constr = "Data Source=" + @"\My Documents\NoteDB.sdf";
    SqlCeConnection Con = new SqlCeConnection(constr);
    Con.Open();
    string Sql="Delete Userinfo where UserId=1";              //删除的 Sql 语句
    SqlCeCommand Cmd = new SqlCeCommand(Sql, Con);   //创建命令对象
    int   flag = Cmd.ExecuteNonQuery();                        //执行删除操作
    Con.Close();
    return flag;                                               //返回影响的行数
}
```

（2）ExecuteScalar 方法。该方法可以执行 Select 查询，但返回的是一个单值，多用于查询聚合值的情况，如使用 count()函数的 Sql 命令语句。

例如：

```
public int ExcuteScale(string Sql,   SqlCeParameter[] paras)
{
   string constr = "Data Source=" + @"\My Documents\NoteDB.sdf";
```

```
        SqlCeConnection Con = new SqlCeConnection(constr);
        Con.Open();
        string Sql="Select count(*) from UserInfo where UserName='张三' and Pwd='123456'";
        //查询符合条件的 Select 语句
        SqlCeCommand Cmd = new SqlCeCommand(Sql, Con);      //创建命令对象
        int    flag = Cmd. ExecuteScalar();                 //执行查询操作
        Con.Close();
        return flag;                                        //返回符合条件的行数
    }
```

3. SqlCeDataReader 对象

SqlCeDataReader 对象用于从数据库中读取由 Select 命令返回的只读、向前的数据流。每次采用这种方式处理时，在内存中只有一行记录，所以它提高了应用程序的性能。在创建 SqlCeCommand 对象之后，可以通过调用 SqlCeCommand 对象的 ExecuteReader 方法来创建 SqlCeDataReader 对象，并通过这个对象检索数据。

例如：

```
    public DataSet GetDataReader()
    {
        string constr = "Data Source=" + @"\My Documents\NoteDB.sdf";
        SqlCeConnection Con = new SqlCeConnection(constr);
        string Sql="Select from UserInfo";
        SqlCeCommand Cmd = new SqlCeCommand(Sql, Con);      //创建命令对象
        Con.Open();
        SqlCeDataReader    reader = cmdTxt.ExecuteReader();
        while (reader.Read())
        {
            MessageBox.Show(reader.GetString(0));
        }
        Con.Close();
    }
```

4. DataSet 对象

ADO.NET 数据访问技术的一个非常突出的优点就是支持离线访问，而 DataSet 对象正是实现离线访问技术的核心。DataSet 对象是数据的一种内存驻留表示形式，无论它包含的数据来自任何数据源，都会提供一致的关系编程模型。DataSet 对象由一组 DataTable 对象构成，它具备存储多个表及其关系的能力。

DataSet 对象的一般使用步骤：

（1）创建 Connection 连接对象。

（2）创建一个 DataAdapter 对象。

（3）定义一个 DataSet。

（4）执行 DataAdapter 对象的 Fill()方法将数据填充到 DataSet 的表中。

（5）关闭 Connection 对象。

5. SqlCeDataAdapter 对象

SqlCeDataAdapter 对象表示用于填充 DataSet 和更新 SQL Server Compact 数据库的一组数据命令。SqlCeDataAdapter 是 DataSet 和 SQL Server Compact 数据库之间的桥接器，它用

于检索和保存数据。SqlCeDataAdapter 对象通过 Fill 方法把从 SQL Server Compact 数据库中得到的数据填充进 DataSet，并可以对 DataSet 中数据进行增加、删除及修改操作。

例如：

```
public DataSet GetDataSet(string Sql,string tablename)
{
    string constr = "Data Source=" + @"\My Documents\NoteDB.sdf";
    SqlCeConnection Con = new SqlCeConnection(constr);
    string Sql="Select from UserInfo";
    SqlCeCommand Cmd = new SqlCeCommand(Sql, Con);
    SqlCeDataAdapter Sda = new SqlCeDataAdapter(Cmd);
    DataSet Ds = new DataSet();
    Sda.Fill(Ds," UserInfo");
    return Ds;
}
```

6. SqlCeParameter 对象

在对数据库实际应用中，查询的结果往往需要根据界面上输入的不同值而发生变化，同时增加、更新操作也是如此，这时可以利用 SqlCeParameter 对象执行参数化操作。另外使用 SqlCeParameter 对象的一个优点就是能够加强数据操作的安全性。

例如：

```
public int InsertNoteData(string author,int age,string phone)
{
    string constr = "Data Source=" + @"\My Documents\NoteDB.sdf";
    SqlCeConnection Con = new SqlCeConnection(constr);
    string Sql = "Insert into Notes (Author,Age,Phone)values(@author,@age,@phone)";
    SqlCeCommand Cmd = new SqlCeCommand(Sql, Con);
    SqlCeParameter[] paras = new SqlCeParameter[3];
    paras[0] = new SqlCeParameter("@author", author );
    paras[1] = new SqlCeParameter("@age", age);
    paras[2] = new SqlCeParameter("@phone ", phone;
    foreach (SqlCeParameter p in paras)
    {
        Cmd.Parameters.Add(p);
    }
    Con.Open();
    int   flag = Cmd.ExecuteNonQuery();
    Con.Close();
    return flag
}
```

7. BindingSource

BindingSource 是.NET Compact Framework 3.5 提供的新控件之一。BindingSource 控件与数据源建立连接，然后将窗体中的数据显示控件与 BindingSource 控件建立绑定关系来实现数据绑定，简化数据绑定的过程。BindingSource 控件提供一个连接后台数据库的通道，同时又是一个数据源，因为 BindingSource 控件即支持向后台数据库发送命令来检索数据，又支持直接通过 BindingSource 控件对数据进行访问、排序、筛选和更新操作，BindingSource 控件没有运行时界面，无法在用户界面上看到该控件。在使用 BindingSource 控件之前，首先要创建 BindingSource 对象，然后可以将它的 DataSource 属性赋予 DataSet 数据集中表的默认视图。BindingSource 对象可以通过它的 Current 属性访问当前记录，也可以通过 Filter 属性对数据记录按照指定的条件进行筛选，如图 4-10 所示。

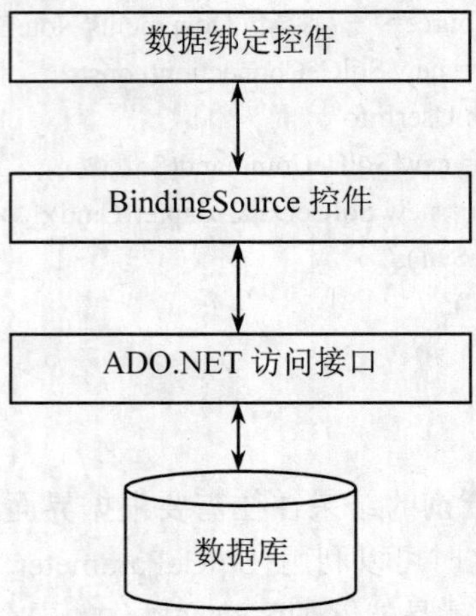

图 4-10 BindingSource 控件所处的位置

代码如下：

```
BindingSource Bs=new BindingSource();
Bs.DataSource = myDataSet.Tables[0];
Bs.Filter = "artist = 'Daives";
myGrid.DataSource = Bs;
DataRowView dv = (DataRowView)Bs.Current;      //获取列表中的当前项
```

4.4 LINQ to ADO.NET

4.4.1 LINQ to ADO.NET 简介

Linq 是 Language-Integrated Query 语言集成查询的缩写，在针对嵌入式移动设备数据应用的开发中，Linq 作为 VS.NET 2008 平台中的一个重要的特性，包含在.Net Compact Framework 3.5 框架中，它为 C#和 VB.NET 语言语法提供了强大的查询功能。首先，它统一了对各种数据源的查询方式，其查询语法跟 SQL 非常相似，以往访问一个数据源需要学习针对这个数据源的查询语言，例如访问 SQL Server 数据库就要学习 T-SQL 语言。其次，Linq 编译时支持查询语法检查和类型检查，对于 T-SQL 语句在代码当中表示成一个字符串，这样编译器无法对字符串进行语法检查，增加了代码调试难度，而 Linq 本身已经是语言中的一种功能，编译器能够对它进行解析和发现查询语句中的错误。

.Net Compact Framework 3.5 为 Linq 提供了完整的语言支持，它既支持标准的查询运算符，也支持 Linq 的类和方法，在嵌入式移动设备中 Linq 能够实现 Linq to object、Linq to DataSet 以及 Linq to Xml 三种核心功能。LINQ to ADO.NET 包括两种独立的技术：Linq to DataSet

和 Linq to SQL。使用 Linq to DataSet 可以对 DataSet 执行丰富而优化的查询，而使用 Linq to SQL 可以直接查询 SQL Server 数据库架构。但.Net Compact Framework 3.5 不支持 Linq to SQL，也就意味着不能直接使用 Linq 查询 SQL Server Compact 数据库，主要因为 Linq 不支持表达式目录树，而表达式目录树是实现 Linq to SQL 的一个核心功能，在这方面我们可以使用 Linq to DataSet 来代替。

使用 Linq to DataSet 可以更快更容易地查询在 DataSet 对象中缓存的数据，DataSet 是数据驻留在内存中的表示形式，不管包含的数据来自什么数据源，它都可以提供一致的关系编程模型。在表示层上，DataSet 与 GUI 控件紧密集成，以进行数据绑定。在中间层上它提供保留数据关系形状的缓存以实现快速简单查询，如图 4-11 所示为 Linq to DataSet 与 ADO.NET 和数据存储区的关系。

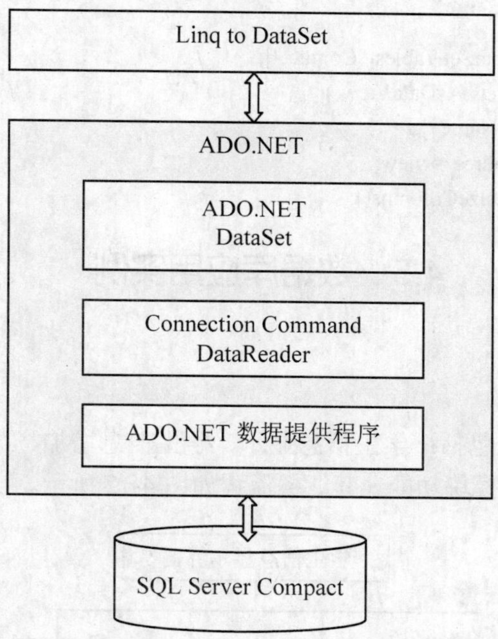

图 4-11　Linq to DataSet 与 ADO.NET 和数据存储区的关系

4.4.2　使用 LINQ to DataSet

只有在往 DataSet 填充数据之后，才能开始使用 Linq to DataSet 来查询 DataSet 对象。向 DataSet 中加载数据可以通过 DataAdapter 对象的 Fill 方法实现。将数据加载到 DataSet 对象后，可以开始查询数据。Linq 查询可以对 DataSet 中的单个表执行，也可以通过使用 Join 和 GroupJoin 标准查询运算符对多个表执行。Linq to DataSet 使开发人员能够通过使用 Language-Integrated Query 来创建针对 DataSet 的复杂而功能强大的查询。不过，Linq to DataSet 查询可返回 DataRow 对象的枚举，在数据绑定方案中不易于使用。为了简化绑定，可以通过 Linq to DataSet 查询创建一个 DataView。此 DataView 使用查询中指定的筛选和排序，但更适合于数据绑定。Linq to DataSet 通过提供基于表达式的 Linq 筛选和排序，扩展了 DataView 筛选和排序的功能，它允许执行比基于字符串筛选和排序更为复杂、功能更为强大的筛选和排序操作。在 Linq to DataSet 上下文中创建 DataView 有以下两种方式。

1. 通过具有筛选信息的查询创建 DataView

例如，查询 SalesOrderDetail 表中数量大于 2 且小于 6 的订单，通过查询创建 DataView，并将 DataView 绑定到 BindingSource。

```
DataTable orders = dataSet.Tables["SalesOrderDetail"];
EnumerableRowCollection<DataRow> query = from order in orders.AsEnumerable()
where order.Field<Int16>("OrderQty") > 2 && order.Field<Int16>("OrderQty") < 6
select order;
DataView view = query.AsDataView();
bindingSource1.DataSource = view;
```

2. 使用 RowFilter 属性查询创建 DataView

例如，从 Contact 表创建 DataView，然后设置 RowFilter 属性以返回联系人的姓氏为“王”的行。

```
DataTable contacts = dataSet.Tables["Contact"];
DataView view = contacts.AsDataView();
view.RowFilter = "LastName='王'";
bindingSource1.DataSource = view;
dataGridView1.AutoResizeColumns();
```

4.5 数据库应用实例

4.5.1 功能模块设计

学生信息管理程序功能包括：学生信息显示、学生信息增加、学生信息编辑、学生信息删除以及学生信息查询四个模块功能。其业务流程如图 4-12 所示。

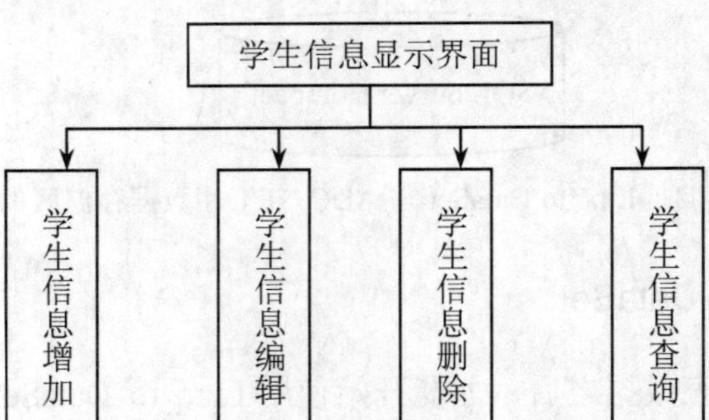

图 4-12 学生信息管理程序业务流程

4.5.2 数据库设计

1. 创建学生信息管理工程项目

打开 VS.NET 2008 开发平台，新建智能设备项目，输入工程名称为 StudentManage，单击“确定”按钮，进入如图 4-13 所示的“添加新智能设备项目”对话框，目标平台选择 Windows CE，.NET Compact Framework 版本选择.NET Compact Framework Version 3.5，模板选择“设备应用程序”，单击“确定”按钮，创建完成基于 Windows CE 6.0 的 C#设备应用程序。

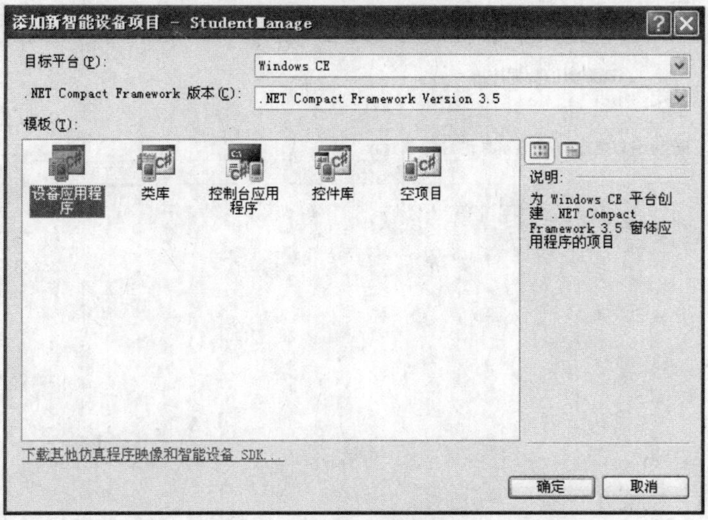

图 4-13　“添加新智能设备项目”对话框

2. 利用 VS.NET 2008 数据库设计向导进行 SQL Server Compact 3.5 数据库设计

（1）在 VS.NET 2008 的“数据”菜单栏上选择“添加新数据源”选项，出现如图 4-14 所示的“数据源配置向导”对话框。在这里选择应用程序从数据库获取数据选项，单击“下一步”按钮。

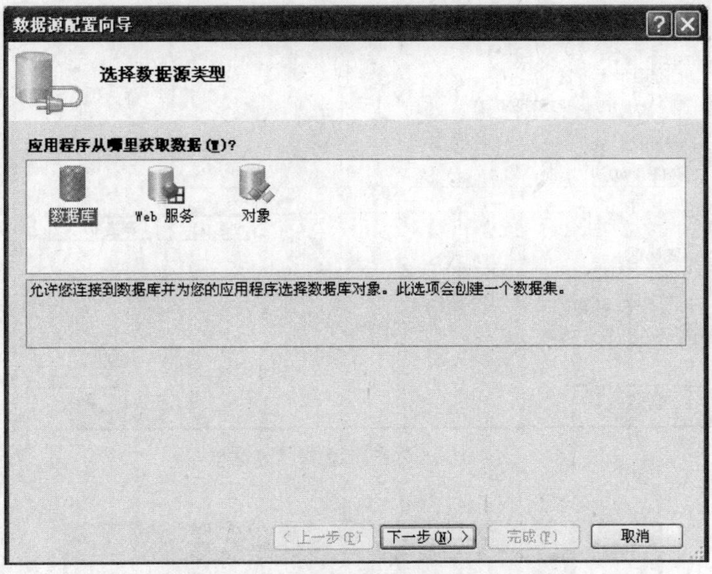

图 4-14　“数据源配置向导”对话框

（2）在如图 4-15 所示的“数据源配置向导”对话框中，如果当前应用程序没有存在可用的数据连接，则应用程序连接数据库的数据连接下拉列表为空，开发者可以通过单击“新建连接”按钮进行数据库创建。

（3）在“添加连接”对话框中，如图 4-16 所示，如果数据源种类不是 SQL Server Compact 3.5 数据库类型，通过单击“更改”按钮，进入“更改数据源”对话框，如图 4-17 所示，选择 Microsoft SQL Server Compact 3.5 选项，单击“确定”按钮。

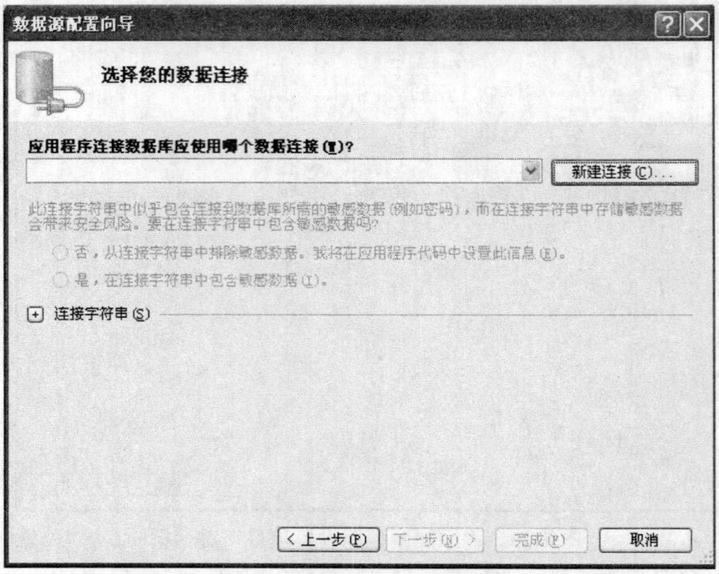

图 4-15 选择数据库的数据连接

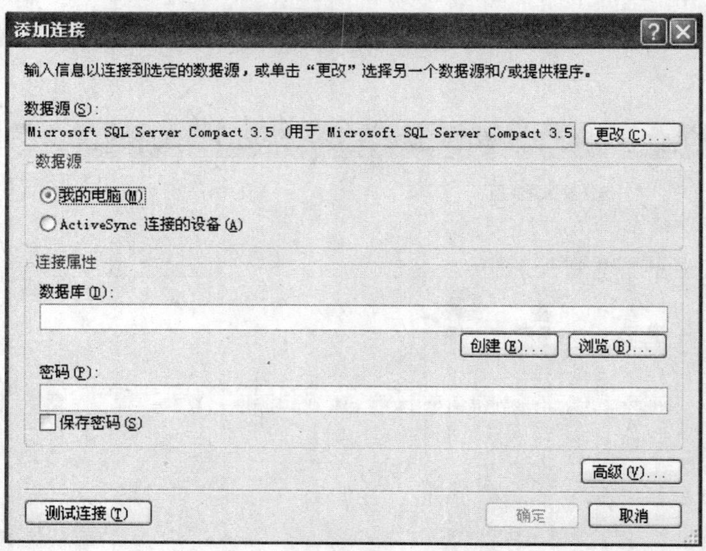

图 4-16 “添加连接”对话框

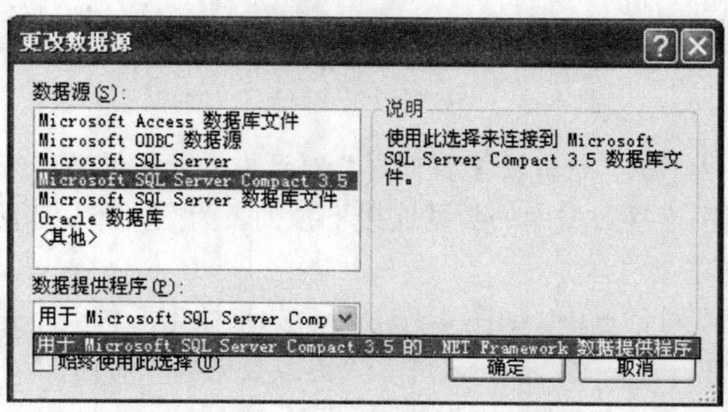

图 4-17 “更改数据源”对话框

（4）在“添加连接”对话框中，单击“创建”按钮之后，进入“创建新的 SQL Server Compact 数据库”对话框，如图 4-18 所示，单击“浏览”按钮，在指定盘符路径下创建数据库文件，这里选择 D:\My Documents\StudentDB.sdf，单击“确定”按钮。

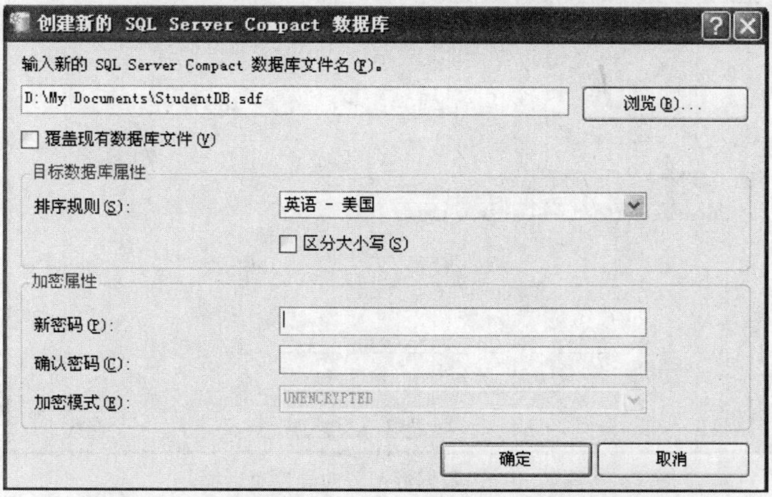

图 4-18　“创建新的 SQL Server Compact 数据库”对话框

（5）在“添加连接”对话框中，单击“测试连接”按钮，会显示一个测试连接成功的对话框，如图 4-19 所示，单击“确定”按钮。

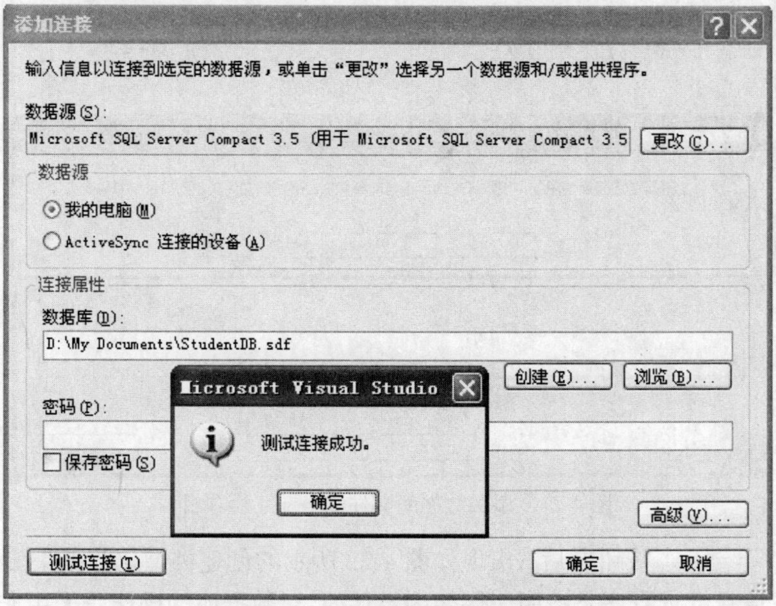

图 4-19　测试数据库连接

（6）进入“数据源配置向导”对话框之后，应用程序可以选择新创建成功的数据库文件 StudentDB.sdf，如图 4-20 所示。

（7）单击“下一步”按钮，会出现一个提示对话框，询问是否把这个数据库文件添加进当前项目中，如图 4-21 所示，单击“是”按钮。

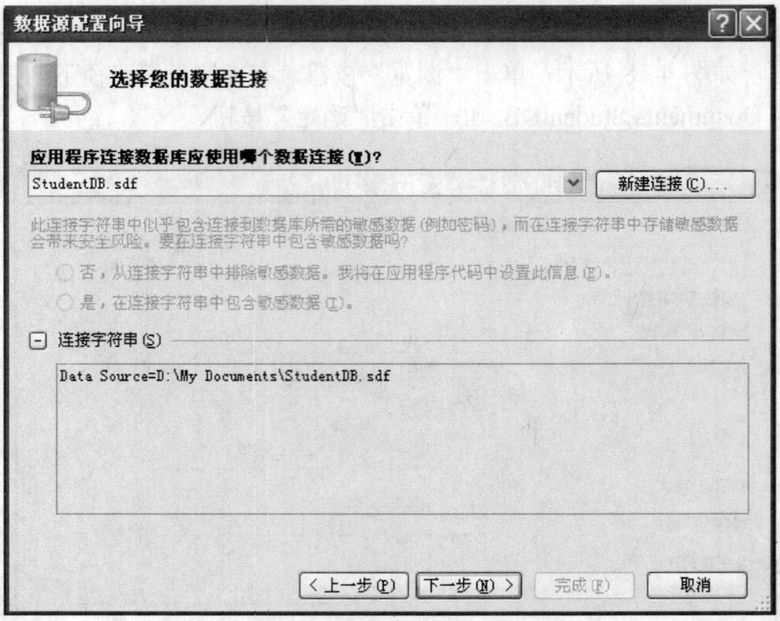

图 4-20 “数据源配置向导”对话框

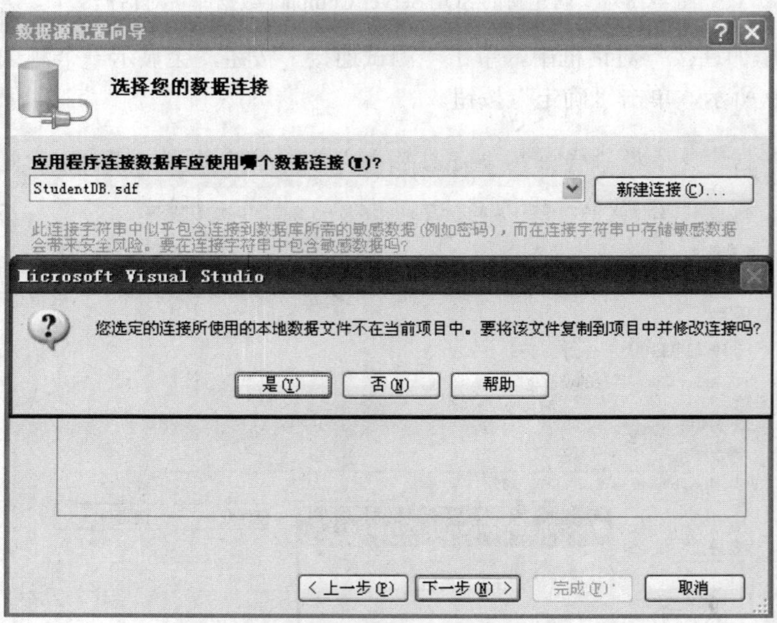

图 4-21 添加数据库文件到当前工程项目

（8）单击“下一步”按钮之后，出现如图 4-22 所示的创建类型化数据集 DataSet 对话框，由于开发的学生信息管理程序是按照三层架构设计的，对数据库的操作是采用非类型数据集实现数据加载的，所以这里单击“取消”按钮即可。

（9）SQL Server Compact 3.5 数据库创建完成之后，可以在 StudentManage 工程项目的解决方案资源管理器中看到新创建的 StudentDB.sdf 数据库文件，这时的 StudentDB.sdf 数据库文件是一个空数据库文件，通过双击 StudentDB.sdf 文件，在服务器资源管理器中可以看到展开的 StudentDB.sdf 数据库结构，如图 4-23 所示。

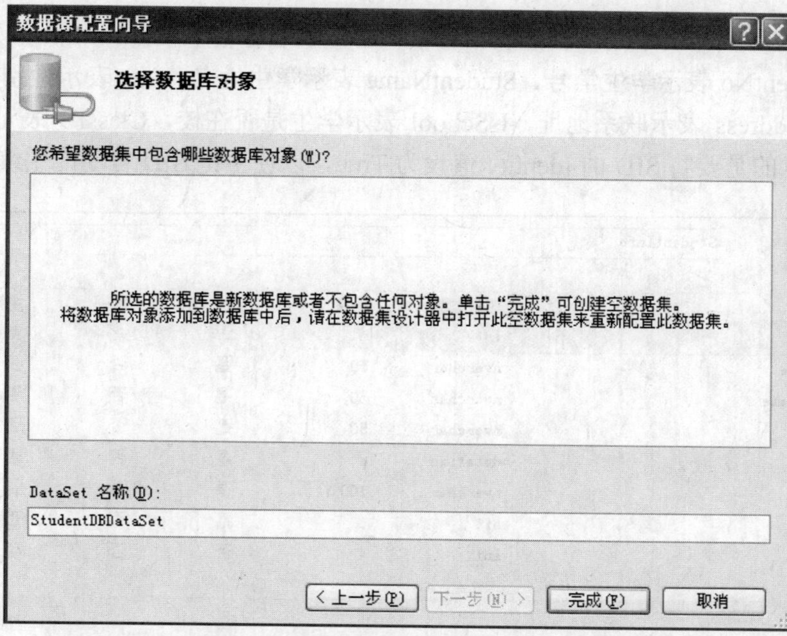

图 4-22　创建类型化数据集 DataSet 对话框

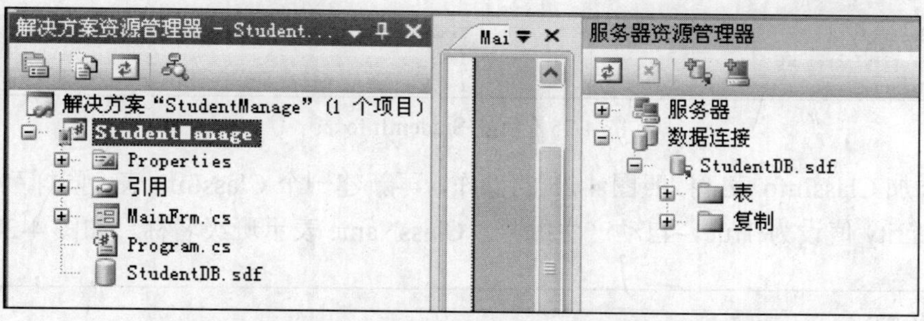

图 4-23　新建完成 SQL Server Compact 3.5 空数据库文件

3. 添加数据库中 StudentInfo 表和 ClassInfo 表

（1）添加 StudentInfo 表。在服务器资源管理器中，右击 StudentDB.sdf 数据库中的“表”项，选择“创建表”选项，新建 StudentInfo 表，如图 4-24 所示。

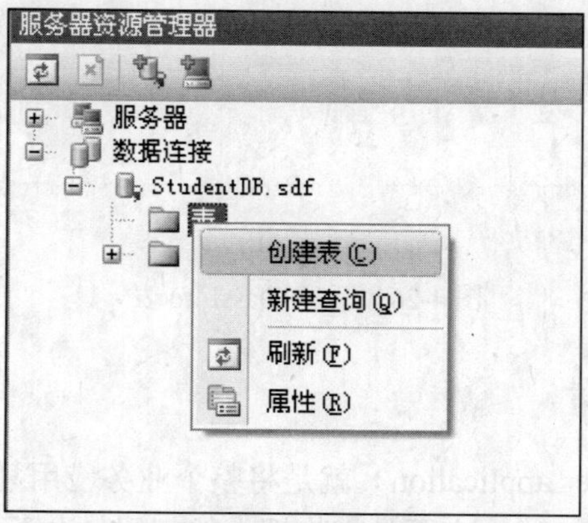

图 4-24　在服务器资源管理器中开始创建 StudentInfo 表

（2）在如图 4-25 所示的“新建表”对话框中，表名称输入 StudentInfo，列名分别输入 SID 主键，StudentNo 表示学生学号、StudentName 表示学生姓名、Sex 表示性别、Birthday 表示出生日期、Address 表示联系地址、IsSchool 表示学生是否在校，ClassID 表示所属班级 ID 号。这里要注意的是要将 SID 的 Identity 值设为 True，以便主键 SID 自动产生编号。

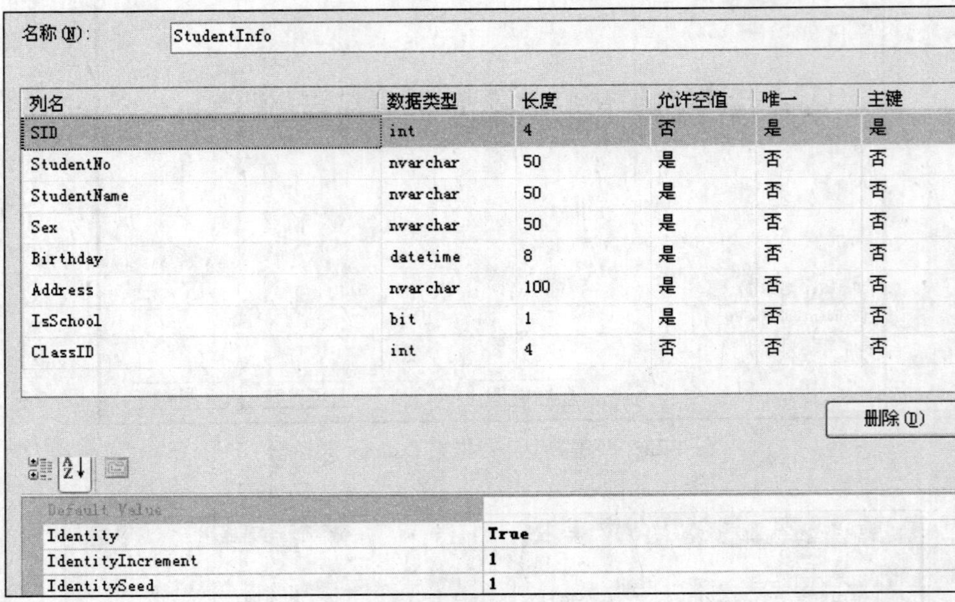

图 4-25　新建 StudentInfo 表

（3）添加 ClassInfo 表。按照图 4-25 的操作，再新建一个 ClassInfo 表，同样列名 ClassID 为主键，Identity 值设为 True，自动产生编号，ClassName 表示班级名称，如图 4-26 所示。

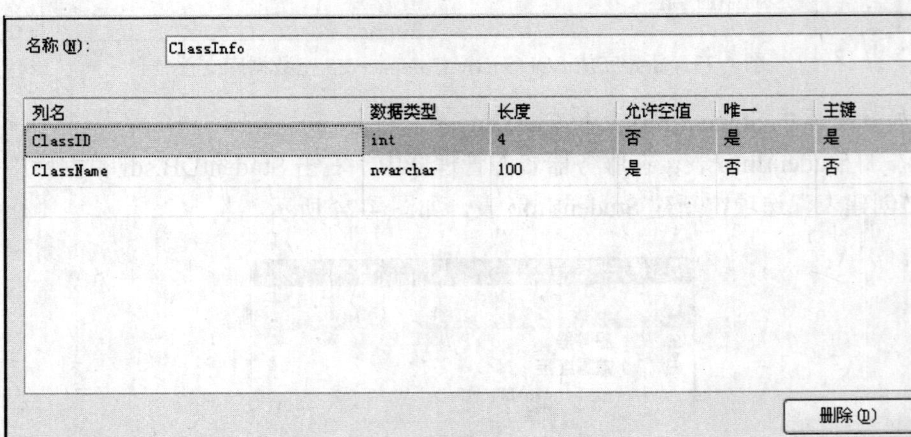

图 4-26　新建 ClassInfo 表

4.5.3　项目三层架构设计

所谓三层体系架构（3-tier application）就是将整个业务应用划分为表现层（UI）、业务逻辑层（BLL）、数据访问层（DAL）。它不是指物理上的三层，也不是简单地放置三台机器就是三层体系结构，这里的三层是指逻辑上的三层，即使这三个层放置到一台机器上。

1．数据访问层

数据访问层的功能主要是负责对数据库的访问，就是实现对数据表的 Select、Insert、Update、Delete 的操作。

2．业务逻辑层

业务逻辑层（Business Logic Layer）是三层架构中体现核心价值的部分。它主要负责业务规则的制定、业务流程的实现及业务需求有关的系统设计方面。

3．表示层

表示层位于最外层（最上层），离用户最近，用于显示数据和接收用户输入的数据，为用户提供一种交互式操作的界面。

在多层分布式应用中，用户界面和数据库之间加入了一层业务功能模块，它把应用的业务逻辑与用户界面分开。这使得在保证业务逻辑功能的前提下，为用户提供一个简洁的界面。如果需要修改应用程序代码，只需要对中间的业务逻辑进行修改，而不用修改用户界面的表示层代码，从而使开发人员可以专注于应用系统核心业务逻辑的分析、设计和开发。

程序按照三层架构设计的优点：

（1）开发人员可以只关注整个结构中的其中某一层。

（2）可以很容易地用新的实现来替换原有层次的实现。

（3）可以降低层与层之间的依赖。

（4）有利于标准化。

（5）有利于各层逻辑功能的复用。

根据以上架构分析，本项目采用三层架构进行设计，如图 4-27 所示。

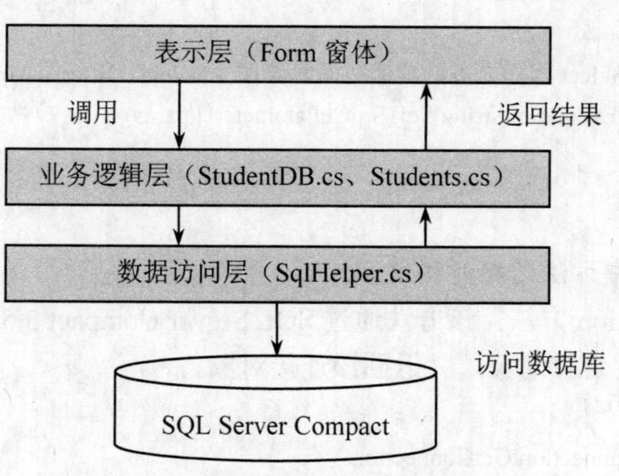

图 4-27　项目三层架构设计

4.5.4　数据访问层功能实现

1．数据访问层 SqlHelper 类的设计

在项目解决方案资源管理器中右击 StudentManage 项目，选择“添加”→“新建文件夹”，文件夹命名为 DAL，然后右击 DAL，选择“添加”→“新建项”，选择“类”模板，类的文件名为 SqlHelper.cs，这样用于数据访问层的类文件添加进 DAL 文件夹中，如图 4-28 所示。

图 4-28 创建数据访问层的类

2. SqlHelper 类中数据库访问方法的设计

数据访问层的 SqlHelper 类主要封装对 SQL Server Compact 3.5 数据库访问的操作，以获得连接对象、数据集 DataSet、执行除 Select 语句之外的其他操作，如添加记录、更新记录、删除记录等操作。

下面代码为 SqlHelper 类整体结构：

```
class SqlHelper
{
    public SqlCeConnection GetConnection()//获得连接对象
    {
    }
    //根据执行 Select 语句和表名，获得对应的 DataSet 数据集
    public DataSet GetDataSet(string Sql,string tablename)
    {
    }
    //执行除 Select 语句之外的其他数据库操作（Delete、Insert、Update）
    public int ExcuteSql(string Sql, SqlCeParameter[] paras)
    {
    }
}
```

3. SqlHelper 类中方法的功能描述

（1）GetConnection 方法。该方法通过 SQL Server Compact 3.5 数据库连接字符串，创建一个 SqlCeConnection 连接对象，并返回该连接对象。

具体代码实现如下：

```
public SqlCeConnection GetConnection()
{
    string constr = "Data Source=" + @"\My Documents\StudentDB.sdf";
    SqlCeConnection Con = new SqlCeConnection(constr);
    return Con;
}
```

（2）GetDataSet 方法。该方法通过 Select 语句和以表名作为参数，执行对 SQL Server Compact 3.5 数据库的查询操作，执行成功之后，将数据记录填充进 DataSet 数据集，并返回数据集。

具体代码实现如下：

```
public DataSet GetDataSet(string Sql,string tablename)
{
    SqlCeConnection Con = this.GetConnection();
    SqlCeCommand Cmd = new SqlCeCommand(Sql, Con);
    SqlCeDataAdapter Sda = new SqlCeDataAdapter(Cmd);
    DataSet Ds = new DataSet();
    try
    {
        Sda.Fill(Ds,tablename);
        return Ds;
    }
    catch (SqlCeException ex)
    {
        if (Con.State != ConnectionState.Closed)
        {
            Con.Close();
        }
        MessageBox.Show(ex.Message);
    }
    return null;
}
```

（3）ExcuteSql 方法。该方法通过任意一个 Insert、Update、Delete 语句和以参数化对象集合作为参数，执行对 SQL Server Compact 3.5 数据库的增、删、改操作，执行成功之后，返回影响的行数。

具体代码实现如下：

```
public int ExcuteSql(string Sql,   SqlCeParameter[] paras)
{
    int flag = 0;
    SqlCeConnection Con = this.GetConnection();
    SqlCeCommand Cmd = new SqlCeCommand(Sql, Con);
    foreach (SqlCeParameter p in paras)
    {
        Cmd.Parameters.Add(p);
    }
    try
    {
        Con.Open();
        flag = Cmd.ExecuteNonQuery();
    }
    catch (SqlCeException ex)
    {
        MessageBox.Show(ex.Message);
    }
    finally
```

```
        {
            Con.Close();
        }
        return flag;
    }
```

4.5.5 业务逻辑层功能实现

1. 业务逻辑层类的设计

在项目解决方案资源管理器中右击 StudentManage 项目，选择“添加”→“新建文件夹”，文件夹命名为 BLL，然后右击 BLL，选择“添加”→“新建项”，选择“类”模板，分别添加 Students.cs 类文件和 StudentDB.cs 类文件。这样用于业务逻辑层的两个类文件添加进 BLL 文件夹中，如图 4-29 所示。

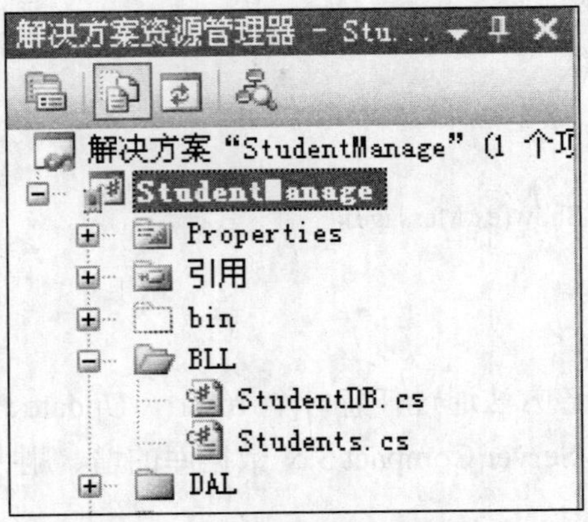

图 4-29 创建业务逻辑层

2. Students 类的设计与实现

创建 Students 类就是将 StudentInfo 表中各列字段作为 Students 类中的属性进行封装，它们分别是主键 SID、学生学号 StudentNo、学生姓名 StudentName、性别 Sex、出生日期 Birthday、联系地址 Address、所属班级 ClassID、在校状态 IsSchool。建立 Students 类还有一个优势就是在对 StudentInfo 表进行添加和更新操作时，不需要传递表中各个字段的值，只需传递 Students 的对象即可。

具体代码实现如下：

```
class Students
{
    public int SID
    {
        get;set;
    }
    public int StudentNo
    {
        get;set;
    }
    public string StudentName
```

```
        {
            get;set;
        }
        public string Sex
        {
            get;set;
        }
        public DateTime Birthday
        {
            get;set;
        }
        public string Address
        {
            get;set;
        }
        public bool IsSchool
        {
            get;set;
        }
        public int ClassID
        {
            get;set;
        }
    }
```

3. StudentDB 类中的方法设计

StudentDB 类封装了针对 StudentInfo 表所有业务功能的操作，如获取 StudentInfo 表的所有数据记录，然后填充到数据集 DataSet 中，另外还有新增 StudentInfo 表的数据记录、更新 StudentInfo 表的记录、删除 StudentInfo 表的记录等操作。

下面代码为 StudentDB 类的整体结构：

```
class StudentDB
{
    private DataGrid Studentdgrid;
    private BindingSource Bding;
    private ComboBox      cBoxClass;
    private CheckBox ckBoxIsSchool;
    public StudentDB()
    {
    }
    public StudentDB(BindingSource bds, DataGrid dgrid, ComboBox cboxclass, CheckBox ckboxisSchool)
    {
    }
    public DataSet GetClassData()
    {
    }
    public DataSet GetStudentData()
```

```
        {
        }
        public int InsertStudentData(Students s)
        {
        }
        public int UpdateStudentDataBySID(Students s)
        {
        }
        public int DeleteStudentDataBySID(int studentid)
        {
        }
        public void UpdateGird(int classId,bool isSchool)
        {
        }
    }
```

4. StudentDB 类中方法功能描述

（1）StudentDB 类的构造方法。该方法在创建 StudentDB 对象时被自动调用，StudentDB 类建立两个构造方法，其中带参数的构造方法被调用时，用于传递给 StudentDB 对象两个值，一个是 BindingSource 对象，另一个是 DataGrid 控件对象，这样便于实时更新用户表示层(Form 窗体)的显示信息。

具体代码实现如下：

```
public StudentDB ()
{
}
public StudentDB(BindingSource bds, DataGrid dgrid, ComboBox cboxclass, CheckBox ckboxisSchool)
{
    Bding = bds;
    Studentdgrid = dgrid;
    cBoxClass = cboxclass;
    ckBoxIsSchool = ckboxisSchool;
}
```

（2）GetClassData 方法。该方法通过调用数据访问层中的 GetDataSet 方法，获取 ClassInfo 表中的所有数据记录，并返回给中间的业务逻辑层 DataSet 数据集。

具体代码实现如下：

```
public DataSet GetClassData ()
{
    SqlHelper sdb = new SqlHelper();
    string Sql = "select * from ClassInfo";
    DataSet Ds = sdb.GetDataSet(Sql, "ClassInfo");
    return Ds;
}
```

（3）GetStudentData 方法。该方法通过调用数据访问层中的 GetDataSet 方法，获取 StudentInfo 表中的所有数据记录，并返回给中间的业务逻辑层 DataSet 数据集。

具体代码实现如下：

```
public DataSet GetStudentData ()
{
    SqlHelper sdb = new SqlHelper();
    string Sql = "select * from StudentInfo";
    DataSet Ds = sdb.GetDataSet(Sql,"StudentInfo");
    return Ds;
}
```

（4）InsertStudentData 方法。该方法通过传递进来的 Students 对象作为参数，其中 Students 对象包含 StudentInfo 表中所有列的字段值，然后调用数据访问层 SqlHelper 对象的 ExcuteSql 方法执行对 StudentInfo 表的插入操作，添加记录成功之后，返回受影响的行数。

具体代码实现如下：

```
public int InsertStudentData(Students s)
{
        SqlHelper sdb = new SqlHelper();
        string Sql = "insert into StudentInfo (StudentNo,StudentName,Sex,Birthday,
            Address,IsSchool,ClassID) values(@studentNo,@studentName,@sex,
            @birthday,@address,@isSchool,@classID)";
        SqlCeParameter[] paras = new SqlCeParameter[7];
        paras[0] = new SqlCeParameter("@studentNo", s.StudentNo);
        paras[1] = new SqlCeParameter("@studentName",s.StudentName);
        paras[2] = new SqlCeParameter("@sex", s.Sex);
        paras[3] = new SqlCeParameter("@birthday", s.Birthday);
        paras[4] = new SqlCeParameter("@address", s.Address);
        paras[5] = new SqlCeParameter("@isSchool", s.IsSchool);
        paras[6] = new SqlCeParameter("@classID", s.ClassID);
        return sdb.ExcuteSql(Sql, paras);
}
```

（5）UpdateStudentDataBySID 方法。该方法通过传递进来的 Students 对象作为参数，其中 Students 对象包含 StudentInfo 表中所有列的字段值，然后调用数据访问层 SqlHelper 对象的 ExcuteSql 方法执行对 StudentInfo 表的更新操作，更新记录成功之后，返回受影响的行数。

具体代码实现如下：

```
public int UpdateStudentDataBySID(Students s)
{
    SqlHelper sdb = new SqlHelper();
    string Sql = "update StudentInfo set StudentNo=@studentNo,
    StudentName=@studentName,Sex=@sex,Birthday=@birthday,Address=@address,
    ClassID=@classid,IsSchool=@isSchool where SID=@sid";
    SqlCeParameter[] paras = new SqlCeParameter[8];
    paras[0] = new SqlCeParameter("@studentNo", s.StudentNo);
    paras[1] = new SqlCeParameter("@studentName", s.StudentName);
   paras[2] = new SqlCeParameter("@sex", s.Sex);
   paras[3] = new SqlCeParameter("@birthday", s.Birthday);
```

```
        paras[4] = new SqlCeParameter("@address", s.Address);
        paras[5] = new SqlCeParameter("@isSchool", s.IsSchool);
        paras[6] = new SqlCeParameter("@classid", s.ClassID);
        paras[7] = new SqlCeParameter("@sid", s.SID);
        return sdb.ExcuteSql(Sql, paras);
    }
```

（6）DeleteStudentDataBySID 方法。该方法通过传递进来的 StudentInfo 表中 studentid 主键值作为参数，然后调用数据访问层 SqlHelper 对象的 ExcuteSql 方法执行对 StudentInfo 表的删除操作，删除记录成功之后，返回受影响的行数。

具体代码实现如下：

```
public int DeleteStudentDataBySID(int studentid)
{
    SqlHelper sdb = new SqlHelper();
    string Sql = "delete StudentInfo where SID=@studentid";
    SqlCeParameter[] paras = new SqlCeParameter[1];
    paras[0] = new SqlCeParameter("@studentid", studentid);
    return sdb.ExcuteSql(Sql, paras);
}
```

（7）UpdateGird 方法。该方法首先通过调用 StudentDB 对象的 GetStudentData 方法获得数据集，然后获取数据集中 StudentInfo 表对象，接着基于 Linq to DataSet 的查询表达式获取行集合，并通过 AsData View 方法获取视图对象，最后以视图对象作为 BindingSource 对象的数据源再赋值给 DataGrid 控件做数据源，以便实时更新显示 DataGrid 控件的信息。

具体代码实现如下：

```
public void UpdateGird(int classId,bool isSchool)
{
    DataSet Ds = this.GetStudentData();
    DataTable StudentInfos = Ds.Tables["StudentInfo"];
    EnumerableRowCollection<DataRow> query=from StudentInfo in StudentInfos.AsEnumerable()
    where StudentInfo.Field<int>("ClassID") == classId && StudentInfo.Field<bool>("IsSchool")==isSchool
    select StudentInfo;
    DataView view = query.AsDataView();
    Bding.DataSource = view;
    Studentdgrid.DataSource = Bding;
    cBoxClass.SelectedValue = classId;
    ckBoxIsSchool.Checked = isSchool;
}
```

4.5.6 窗体功能实现

1. 表示层（窗体）的添加

在项目解决方案资源管理器中右击 StudentManage 项目，选择“添加”→“新建”选项，进入新建项对话框之后，选择“Windows 窗体”模板，分别添加学生信息显示主窗体（MainForm.cs）、学生信息新增窗体（AddFrm.cs）、学生信息编辑窗体（EditFrm.cs）以及学生信息查询结果显示窗体（SearchFrm.cs）窗体，如图 4-30 所示。

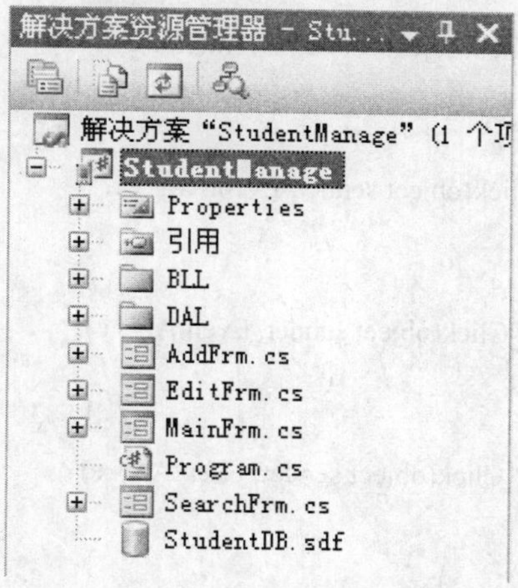

图 4-30　添加表示层窗体

2. 学生信息显示主窗体（MainForm.cs）的功能实现

（1）学生信息显示主窗体界面设计，如图 4-31 所示。

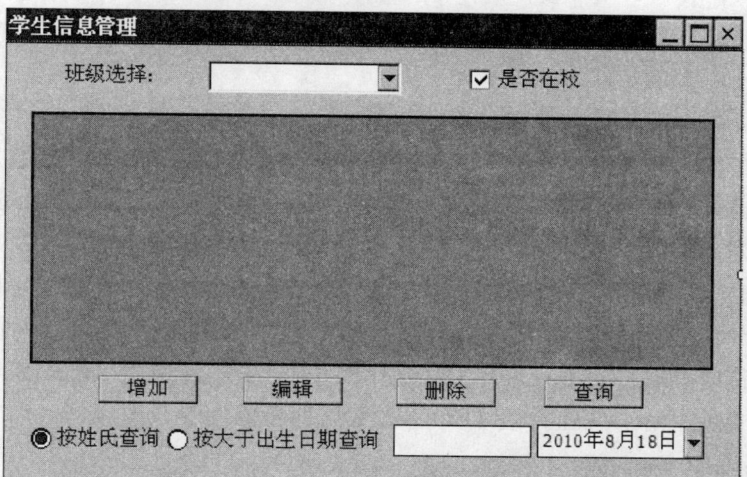

图 4-31　学生信息显示主窗体界面设计

（2）MainForm 窗体代码文件（MainForm.cs）结构。

```
public partial class MainForm : Form
{
    private BindingSource bs = new BindingSource() ;
    private StudentDB sdb;
    private bool flag=false;
    public MainForm()
    {
        InitializeComponent();
    }
    private void Form1_Load(object sender, EventArgs e)
```

```
        {
        }
        private void btnAdd_Click(object sender, EventArgs e)
        {
        }
        private void btnEdit_Click(object sender, EventArgs e)
        {
        }
        private void btnDelete_Click(object sender, EventArgs e)
        {
        }
        private void btnSearch_Click(object sender, EventArgs e)
        {
        }
        private void cBoxClass_SelectedIndexChanged(object sender, EventArgs e)
        {
        }
        private void ckBoxIsSchool_CheckStateChanged(object sender, EventArgs e)
        {
        }
    }
```

（3）MainForm_Load 事件处理方法。

在 MainForm 窗体加载事件处理过程中，首先调用业务逻辑层 StudentDB 类中带参数的构造函数创建 StudentDB 类对象，参数分别为为 BindingSource 对象、Datagrid 控件对象、ComboBox 控件对象以及 CheckBox 控件对象。创建完成 StudentDB 类对象之后，调用 StudentDB 对象的 GetClassData 方法获取 ClassInfo 表的数据集 DataSet，然后将数据集中的 ClassInfo 表视图作为 ComboBox 控件的数据源，并绑定相应的显示字段和数值字段，最后再将 ComboBox 控件中所选择的值和 CheckBox 控件所选择的值作为参数调用 UpdateGird 方法，获得 StudentInfo 表的数据记录，并显示在 DataGrid 数据列表控件中。

具体代码实现如下：

```
private void Form1_Load(object sender, EventArgs e)
{
    sdb = new StudentDB(bs, dGridStudent, cBoxClassName,ckBoxIsSchool);
    DataSet Ds = sdb.GetClassData();
    cBoxClassName.DataSource = Ds.Tables[0].DefaultView;
    cBoxClassName.DisplayMember = "ClassName";
    cBoxClassName.ValueMember = "ClassID";
    flag = true;
    sdb.UpdateGird((int)cBoxClassName.SelectedValue, ckBoxIsSchool.Checked);
}
```

（4）btnAdd_Click 事件处理方法。单击 MainForm 窗体中的“新增”按钮之后，调用 AddFrm 窗体中带参数的构造方法，参数分别为 BindingSource 对象、Datagrid 控件对象，ComboBox 控件对象以及 CheckBox 控件对象。创建完 AddFrm 窗体对象之后，打开新增学生信息窗体。

具体代码实现如下：

```
private void btnAdd_Click(object sender, EventArgs e)
{
    AddFrm addfrm = new AddFrm(bs, dGridStudent,cBoxClassName,ckBoxIsSchool);
    addfrm.ShowDialog();
}
```

（5）btnEdit_Click 事件处理方法。在 MainForm 窗体中，用手写笔单击触摸液晶屏，选择欲编辑的某条数据记录，然后单击“编辑”按钮，这时在事件方法处理过程中，将调用 EditFrm 窗体中带参数的构造方法，参数分别为 Datagrid 控件对象、BindingSource 对象、ComboBox 控件对象以及 CheckBox 控件对象。创建完 EditFrm 窗体对象之后，打开编辑学生信息窗体。

具体代码实现如下：

```
private void btnEdit_Click(object sender, EventArgs e)
{
    EditFrm editfrm = new EditFrm(bs, dGridStudent, cBoxClassName, ckBoxIsSchool);
    editfrm.ShowDialog();
}
```

（6）btnDelete_Click 事件处理方法。在 MainForm 窗体中，用手写笔单击触摸液晶屏，选择欲删除的某条数据记录，然后单击“删除“按钮，这时在事件方法处理过程中，由 BindingSource 对象的 Current 属性获得选中的数据行视图 DataRowView，通过这一数据行视图记录获得 StudentInfo 表的 SID 主键值，然后调用业务逻辑层 StudentDB 类中带参数的构造方法创建 StudentDB 类的对象，参数分别为 BindingSource 对象、Datagrid 控件对象、ComboBox 控件对象以及 CheckBox 控件对象。创建完 StudentDB 对象之后，调用 StudentDB 对象的 DeleteStudentDataBySID 方法，并传递进 SID 主键值参数，如果删除记录成功，MainForm 窗体会实时显示更新之后的学生信息。

具体代码实现如下：

```
private void btnDelete_Click(object sender, EventArgs e)
{
    DataRowView dv = (DataRowView)bs.Current;
    int studentid = (int)dv["SID"];
    int classid = (int)dv["ClassID"];
    bool isschool = (bool)dv["IsSchool"];
    StudentDB sdb=new StudentDB(bs, dGridStudent, cBoxClassName,ckBoxIsSchool);
    if(sdb.DeleteStudentDataBySID(studentid)>0)
    {
        MessageBox.Show("删除成功！", "删除");
        sdb.UpdateGird(classid, isschool);
    }
}
```

（7）btnSearch_Click 事件处理方法。在 MainForm 窗体中，可以选择按照姓氏或者按照出生日期为条件进行查询，如果选择按照姓氏为条件进行查询，则可以在文本框中输入某一姓氏的关键字或者姓名全称，然后单击 MainForm 窗体的“查询”按钮，经过查询之后，将符合条件的查询结果显示在 SearchFrm 窗体中。如果选择按照出生日期为条件进行查询，则可以在日期控件中输入或选择查询的日期，然后单击 MainForm 窗体的“查询”按钮，经过查询之后，将大于或等于指定出生日期的查询结果显示在 SearchFrm 窗体中。

具体代码实现如下：

```
private void btnSearch_Click(object sender, EventArgs e)
{
    if (rbtnstudentName.Checked)
    {
        SearchFrm sfrm = new SearchFrm(txtSearch.Text.Trim(),true);
        sfrm.ShowDialog();
        txtSearch.Text = "";
    }
    else
    {
      if(rbtnBirthday.Checked)
      {
          SearchFrm sfrm = new SearchFrm(dateTimePicker1.Value,false);
          sfrm.ShowDialog();
      }
    }
}
```

（8）cBoxClass_SelectedIndexChanged 事件处理方法。在 MainForm 窗体中，如果选择学生班级 ComboBox 控件中的不同选项值，将执行 SelectedIndexChanged 事件处理方法，在执行过程中，将 ComboBox 控件中所选择的值和 CheckBox 控件所选择的值作为参数调用 StudentDB 对象的 UpdateGird 方法，获得 StudentInfo 表的数据记录，并显示在 DataGrid 数据列表控件中。

具体代码实现如下：

```
private void cBoxClass_SelectedIndexChanged(object sender, EventArgs e)
{
    if(flag)
    {
      if (cBoxClassName.SelectedIndex>-1)
      {
      sdb.UpdateGird((int)cBoxClassName.SelectedValue, ckBoxIsSchool.Checked);
      }
    }
}
```

（9）ckBoxIsSchool_CheckStateChanged 事件处理方法。在 MainForm 窗体中，如果选择学生是否在校 CheckBox 控件中的不同选项值，将执行 CheckStateChanged 事件处理方法，在执行过程中，将 ComboBox 控件中所选择的值和 CheckBox 控件所选择的值作为参数调用 StudentDB 对象的 UpdateGird 方法，获得 StudentInfo 表的数据记录，并显示在 DataGrid 数据列表控件中。

具体代码实现如下：

```
private void ckBoxIsSchool_CheckStateChanged(object sender, EventArgs e)
{
    sdb.UpdateGird((int)cBoxClassName.SelectedValue, ckBoxIsSchool.Checked);
}
```

MainForm 窗体的运行效果如图 4-32 所示。

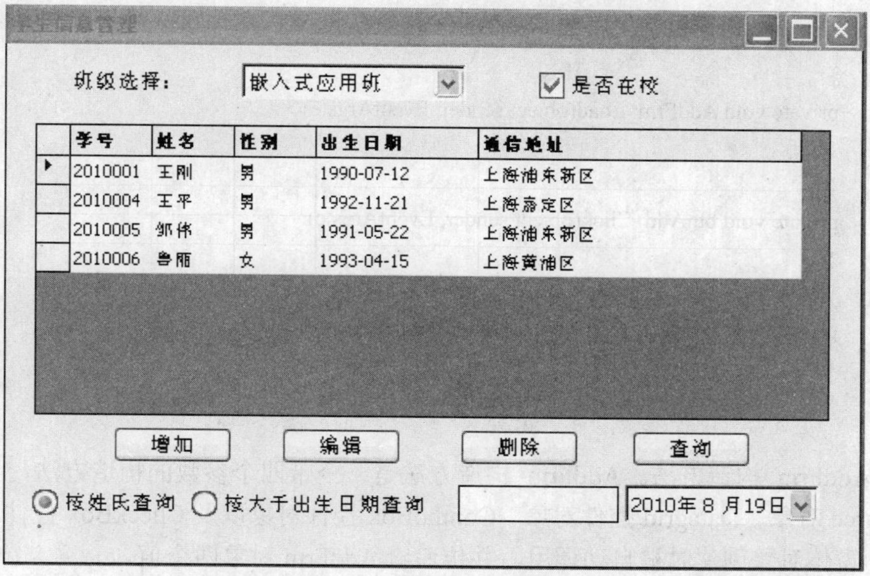

图 4-32　学生信息显示窗体

3. 学生信息新增窗体（AddFrm.cs）的功能实现

（1）学生信息新增窗体界面设计，如图4-33所示。

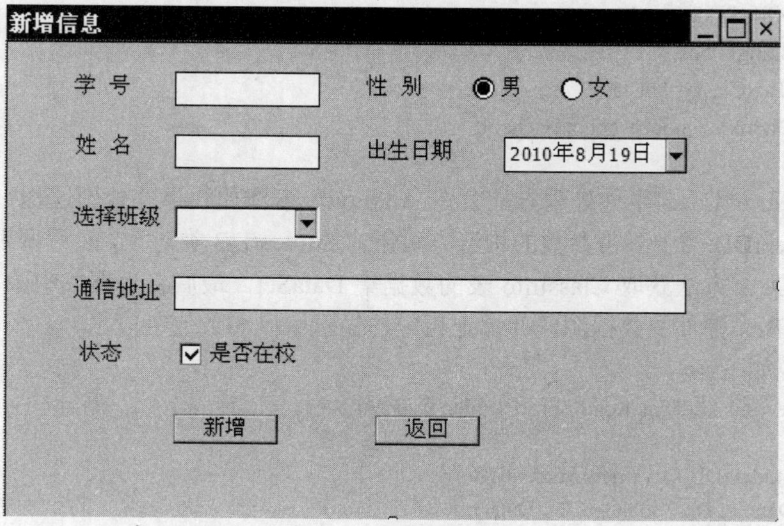

图 4-33　学生信息新增窗体界面设计

（2）AddFrm 窗体代码文件（AddFrm.cs）结构。

```
public partial class AddFrm : Form
```

```
{
    private DataGrid        dGridStudent;
    private BindingSource   Bding;
    private ComboBox        cBoxClass;
    private CheckBox        CkBoxIsSchool;
    public AddFrm(BindingSource bds, DataGrid dgrid, ComboBox cbClass,CheckBox ckboxisschool)
    {
        InitializeComponent();
    }
    private void AddFrm_Load(object sender, EventArgs e)
    {
    }
    private void btnAdd_Click(object sender, EventArgs e)
    {
    }
    private void btnBack_Click(object sender, EventArgs e)
    {
    }
}
```

（3）AddFrm 构造方法。AddFrm 构造方法是一个带四个参数的构造方法，参数分别为 BindingSource 对象、Datagrid 控件对象、ComboBox 控件对象以及 CheckBox 控件对象。它是在 AddFrm 窗体对象创建时被自动调用，并传递给 AddFrm 对象四个值。

具体代码实现如下：

```
public AddFrm(BindingSource bds, DataGrid dgrid, ComboBox cbClass,CheckBox ckboxisschool)
{
    InitializeComponent();
    dGridStudent = dgrid;
    Bding = bds;
    cBoxClass = cbClass;
    CkBoxIsSchool = ckboxisschool;
}
```

（4）AddFrm_Load 事件处理方法。在 AddForm 窗体加载事件处理过程中，首先调用业务逻辑层 StudentDB 类中不带参数的构造方法创建 StudentDB 类对象，然后调用 StudentDB 对象的 GetClassData 方法获取 ClassInfo 表的数据集 DataSet，最后将数据集中的 ClassInfo 表视图作为 ComboBox 控件的数据源，并绑定相应的显示字段和数值字段。

具体代码实现如下：

```
private void AddFrm_Load(object sender, EventArgs e)
{
    StudentDB sdb = new StudentDB();
    DataSet Ds = sdb.GetClassData();
    cBoxClassName.DataSource = Ds.Tables[0].DefaultView;
    cBoxClassName.DisplayMember = "ClassName";
    cBoxClassName.ValueMember = "ClassID";
}
```

（5）btnAdd_Click 事件处理方法。在 AddFrm 窗体的运行界面上，分别输入学号、姓名、性别、出生日期、联系地址、所在班级以及是否在校。单击“增加”按钮之后，在事件方法处理过程中，首先创建业务逻辑层 Students 类的对象，将界面上输入的这些值封装进刚创建的 Students 对象中，然后调用业务逻辑层 StudentDB 类中带参数的构造方法创建 StudentDB 类的对象，参数分别为 BindingSource 对象、Datagrid 控件对象、ComboBox 控件对象以及 CheckBox 控件对象，创建完 StudentDB 对象之后，调用 StudentDB 对象的 InsertStudentData 方法，并传递进 Students 对象参数，如果新增记录成功，MainForm 窗体会实时显示新增之后的学生信息。

具体代码实现如下：

```
private void btnAdd_Click(object sender, EventArgs e)
{
    Students s = new Students();
    s.StudentNo = Int32.Parse(txtStudentNo.Text);
    s.StudentName = txtStudentName.Text;
    s.ClassID = (int)cBoxClassName.SelectedValue;
    s.Birthday = DateTime.Parse(dateTimePicker1.Text);
    s.Address = txtAddress.Text;
    s.IsSchool = cBoxIsSchool.Checked;
    if(rBtnFemale.Checked)
    {
        s.Sex = "女";
    }
    else
    {
        s.Sex = "男";
    }
    StudentDB sdb = new StudentDB(Bding, dGridStudent, cBoxClass, CkBoxIsSchool);
    if(sdb.InsertStudentData(s)>0)
    {
    MessageBox.Show("新增成功！", "增加");
    sdb.UpdateGird(s.ClassID, s.IsSchool);
    }
}
```

（6）btnback_Click 方法。当要关闭 AddFrm 窗体，并返回到 MainForm 窗体时，执行该方法。

具体代码实现如下：

```
private void btnBack_Click(object sender, EventArgs e)
{
    this.Close();
}
```

4. 学生信息编辑窗体（EditFrm）的功能实现

（1）学生信息编辑窗体界面设计，如图 4-34 所示。

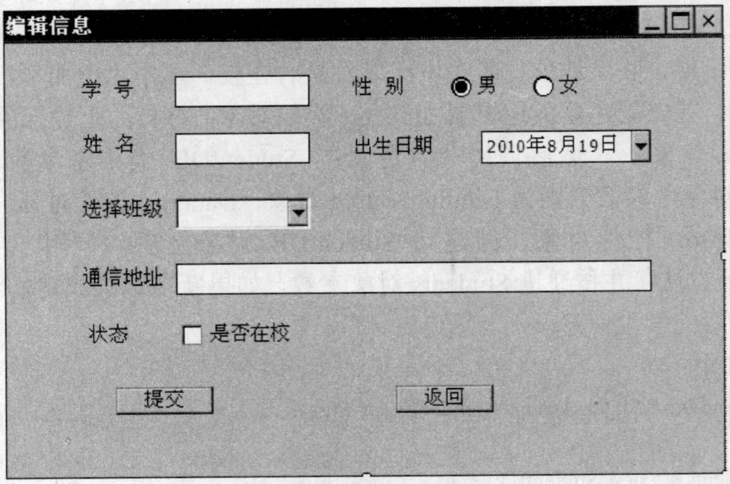

图 4-34 学生信息编辑窗体界面设计

（2）EditFrm 窗体代码文件（EditFrm.cs）结构。

```
public partial class EditFrm : Form
{
    private DataGrid        dGridStudent;
    private BindingSource Bding;
    private ComboBox       cBoxClass;
    private CheckBox        CkBoxIsSchool;
    private int studentid;
    public EditFrm(BindingSource bds, DataGrid dgrid, ComboBox cboxclass, CheckBox ckboxisSchool)
    {
        InitializeComponent();
    }
    private void EditFrm_Load(object sender, EventArgs e)
    {
    }
    private void btnEdit_Click(object sender, EventArgs e)
    {
    }
    private void btnBack_Click(object sender, EventArgs e)
    {
    }
}
```

（3）EditFrm 构造方法。EditFrm 构造方法是一个带四个参数的构造方法，参数分别为 BindingSource 对象、Datagrid 控件对象，ComboBox 控件对象以及 CheckBox 控件对象。它是在 EditFrm 窗体对象创建时被自动调用，并传递给 EditFrm 对象四个值。

具体代码实现如下：

```
public EditFrm(BindingSource bds, DataGrid dgrid, ComboBox cboxclass, CheckBox ckboxisSchool)
{
    InitializeComponent();
    Bding = bds;
    dGridStudent = dgrid;
```

```
        cBoxClass = cboxclass;
        CkBoxIsSchool = ckboxisSchool;
    }
```

（4）EditFrm_Load 事件处理方法。在 EditFrm 窗体加载事件方法处理过程中，首先调用业务逻辑层 StudentDB 类中不带参数的构造方法创建 StudentDB 类对象，接着调用 StudentDB 对象的 GetClassData 方法获取 ClassInfo 表的数据集 DataSet，将数据集中的 ClassInfo 表视图作为 ComboBox 控件的数据源并绑定相应的显示字段和数值字段，然后由 BindingSource 对象的 Current 属性获得选中的数据行视图 DataRowView，通过这一数据行视图记录可以分别获得 StudentInfo 表中 SID 主键值、学号、姓名、性别、出生日期、联系地址、所属班级以及是否在校，然后分别显示在窗体文本框上，以方便更新这条记录。

具体代码实现如下：

```
private void EditFrm_Load(object sender, EventArgs e)
{
    StudentDB sdb = new StudentDB();
    DataSet Ds = sdb.GetClassData();
    cBoxClassName.DataSource = Ds.Tables[0].DefaultView;
    cBoxClassName.DisplayMember = "ClassName";
    cBoxClassName.ValueMember = "ClassID";
    DataRowView Dv = (DataRowView)Bding.Current;
    studentid = (int)Dv["SID"];
    txtStudentNo.Text = Dv["StudentNo"].ToString();
    txtStudentName.Text = Dv["StudentName"].ToString();
    txtAddress.Text = Dv["Address"].ToString();
    cBoxClassName.SelectedValue = Dv["ClassID"];
    cBoxIsSchool.Checked = (bool)Dv["IsSchool"];
    dateTimePicker1.Value = DateTime.Parse(Dv["Birthday"].ToString());
    if (Dv["Sex"].ToString() == "男")
    {
        rBtnMale.Checked = true;
    }
    else
    {
        rBtnFemale.Checked = true;
    }
}
```

（5）btnEdit_Click 事件处理方法。在 EditFrm 窗体的运行界面上，分别输入想要更新的学号、姓名、性别、出生日期、联系地址、所属班级以及是否在校。单击“提交”按钮之后，在事件方法处理过程中，首先创建业务逻辑层 Students 类的对象，将界面上输入的这些新值封装进刚创建的 Students 对象中，然后调用业务逻辑层 StudentDB 类中带参数的构造方法创建 StudentDB 类的对象，参数分别为 BindingSource 对象、Datagrid 控件对象、ComboBox 控件对象 CheckBox 控件对象。创建完 StudentDB 对象之后，调用 StudentDB 对象的 UpdateStudentDataBySID 方法，并传递进 Students 对象参数，如果更新记录成功，MainForm 窗体会实时显示更新之后的学生信息。

具体代码实现如下：

```
private void btnEdit_Click(object sender, EventArgs e)
{
    Students s = new Students();
    s.SID = studentid;
    s.StudentNo = Int32.Parse(txtStudentNo.Text);
    s.StudentName = txtStudentName.Text;
    s.Address = txtAddress.Text;
    s.ClassID=(int)cBoxClassName.SelectedValue;
    s.IsSchool=cBoxIsSchool.Checked;
    s.Birthday = dateTimePicker1.Value;
    if(rBtnFemale.Checked)
    {
        s.Sex="女";
    }
    else
    {
        s.Sex = "男";
    }
    StudentDB sdb = new StudentDB(Bding, dGridStudent, cBoxClass, CkBoxIsSchool);
    if(sdb.UpdateStudentDataBySID(s)>0)
    {
        MessageBox.Show("更新成功！", "更新");
        sdb.UpdateGird(s.ClassID, s.IsSchool);
    }
}
```

（6）btnback_Click 方法。当要关闭 EditFrm 窗体，并返回到 MainForm 窗体时，执行该方法。

具体代码实现如下：

```
private void btnback_Click(object sender, EventArgs e)
{
    this.Close();
}
```

5. 学生信息查询结果显示窗体（SearchFrm）的功能实现

（1）学生信息查询结果显示窗体界面设计，如图 4-35 所示。

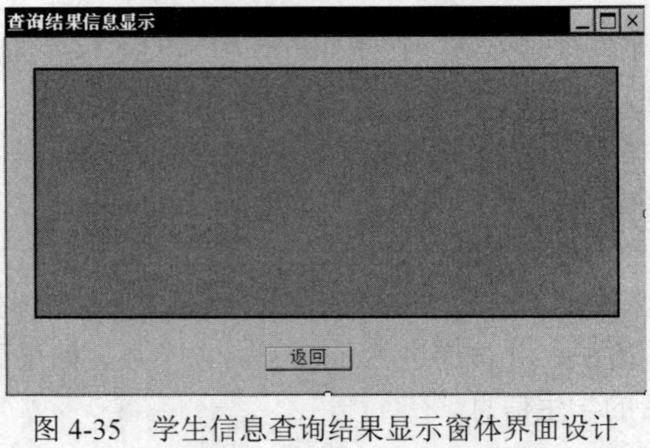

图 4-35　学生信息查询结果显示窗体界面设计

（2）SearchFrm 窗体代码文件（SearchFrm.cs）结构。

```
public partial class SearchFrm : Form
{
    private string Studentname;
    private DateTime Birthdaytime;
    private bool Flag;
    public SearchFrm(string studentname,bool flag)
    {
        InitializeComponent();
    }
    public SearchFrm(DateTime birthdaytime,bool flag)
    {
        InitializeComponent();
    }
    private void SearchFrm_Load(object sender, EventArgs e)
    {
    }
    private void btnBack_Click(object sender, EventArgs e)
    {
    }
}
```

（3）SearchFrm 构造方法。这里有两个 SearchFrm 构造方法：当以姓名作为查询条件时，调用 SearchFrm(string studentname, bool flag)构造方法创建 SearchFrm 窗体对象，反之以出生日期作为查询条件时，调用 SearchFrm (DateTime birthdaytime,bool flag)构造方法创建 SearchFrm 窗体对象。

具体代码实现如下：

```
public SearchFrm(string studentname,bool flag)
{
    InitializeComponent();
    Studentname = studentname;
    Flag=flag;
}
public SearchFrm(DateTime birthdaytime,bool flag)
{
    InitializeComponent();
    Birthdaytime = birthdaytime;
    Flag=flag;
}
```

（4）SearchFrm_Load 事件处理方法。

在 SearchFrm 窗体加载事件方法处理过程中，首先创建 StudentDB 类的对象，创建完成之后，分别调用 StudentDB 对象的 GetStudentData 方法和 GetClassData 方法获取 StudentInfo 表和 ClassInfo 表的所有记录的数据集 DataSet ，然后根据 Flag 标识符是 true 还是 false 筛选出姓名或出生日期符合条件的记录，在筛选过程中按照基于 Linq to DataSet 的查询表达式获取相应条件的数据记录，并将获取的数据记录转换成集合赋值给 DataGird 控件对象作为数据源。

具体代码实现如下：

```
private void SearchFrm_Load(object sender, EventArgs e)
{
    StudentDB sdb = new StudentDB();
    DataSet DsStudentinfo = sdb.GetStudentData();
    DataSet DsClassinfo = sdb.GetClassData();
    DataTable StudentInfos = DsStudentinfo.Tables["StudentInfo"];
    DataTable ClassInfos = DsClassinfo.Tables["ClassInfo"];
    if(Flag)
    {
  var   query = from StudentInfo in StudentInfos.AsEnumerable()
                from ClassInfo in ClassInfos.AsEnumerable()
    where StudentInfo.Field<int>("ClassID") == ClassInfo.Field<int>("ClassID")
    && StudentInfo.Field<string>("StudentName").StartsWith(Studentname)
    select new{
                StudentNo=StudentInfo.Field<string>("StudentNo"),
                StudentName=StudentInfo.Field<string>("StudentName"),
                Sex=StudentInfo.Field<string>("Sex"),
                Address=StudentInfo.Field<string>("Address"),
                Birthday=StudentInfo.Field<DateTime>("Birthday"),
                ClassName=ClassInfo.Field<string>("ClassName"),
             IsSchool = StudentInfo.Field<bool>("IsSchool")
             };
        this.dgridResult.DataSource =query.ToList();
    }
    else
     {
      var   query = from StudentInfo in StudentInfos.AsEnumerable()
                      from ClassInfo in ClassInfos.AsEnumerable()
      where StudentInfo.Field<int>("ClassID") == ClassInfo.Field<int>("ClassID")
                && StudentInfo.Field<DateTime>("Birthday") >= Birthdaytime
                select new{
                StudentNo=StudentInfo.Field<string>("StudentNo"),
                StudentName=StudentInfo.Field<string>("StudentName"),
                Sex=StudentInfo.Field<string>("Sex"),
                Address=StudentInfo.Field<string>("Address"),
                Birthday=StudentInfo.Field<DateTime>("Birthday"),
                IsSchool=StudentInfo.Field<bool>("IsSchool"),
                ClassName=ClassInfo.Field<string>("ClassName"),
                };
          this.dgridResult.DataSource = query.ToList();
     }
}
```

（5）btnBack_Click 事件处理方法。当要关闭 SearchFrm 窗体，并返回到 MainForm 窗体时，执行该方法。

具体代码实现如下：

```
private void btnBack_Click(object sender, EventArgs e)
{
    this.Close();
}
```

6. 查询窗体执行效果

（1）在 MainForm 窗体中下方选择“按姓氏查询”复选项，然后在文本框中输入王姓值，单击“查询”按钮，如图 4-36 所示。

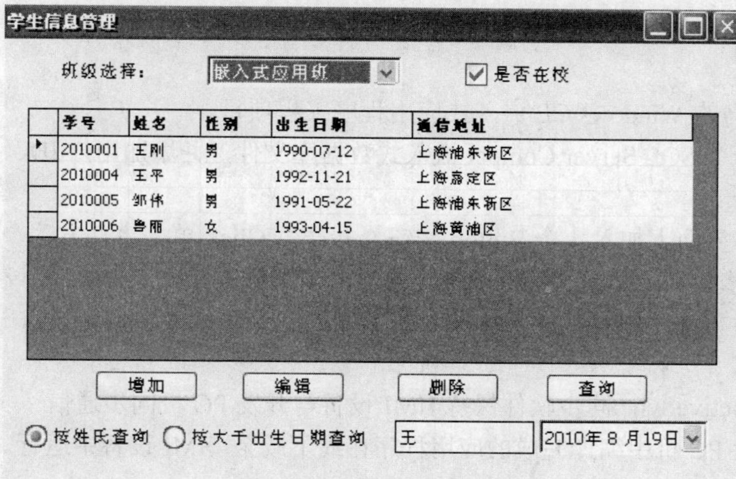

图 4-36　输入查询关键值

（2）在 SearchFrm 窗体中将显示按照姓氏为查询条件的所有记录，如图 4-37 所示。

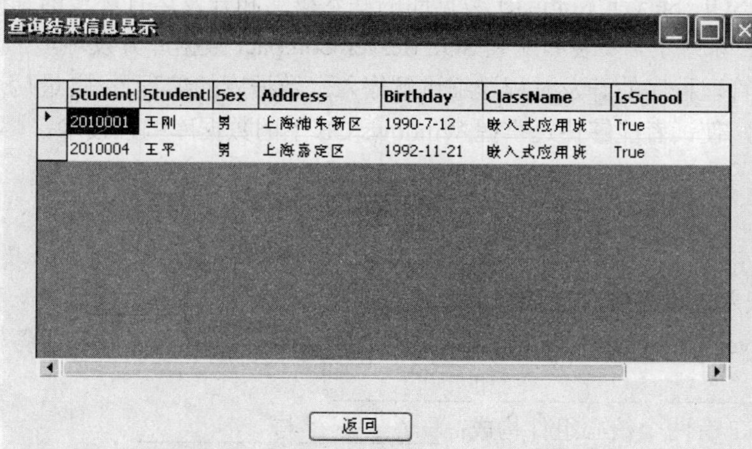

图 4-37　显示符合条件查询结果

4.6　实验内容：数据库应用编程

1. 实验目的

通过本实验掌握在 VS.NET 2008 平台中，利用 ADO.NET 数据访问技术开发 SQL Server

Compct 嵌入式数据库程序，使读者能够快速掌握 Windows CE 下的数据库编程方法。

2. 实验设备

（1）硬件：

PC 机一台

HMI 实验设备一套

（2）软件：

Visual Studio 2008

ActiveSync 同步软件

3. 实验内容

（1）创建 C#的 Windows CE 嵌入式应用程序工程项目。

（2）创建一个 SQL Server Compct 嵌入式数据库文件，并添加用户 ID、用户名以及地址三个字段。

（3）在窗体界面上加入 4 个 Button 按钮，并产生 Click 单击事件方法。它们分别对应显示数据库记录、修改数据记录、删除数据记录以及新增数据操作。

（4）在事件方法中编写代码，完成显示数据库记录、修改数据记录、，删除数据记录以及新增数据操作。

（5）利用 ActiveSync 同步软件保持 HMI 设备与开发 PC 机同步通信。

（6）将开发 PC 机中编译完成的应用程序在线下载至 HMI 设备中运行。

本章小结

本章在介绍 SQL Server Compact 数据库的基本概念和开发运行环境的基础上，详细论述了在 Windows CE 系统下，安装和配置 SQL Server Compact 数据库开发环境的步骤和方法，并通过对学生信息管理程序的开发过程详细讲解嵌入式数据库的编程方法。最后通过动手操作嵌入式数据库实验，使读者能够快速掌握 Windows CE 下的数据库编程技术。

习题四

1. 目前在嵌入式设备中存储数据的方式有两种：一种是________，另一种是________。

2. SQL Server Compact 3.5 Edition 数据库的使用环境包括设备端和服务器端两部分，设备端中包含__________、__________和__________。

3. ADO.NET 有两个核心组件构成：__________与__________。

4. 在嵌入式移动设备中 Linq 能够实现__________、__________、__________三种核心功能。

5. 所谓三层体系架构（3-tier application）就是将整个业务应用划分为：__________、__________、__________。

第 5 章　Windows CE 6.0 数据库同步应用

本章学习目标

以往应用程序通过合并复制或者 RDA 远程数据访问进行移动设备和服务器之间的数据同步。自微软推出新一代 MicrosoftSynchronization Services for ADO.NET 数据访问技术之后，开发者可以快速方便地将数据从桌面/tablet/移动设备等和服务器端进行高效的数据同步。通过本章的学习，要求掌握以下内容：

- 了解客户端与服务器端之间数据同步的基本知识。
- 掌握 Synchronization Services for ADO.NET 的数据同步技术。
- 掌握 Synchronization Services for ADO.NET 的数据同步环境搭建。
- 掌握 Windows CE 下的数据同步编程方法。

5.1　数据同步技术简介

随着计算机技术和网络技术的快速发展，目前在很多应用场合存在着远程数据访问的需求，比如公司员工外出作业，往往携带 PDA 或者其他手持嵌入式移动设备，这些移动设备由于受处理器的运行速度和内存大小等硬件资源影响，不能处理和储存大量数据，而只能存放少量的有限数据，一旦需要访问远程数据库服务器中的数据时，只能借助于网络方式，以保持设备端和服务器端数据同步。针对这些多目标平台的数据同步应用，嵌入式数据库的数据同步技术可以有三种方式实现：RDA 远程数据访问、Merge Replication 合并复制以及 Synchronization Service for ADO.NET 数据同步。

1．RDA 远程数据访问

Remote Data Access（RDA）远程数据访问支持从远程的 SQL Server 服务器中下载数据到设备端的 SQL Server Compact 3.5 数据库中，然后在本地对数据进行浏览和修改，并将修改结果更新到 SQL Server 服务器中。RDA 使用运行于 IIS 上的 Server Agent 作为 SQL Server 数据库与 SQL Server Compact 数据之间的通信代理。Server Agent 负责监听来自 SQL Server Compact Client Agent 的 HTTP 请求。Server Agent 使用临时消息文件（*.in 和*.out）来管理 SQL Server 与 SQL Server Compact 的交换数据。运行基于 Windows CE 设备上的应用程序可以应用 RDA 完成数据下载、数据上传以及提交 SQL 语句。但 RDA 这种方式存在着一定的局限性，一方面不能处理数据同步过程中出现的数据冲突，另一方面不能进行增量数据同步，所以这种数据同步方式将被逐步淘汰。

2．Merge Replication 合并复制

合并复制在 SQL Server Compact 数据库中是一种面向 DBA 的数据同步方式，它适合嵌入式数据库与远程 SQL Server 数据库之间的数据同步，因为在客户端不需要编写很多代码，只

需在 SQL Server 服务器端进行一些较为复杂的配置操作即可完成数据同步。实现合并复制需要使用 SQL Server Compact 数据库引擎、SQL Server Compact Client Agent（客户端代理）、SQL Server 2005/2008、SQL Server Compact Server Agent（服务器端代理）、SQL Server Compact 复制提供者。当嵌入式设备被连接到网络上时，SQL Server Compact 的服务器代理（Server Agent）运行于 SQL Server 2005/2008 和 IIS 的服务器环境中，它处理来自 SQL Server Compact 客户端代理的 HTTP 请求。SQL Server Compact 客户端代理驻留在基于 Windows CE 的嵌入式设备上，并应用 HTTP 与驻留在 IIS 服务器上的 SQL Server Compact 的服务器代理进行通信，依此通过复制或远程数据访问与 SQL Server 2005/2008 进行通信，一方面能将客户端修改的数据记录发送到远程服务器端，另一方面也能将服务器端修改的数据记录通过同步反映到客户端上，实现客户端和服务器端的数据同步。

3. Synchronization Service for ADO.NET 数据同步

Synchronization Service for ADO.NET 是提供给开发人员使用的一种面向服务功能数据的同步方式，这种同步方式与合并复制同步方式存在一定的差异。合并复制是一种对数据库的数据架构和数据复制，而 Synchronization Service for ADO.NET 是同步数据，它并不要求客户端的数据库结构与服务器端的数据库结构相同，这使得开发人员通过编写代码就可以控制整个数据同步的逻辑，并有助于提高开发人员通过调试方式控制数据的能力。另外它面向 SOA 组件功能，可以使用 Web Service 及 WCF，支持任何 ADO.NET 数据提供程序，这就意味着客户端是 SQL Server Compact 3.5 数据库，而服务器端可以是 SQL Server 2005/2008 或者是 Oracle 数据库等。本章将重点介绍基于 Synchronization Service for ADO.NET 的嵌入式移动设备数据同步技术。

三种数据同步技术的对比如表 5-1 所示。

表 5-1 三种数据同步技术比较

主要对比	RDA	合并复制	Synchornization Services
使用服务进行同步	否	否	是
支持异类数据库	否	否	是
跟踪增量更改	否	是	是
冲突检测与解决	否	是	是
在客户端轻松建立视图	否	否	是
自动初始化架构和数据	是	是	是
支持大型数据集	是	是	是
可在本地使用查询分析器	是	是	是
自动传播架构更改	否	是	否
在设备上使用	是	是	是

5.2 基于 Synchronization Services for ADO.NET 的数据同步技术

目前应用程序正越来越多地应用于移动客户端，如便携式计算机和设备。由于这些移动客户端与中央服务器没有连贯或可靠的网络连接，因此对于这些应用程序而言，能够在客户端上使用数据的一份本地副本十分重要。同等重要的一点是，在网络连接可用时，需要能够将数据的本地副本与中央服务器同步，Synchronization Services for ADO.NET 是微软推出的同步框架（Microsoft Synchronization Framework）中的一员，也是其重要的组成部分。它可以实现基于数据库的数据智能同步，即从客户端的 SSCE（SQL Server Compact Edition）数据库至服务器端数据库（SQL Server 或其他数据库，如 Oracle 等）间数据同步，另外在一些复杂的开发场景中，开发人员可以利用 Synchronization Services for ADO.NET 开发出适应复杂数据的业务逻辑。如在一个分布式场景中可以创建一个服务器端，然后使用几十或上千台 PC、手机、PDA 等移动设备作为客户端，这样可以使用 Sync Service for ADO.NET 进行数据同步。

在 Synchronization Services for ADO.NET 中包含一组 DLL，这些 DLL 提供了用于在数据服务和本地存储区之间同步数据的组件，而不是仅仅用于复制数据库及其架构。其中 Microsoft.Synchronization.Data.dll 包含同步代理、同步表和同步组；Microsoft.Synchronization.Data.SqlServerCe.dll 包含客户端同步提供程序；Microsoft.Synchronization.Data.Server.dll 包含服务器同步提供程序和同步适配器。

根据 Windows CE 移动设备应用程序的特点和体系结构的要求，Synchronization Services for ADO.NET 支持 N 层体系结构的数据同步机制，以实现 SQL Server Compact 3.5 客户端数据库和服务器数据库或任何其他数据源之间的同步。

如图 5-1 所示是一个 N 层体系结构，这需要一个代理服务器、一个服务以及一个传输机制来实现客户端数据库和服务器数据库之间的通信。对于 N 层应用程序，Microsoft.Synchronization.Data.dll 和 Microsoft.Synchronization.Data.Server.dll 驻留在提供同步服务的一台单独的计算机上。这种体系结构比双层体系结构更为常见，因为 N 层体系结构不需要在客户端数据库和服务器数据库之间建立直接连接。

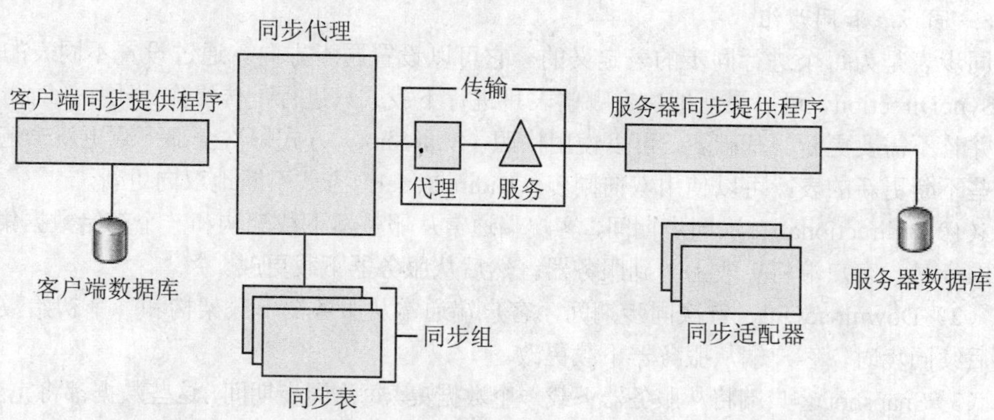

图 5-1 N 层体系结构数据同步

1. 客户端数据库

用于 Sync Services 应用程序的客户端数据库使用 SQL Server Compact 3.5 SP1 版本。它内置了对 Sync Services 的支持，包含了 Microsoft.Synchronization.Data 和 Microsoft.Synchronization.Data.SqlServerCe 两个组件。Sync Services 为跟踪客户端数据库中的增量变更提供了一个基础结构。

2. 服务器数据库

服务器数据库可以是能够对其使用 ADO.NET 提供程序的任何数据库。如果希望跟踪服务器数据库中的增量变更，必须使用该数据库以达到此目的。

3. 同步代理

同步代理通过以下方式驱动同步过程：

（1）循环遍历要同步的每个表。

（2）调用客户端同步提供程序以检索和应用客户端数据库的更改。

（3）调用服务器同步提供程序以检索和应用服务器数据库的更改。

4. 客户端同步提供程序

客户端同步提供程序与客户端通信，并将同步代理与客户端数据库的特定实现屏蔽开来。Sync Services 包括一个用于 SQL Server Compact 3.5 SP1 数据库的提供程序。它的主要功能有：

（1）储存与客户端上支持同步的表的有关信息。

（2）检索自上次同步以来在客户端数据库中发生的更改。

（3）将增量更改应用于客户端数据库。

（4）检测发生冲突的更改。

5. 服务器同步提供程序

服务器同步提供程序与服务器通信，并将同步代理与服务器数据库的特定实现屏蔽开来。服务器同步提供程序的主要功能有：

（1）存储与服务器上支持同步的表的相关的信息。

（2）检索自上次同步以来在服务器中发生的更改。

（3）将增量更改应用于服务器数据库。

（4）检测发生冲突的更改。

6. 同步表和同步组

同步表是为每个进行同步的表定义的。它可以设置同步方向。通过设置不同表的同步方向（SyncDirection）可以灵活地决定哪些表只进行下载或只进行上传操作。比如，对于小数据量的并且不需要更新的基础表，可以使用快照（SnapShot）方式每次全部下载更新一遍，而对于那些不断更新的表，可以使用双向同步（Bidirectonal）方式不断地双向更新。

（1）Bidirectional 首次同步期间，客户端通常从服务器下载架构和一个初始数据集。执行后续同步时，客户端将更改上传到服务器，然后从服务器下载更改。

（2）DownloadOnly 首次同步期间，客户端通常从服务器下载架构和一个初始数据集。执行后续同步时，客户端从服务器下载更改。

（3）Snapshot 客户端将从服务器下载一个数据集。每次同步期间，这些数据都将完全刷新。

（4）UploadOnly 首次同步期间，客户端通常从服务器下载架构。执行后续同步时，客户端将更改上传到服务器。

在定义了同步表之后，多个同步表（Sync Table）可以定义到一个同步组（SyncGroup）中。在提交数据时，如果表包括在同步组中，则这些表的变更将作为一个单元进行传送，而且会在一个事务中作为一个单元提交到服务器上，为了保证数据的完整性，主从表结构的表应该定义到同一同步组中。如果组中进行的任何变更失败，则对整个组的变更都会在下一次同步时进行重试。

7. 同步适配器

同步适配器（Sync Adapter）模仿 ADO.NET 中的数据适配器，并为进行同步的每个表均定义同步适配器。同步适配器为服务器同步提供程序提供了与服务器数据库交互所需的特定命令，如 InsertCommand，此命令可从客户端数据库向服务器数据库应用插入。由于同步适配器使用 ADO.NET 的 DbCommand 对象，因此可以使用 ADO.NET 支持的任意命令结构。这包括内联 Transact-SQL、存储过程、视图、函数等。这些命令只需定义要传输和应用的结构以及数据的单个结果。

8. 代理、服务和传输

“代理”、“服务”和“传输”用在 N 层体系结构中。在 N 层应用程序中，使用的是 Microsoft.Synchronization.Data.Server.dll，但是它不驻留在客户端上。通常，DLL 驻留在直接连接到服务器数据库的一个中间层上。在这种情况下，为了实现客户端和中间层之间的通信，代理和服务是必需的。

（1）在客户端上，应用程序代码参考服务器同步提供程序的一个代理（ServerSync ProviderProxy），而不是直接参考提供程序。该代理与位于中间层的服务进行通信。

（2）在中间层，该服务 DbServerSyncProvider 继承 ServerSyncProvider 类并公开与其相同的方法。然后，通过与服务器数据库的直接连接执行服务器同步提供程序的方法，结果通过中间层发送回客户端。

5.3 Synchronization Services for ADO.NET 数据同步环境搭建

1. IIS 组件安装

在 PC 端安装 Windows XP 操作系统时，默认是不安装 IIS 组件的，要安装 IIS 可以按照以下步骤进行：

（1）打开控制面板，双击“添加或删除程序”图标，进入“添加或删除程序”对话框，如图 5-2 所示，单击左边“添加或删除 Windows 组件”图标，“进入 Windows 组件向导”对话框。

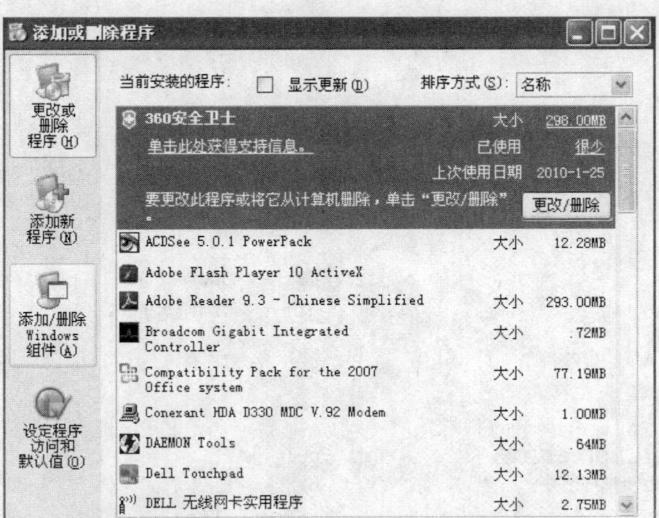

图 5-2 “添加或删除程序”对话框

（2）在如图 5-3 所示的“Windows 组件向导”对话框中，如果“Internet 信息服务(IIS)”复选框没有选中，这时选中此项，单击“下一步”按钮，开始进行 IIS 组件的安装。

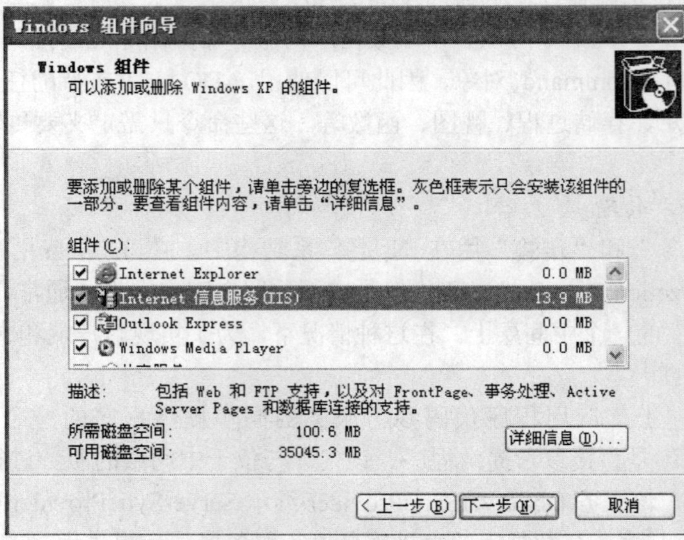

图 5-3 “Windows 组件向导”对话框

2. SQL Server 2005 安装

本章重点介绍服务器端 SQL Server 2005 数据库与 SQL Server Compact 3.5 数据库进行同步。所以首先要进行 SQL Server 2005 数据库的安装。

（1）当安装文件 SQL.2005.all.chs.iso 是通过虚拟光驱安装时，双击数据库安装盘的虚拟光驱，开始安装，出现如图 5-4 所示的安装开始画面，这里安装的是 SQL Server 2005 Developer Edition 版本，单击“基于 x86 的操作系统”选项。

图 5-4 SQL Server 2005 安装开始向导界面

（2）当安装向导出现如图 5-5 所示的安装界面时，单击“服务器组件、工具、联机丛书和示例”选项。

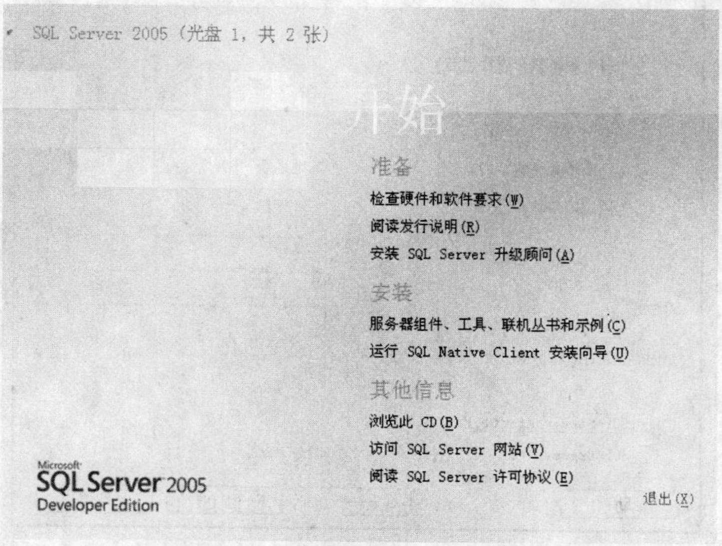

图 5-5　SQL Server 2005 的安装选项

（3）当安装向导出现“要安装的组件”对话框时，如图 5-6 所示，这里必须选中 SQL Server Database Services 和“工作站组件、联机丛书和开发工具”，其他选项根据实际需要进行选择安装。

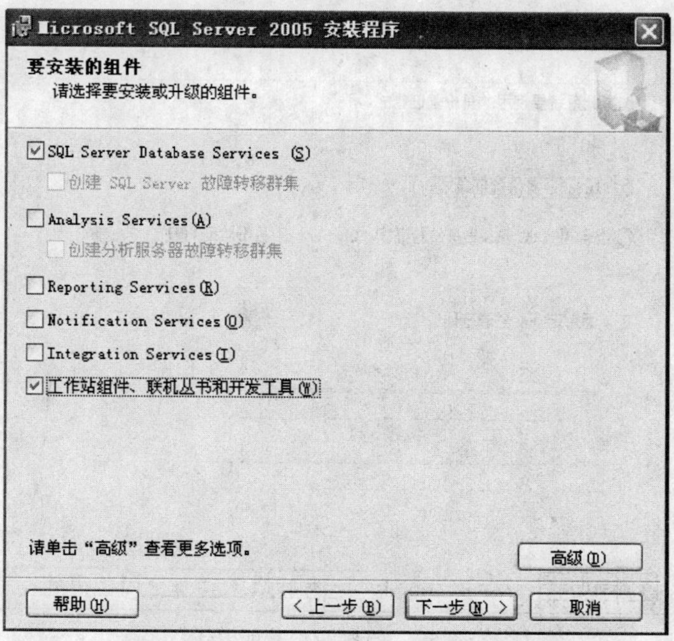

图 5-6　选择 SQL Server 2005 要安装的组件

（4）当安装向导出现“服务账户”对话框时，如图 5-7 所示，选中“使用内置系统账户”选项，下方复选中 SQL Server Agent，单击“下一步”按钮。

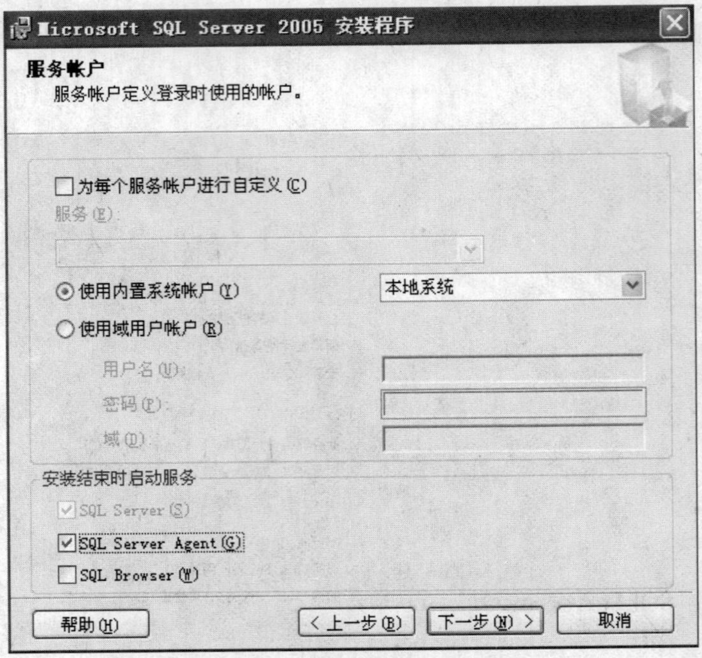

图 5-7　选择服务账户

（5）当安装向导出现“身份验证模式”对话框时，如图 5-8 所示，选中“Windows 身份验证模式”选项，单击“下一步”按钮。

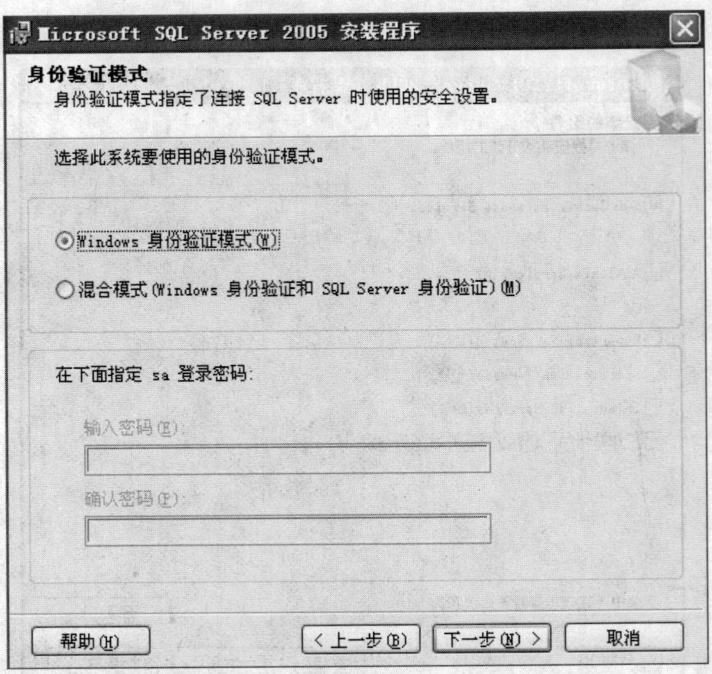

图 5-8　选择身份验证模式

（6）当 SQL Server 2005 所有组件都安装成功之后，出现如图 5-9 所示的安装向导界面，单击“下一步”按钮。然后在出现的界面上单击“完成”按钮，完成 SQL Server 2005 的安装。

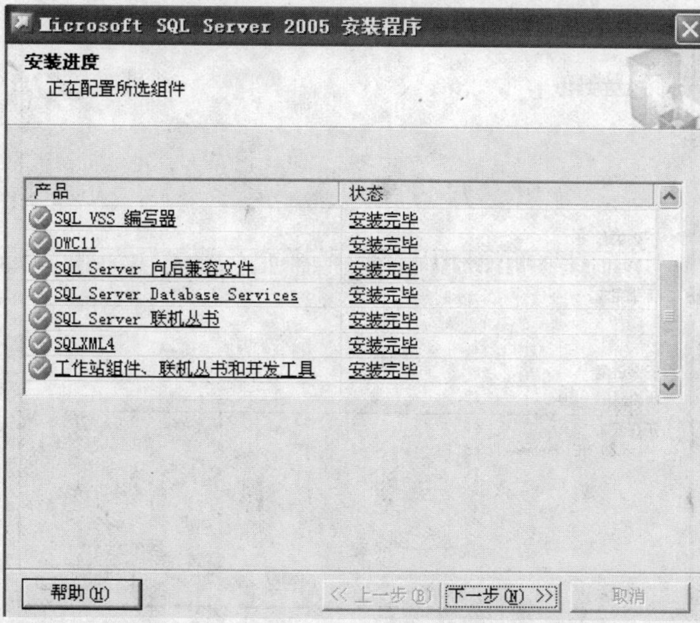

图 5-9　SQL Server 2005 安装成功的界面

3. Visual Studio 2008 SP1 安装

（1）从 SQL Server Compact 3.5 SP1 版本开始，SQL Server Compact 支持 Microsoft Synchronization Services for ADO.NET 同步技术，并同时可用于台式设备和移动设备，SQL Server Compact 3.5 Service Pack 1 (SP1) 随 Visual Studio 2008 SP1 提供，如图 5-10 所示。

图 5-10　Visual Studio 2008 SP1 安装向导界面

（2）当出现如图 5-10 所示的安装向导界面之后，单击“下一步”按钮，开始进入 Visual Studio 2008 SP1 的安装，安装过程时间较长，需要等待一段时间才能完成，如图 5-11 所示。

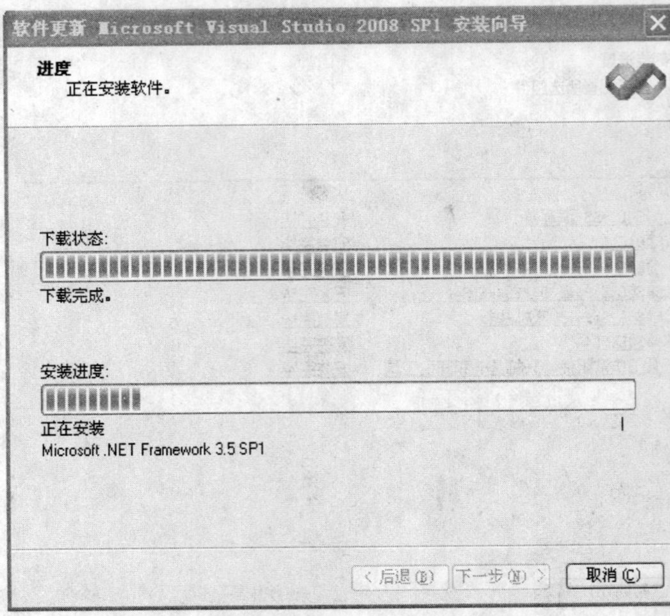

图 5-11　Visual Studio 2008 SP1 的安装过程

4. 用于移动设备的 SQL Server Compact 3.5 SP1 (SSCEDeviceRuntime-CHS.msi)安装

对于在 Visual Studio 2008 中开发 Windows Mobile 和基于 Windows CE 设备的应用程序，并在移动设备上部署这些应用程序，这些运行时组件是必需的。

（1）双击 SSCEDeviceRuntime-CHS.msi 安装程序，进入如图 5-12 所示的安装开始界面，单击“下一步”按钮。

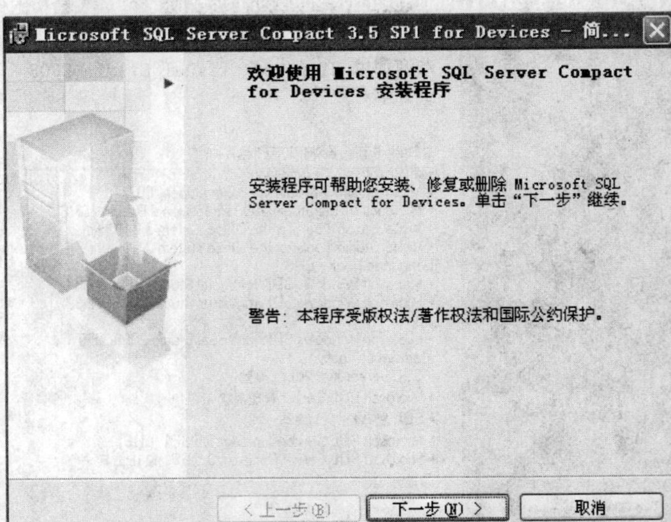

图 5-12　安装开始界面

（2）如图 5-13 所示，进入 SQL Server Compact 3.5 SP1 for Devices 安装过程。

（3）安装完成之后，SQL Server Compact 设备的运行时组件可以在 %ProgramFiles%\Microsoft SQL Server Compact Edition\v3.5\Devices 目录中查找到，如图 5-14 所示。

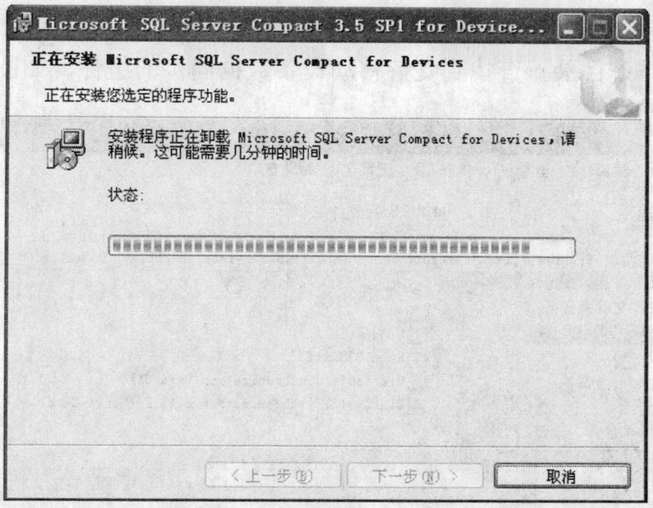

图 5-13　SQL Server Compact 3.5 SP1 for Devices 安装过程

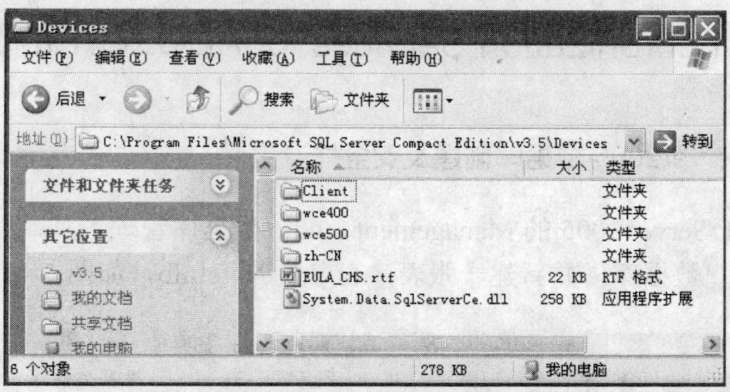

图 5-14　SQL Server Compact　设备的运行时组件

5. 用于移动设备的 Synchronization Services for ADO.NET 1.0 SP1 (Devices)安装

（1）双击 SyncServices.msi 安装程序，进入如图 5-15 所示的安装向导界面，单击 Next 按钮。

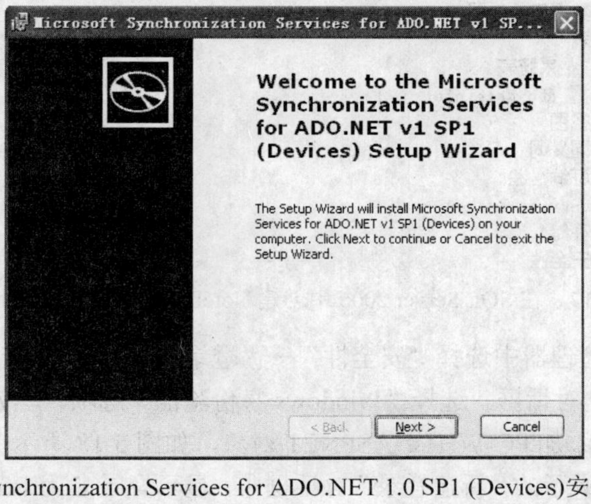

图 5-15　Synchronization Services for ADO.NET 1.0 SP1 (Devices)安装向导界面

（2）当安装完成之后，可以在%ProgramFiles%\Microsoft Synchronization Services\ADO.NET\v1.0\Devices 目录下查找到支持移动设备数据同步的组件，如图 5-16 所示。

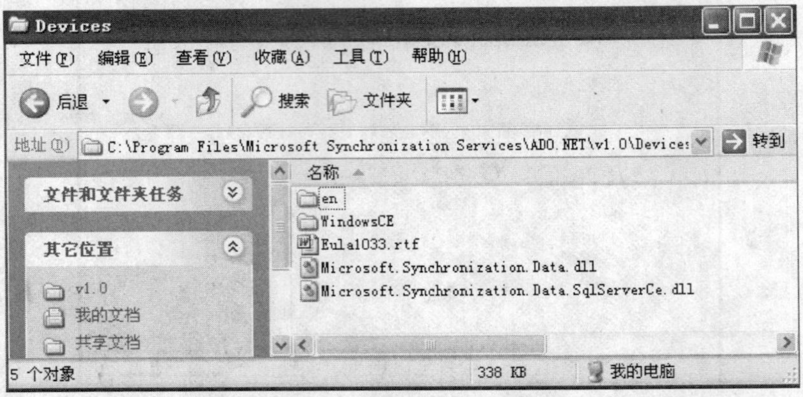

图 5-16 移动设备数据同步的组件

5.4 创建 Synchronization Services for ADO.NET 的数据同步应用

5.4.1 SQL Server2005 数据库创建及安全性设置

（1）打开 SQL Server 2005 的 Management Studio 数据库管理工具，创建一个 SQL Server 2005 的 NoteDB 用户数据库，并新建一张表，表名为 NoteInfo，如图 5-17 所示。

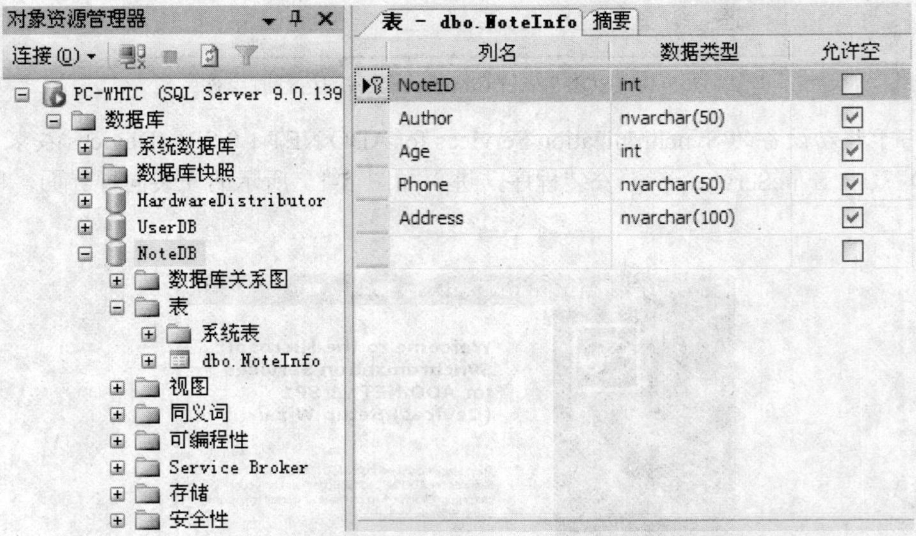

图 5-17 在 SQL Server 2005 中创建 NoteDB 数据库和 NoteInfo 表

（2）在对象资源管理器中选择“安全性”→“登录名”，右击“登录名”，选择“新建登录名”，弹出“新建登录”对话框。选择“Windows 身份验证”选项，单击“搜索”按钮，在“选择用户或组”对话框中添加 PC-WHTC\ASPNET 对象，如图 5-18 所示，单击“确定”按钮。

（3）在如图 5-19 所示的“新建登录”对话框中，显示登录名为 PC-WHTC\ASPNET 对象。

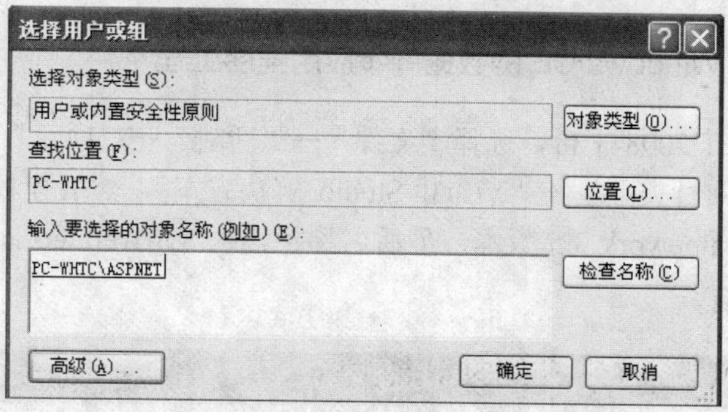

图 5-18　添加 PC-WHTC\ASPNET 对象

图 5-19　“新建登录”对话框显示 PC-WHTC\ASPNET 对象

（4）单击“用户映射”选项，接着在右面选择要映射的数据库 NoteDB，并在 db-owner 和 public 一栏前面打钩，如图 5-20 所示。然后单击“状态”选项，在右面栏中选中“授予”、“启用”，一般这两项是默认的，但如果默认的不是此两项必须改过来，不然是连不上的，最后单击“确定”按钮。

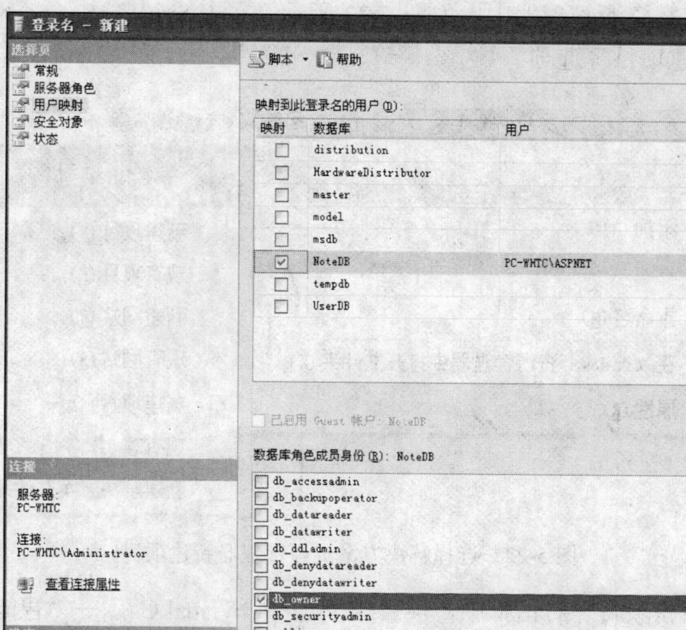

图 5-20　在用户映射中设置数据库权限

5.4.2 创建基于 Windows CE 的数据同步应用程序工程

（1）运行 VS.NET 2008 平台，选择“文件”→“新建”→“项目”选项，在“新建项目”对话框中选择“其他项目类型”→“Visual Studio 解决方案”，然后模板选择空白解决方案，并且框架选择.NET Framework 3.5 版本，最后名称栏输入 SynWebServiceNote，单击“确定”按钮，如图 5-21 所示。

图 5-21　新建空白解决方案

（2）在解决方案资源管理器中，如图 5-22 所示，右击 SynWebServiceNote 解决方案，选择“添加”→“新建项目”选项。

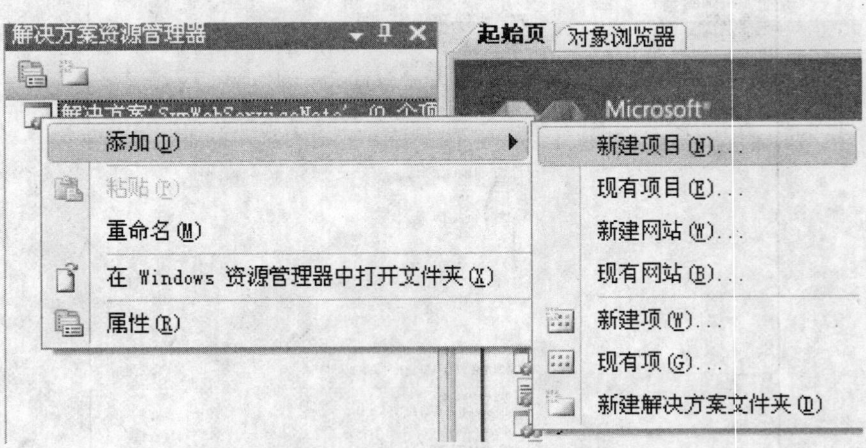

图 5-22　选择解决方案资源管理器新建项目

（3）在“添加新项目”对话框中，项目类型选择“Visual C#”→“智能设备”，模板选择“智能设备”项目，名称栏中输入 SynWinCEDevice，单击“确定”按钮，如图 5-23 所示。

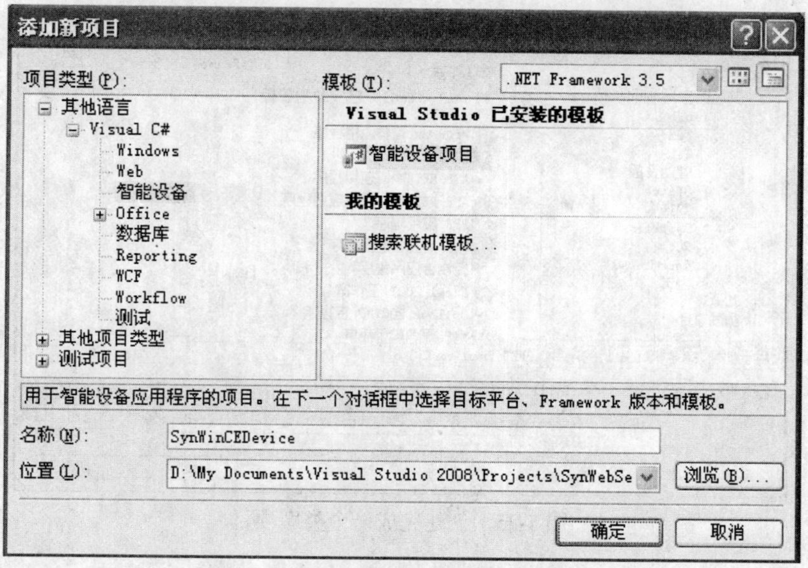

图 5-23　新建 C#智能设备项目

（4）在“添加新智能设备项目”对话框中，目标平台选择 Windows CE，.NET Compact Framework 版本选择.NET Compact Framework Version 3.5，模板选择“设备应用程序”，单击“确定”按钮，创建完成基于 Windows CE 的 C#设备应用程序，如图 5-24 所示。

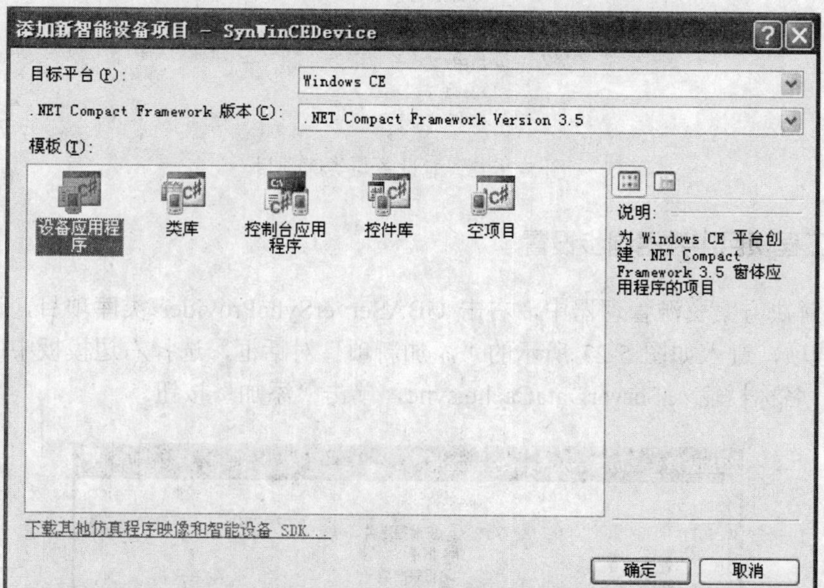

图 5-24　创建完成基于 Windows CE 的设备应用项目

（5）在解决方案资源管理器中，右击 SynWebServiceNote 解决方案，选择“添加”→“新建项目”。在“添加新项目”对话框中，项目类型选择 Visual C#，模板选择类库，名称栏中输入 GBAServerSyncProvider，单击“确定”按钮，如图 5-25 所示。

（6）当智能设备应用项目与类库项目创建完成之后，可以在 SynWebServiceNote 解决方案资源管理器中查看到如图 5-26 所示的项目文件显示。

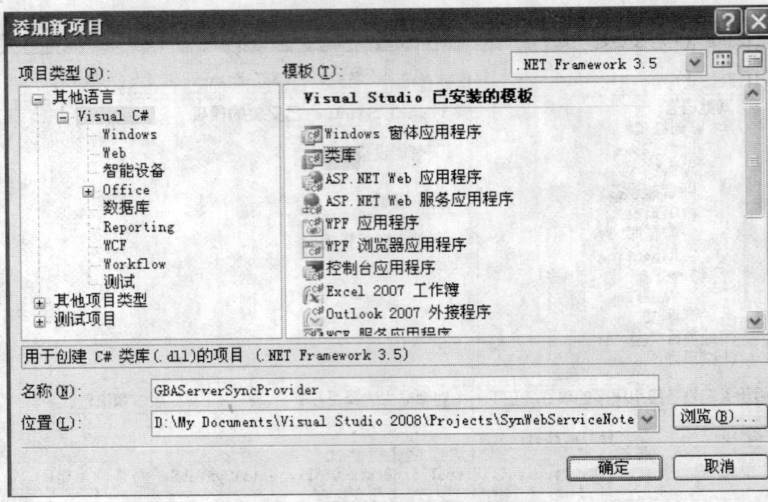

图 5-25　创建完成一个类库项目

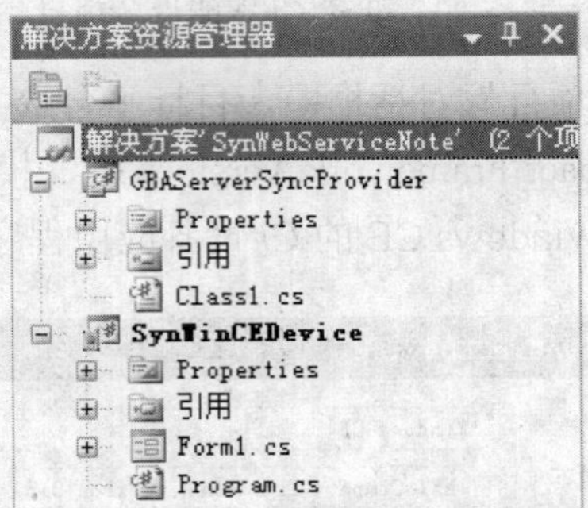

图 5-26　智能设备与类库项目

5.4.3　工程项目中数据同步设置

（1）在解决方案资源管理器中，右击 GBAServerSyncProvider 类库项目，选择“添加”→“新建”选项，进入如图 5-27 所示的“添加新项”对话框，选择右边模板中的“本地数据库缓存”项，名称栏输入 ServerDataCache.sync，单击“添加”按钮。

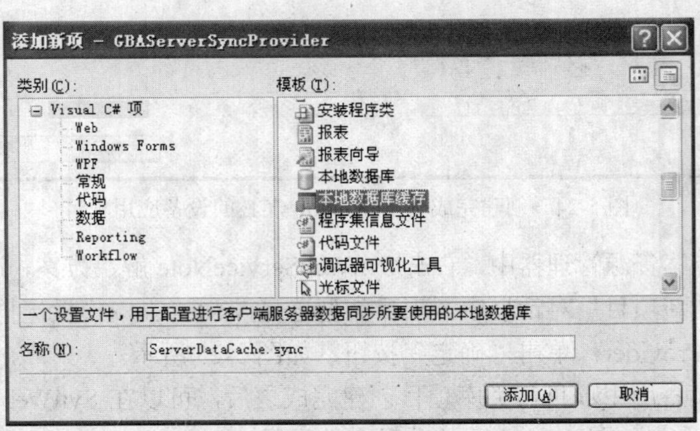

图 5-27　添加本地数据库缓存项

（2）在如图 5-28 所示的“配置数据同步”对话框中，需要设置数据库的服务器连接和客户端连接，单击“新建”按钮。

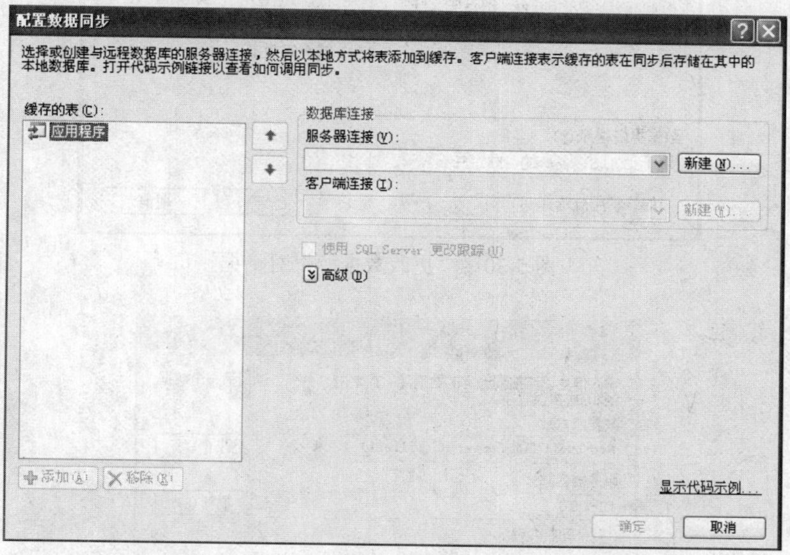

图 5-28　新建数据库连接

（3）在“添加连接”对话框中，如图 5-29 所示，如果数据源种类不是 Microsoft SQL Server 数据源，单击“更改”按钮。

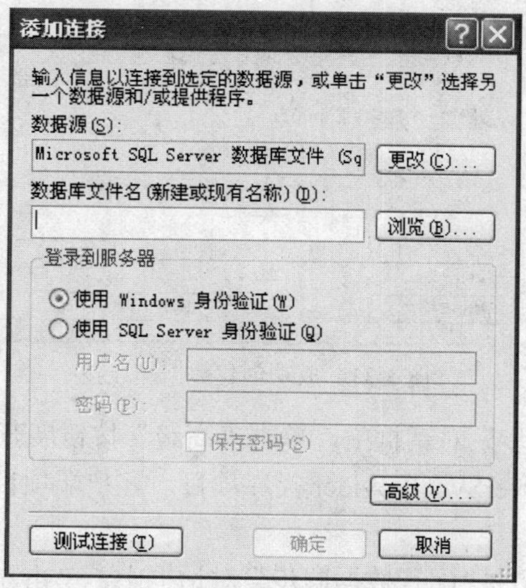

图 5-29　“添加连接”对话框

（4）在“更改数据源”对话框，如图 5-30 所示，选择 Microsoft SQL Server 数据源选项，单击“确定”按钮。

（5）返回到“添加连接”对话框中，服务器名选择所在计算机的 SQL Server 2005 数据库服务器名称（PC-WHTC），选择使用 Windows 身份验证登录到服务器，数据库选择前面所创建的 NoteDB 数据库，然后单击下方的“测试”按钮，如果测试成功，表示数据库连接已成功创建，单击“确定”按钮，如图 5-31 所示。

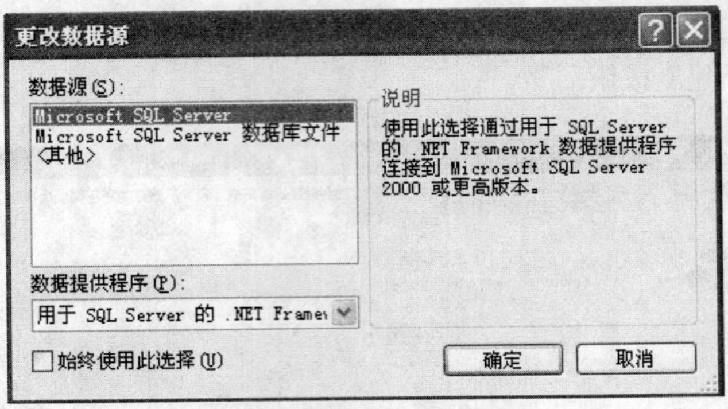

图 5-30 “更改数据源”对话框

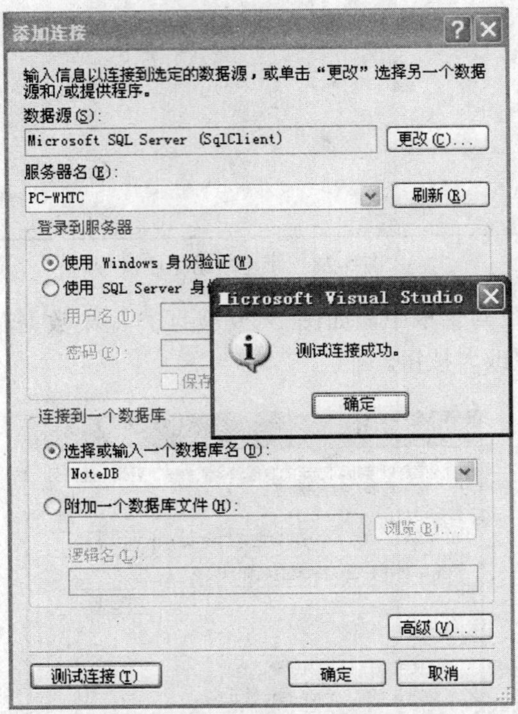

图 5-31 成功创建数据库连接

（6）在“配置数据同步”对话框中，单击“高级”按钮展开数据同步选项配置，其中服务器项目位置选择 GBAServerSyncProvider 类库项目，客户端项目选择 SynWinCEDevice 智能设备项目，如图 5-32 所示。

（7）在如图 5-32 所示的“配置数据同步”对话框中，单击左下方的“添加”按钮，进入如图 5-33 所示的同步表对话框中，这里将在 NoteInfo 表自动创建 LastEditDate、CreationDate 列以及新增 NoteInfo_Tombstone 表。“使用下列项比较更新”下拉列表框中的 LastEditDate 是要在远程服务器的 NoteInfo 表中建立的一个字段，该字段是日期型，用于记录当前数据行的最后一次修改变时间。“使用下列项比较插入”下拉列表框中的 CreationDate 是该行数据的插入时间。“将已删除的项移至”下拉列表框中的 NoteInfo_Tombstone 是当删除 NoteInfo 表中的某一行数据时，将该行数据的主键 NoteID 和删除时间 DetetionDate 记录到 NoteInfo_Tombstone 表中，单击“确定”按钮。

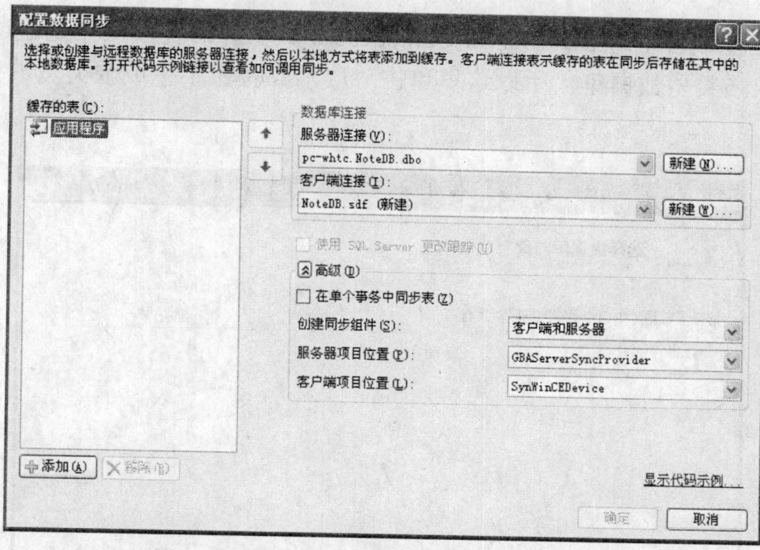

图 5-32　服务器和客户端数据同步选项配置

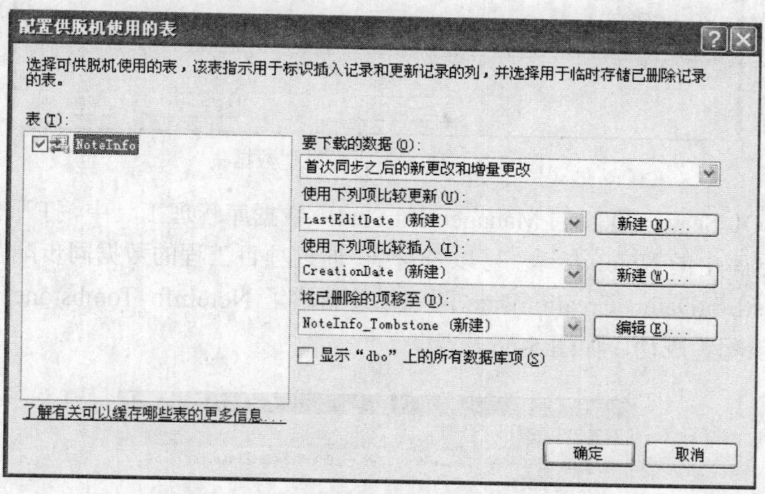

图 5-33　添加和创建同步的字段和表

（8）当出现“生成 SQL 脚本”对话框时，单击“确认”按钮，生成 SQL 脚本，如图 5-34 所示。这样通过以上的设置，系统就会拥有了关于进行数据记录（创建、修改、删除）的时间戳，作为进行数据同步时的依据。

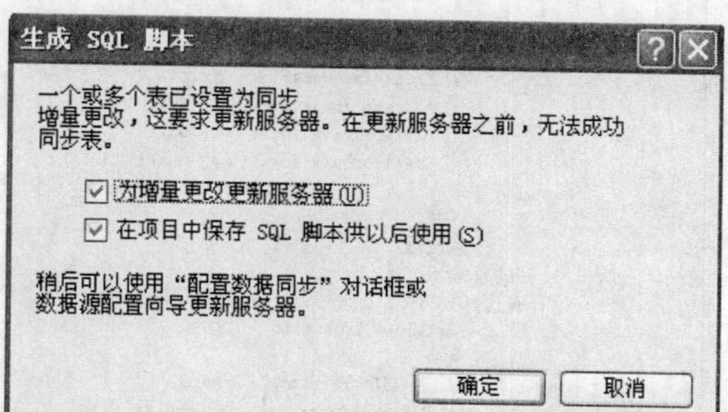

图 5-34　生成 SQL 脚本

（9）由于工程项目中对 SQL Server Compact 3.5 数据库的各项操作是通过编写代码实现的，不需要生成强类型数据集，所以这里单击“取消”按钮不生成强类型数据集 DataSet，如图 5-35 所示。

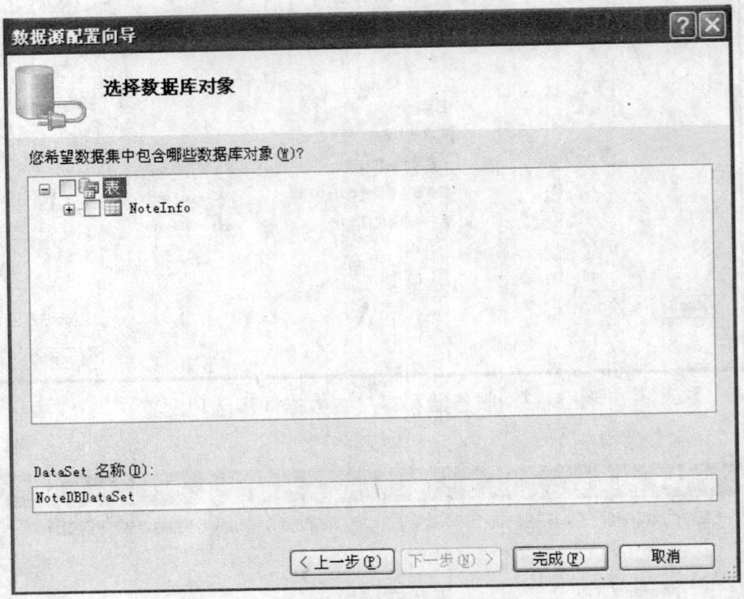

图 5-35 取消生成强类型数据集

（10）在 SQL Server 2005 的 Management Studio 数据库管理工具中，打开 SQL Server 2005 的 NoteDB 数据库中的 NoteInfo 表，可以查看到，通过项目工程的数据同步配置之后，NoteInfo 表中增加了 LastEditDate、CreationDate 两列以及新增了 NoteInfo_Tombstone 表，这表示项目工程的数据同步配置成功，如图 5-36 所示。

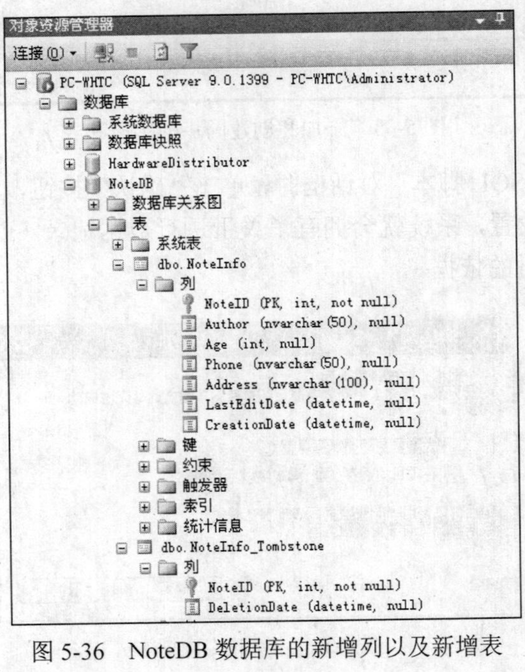

图 5-36 NoteDB 数据库的新增列以及新增表

5.4.4　类库项目的功能实现

（1）在解决方案资源管理器中，右击选择 Class.cs 文件的属性。将 Class.cs 文件名改为 GBABuilderServerSyncProvider.cs，如图 5-37 所示。

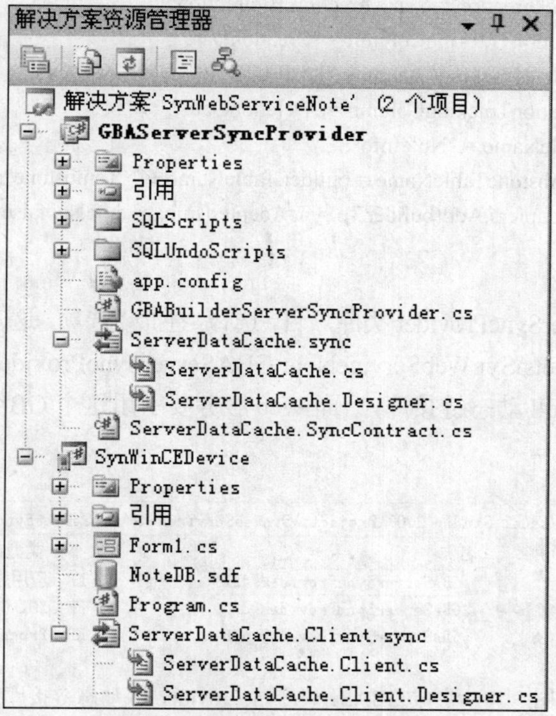

图 5-37　修改类库项目文件属性

（2）在 GBABuilderServerSyncProvider.cs 文件中添加 GBABuilderServerSyncProvider 类的构造方法，这里要注意的是"SELECT@"+SyncSession.SyncNewReceivedAnchor=GETUTCDATE()"这一句，因为这里使用的是 GETUTCDATE()，即以 UTC 时间（通用协调时间或格林尼治标准时间）表示的系统当前日期。另外同步适配器生成器 SqlSyncAdapterBuilder 允许指定要同步的表、表中的跟踪列、同步方向以及要包括的行和列。

具体代码实现如下：

```
public class GBABuilderServerSyncProvider: DbServerSyncProvider
{
    public GBABuilderServerSyncProvider()
    {
    this.Connection=new  SqlConnection(Properties.Settings.Default.
    ServerNoteDBConnectionString);
    SqlCommand  selectNewAnchorCmd=new SqlCommand();
    selectNewAnchorCmd.CommandText="SELECT@"+
    SyncSession.SyncNewReceivedAnchor +
    " = GETUTCDATE()";
      SqlParameter newRecAnchor = new SqlParameter();
      newRecAnchor.ParameterName = "@" + SyncSession.SyncNewReceivedAnchor;
```

```
            newRecAnchor.DbType = System.Data.DbType.DateTime;
            newRecAnchor.Direction = System.Data.ParameterDirection.Output;
            selectNewAnchorCmd.Parameters.Add(newRecAnchor);
            this.SelectNewAnchorCommand = selectNewAnchorCmd;
            SqlSyncAdapterBuilder    builder=new SqlSyncAdapterBuilder((SqlConnection)this.Connection);
            builder.SyncDirection = SyncDirection.Bidirectional;
            builder.CreationTrackingColumn = "CreationDate";
            builder.UpdateTrackingColumn = "LastEditDate";
            builder.DeletionTrackingColumn = "DeletionDate";
            builder.TableName = "NoteInfo";
            builder.TombstoneTableName = builder.TableName + "_Tombstone";
            this.SyncAdapters.Add(builder.ToSyncAdapter(true, true, false, false));
        }
    }
```

（3）右击 GBAServerSyncProvider 类库项目，选择“生成”选项，这时将在 D:\My Documents\Visual Studio 2008\Projects\SynWebServiceNote\GBAServerSyncProvider\bin\Debug 目录下生成 GBAServerSyncProvider.dll 动态链接库，后面 Web 服务要引用这个 GBAServerSyncProvider.dll，如图 5-38 所示。

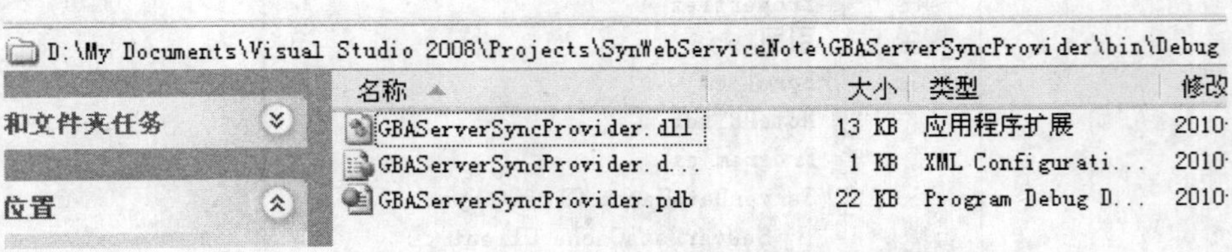

图 5-38 生成 GBAServerSyncProvider.dll 动态链接库

5.4.5 Web 服务项目功能实现

在基于 N 层体系结构的数据同步中，客户端不是直接与服务器数据库进行通信，而是通过与中间层进行通信以达到和服务器进行通信。而中间层包含了对外提供 WebService 的数据同步服务方法，这就需要建立 Web Service 工程项目，并将前面 GBAServerSyncProvider 类库项目中编译生成的 DLL 引入 Web Service 工程项目中，其中编译生成的 DLL 包含了用于数据同步操作的方法。然后在 Web Service 工程项目中利用这个 DLL 建立 Web 服务的方法。

（1）在解决方案资源管理器中，右击 SynWebServiceNote 解决方案，选择“添加”→“新建项目”。在“添加新项目”对话框中，项目类型选择 Visual C#，模板选择“ASP.NET Web 服务应用程序”，名称栏输入 SynWebService，单击“确定”按钮，如图 5-39 所示。

（2）在如图 5-40 所示的解决方案资源管理器中，右击 SynWebService 工程项目，选择“引用”→“添加引用”。

（3）在“添加引用”对话框中，选择“浏览选”项卡，查找 GBAServerSyncProvider 类库项目中编译生成的 GBAServerSyncProvider.dll，单击“确定”按钮，如图 5-41 所示。

（4）按照前面 SynWebService 工程项目中添加 GBAServerSyncProvider.dll 引用的步骤，再将 Microsoft.Synchronization.Data 和 Microsoft.Synchronization.Data.Server 添加到 SynWebService 工程项目中，如图 5-42 所示。

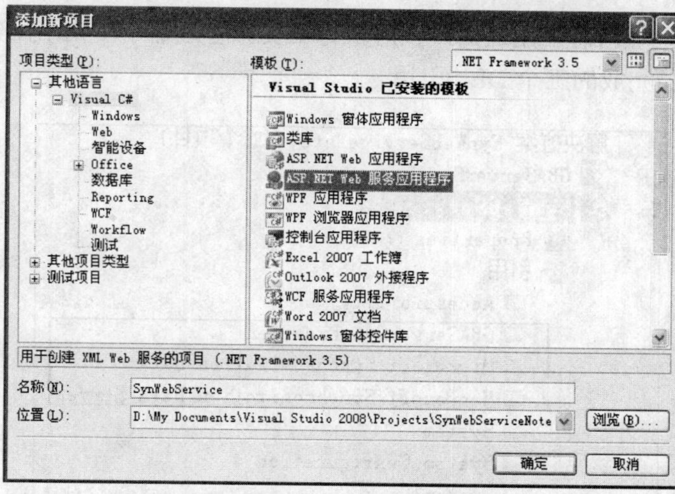

图 5-39　新建 Web Service 工程项目

图 5-40　SynWebService 工程项目添加引用

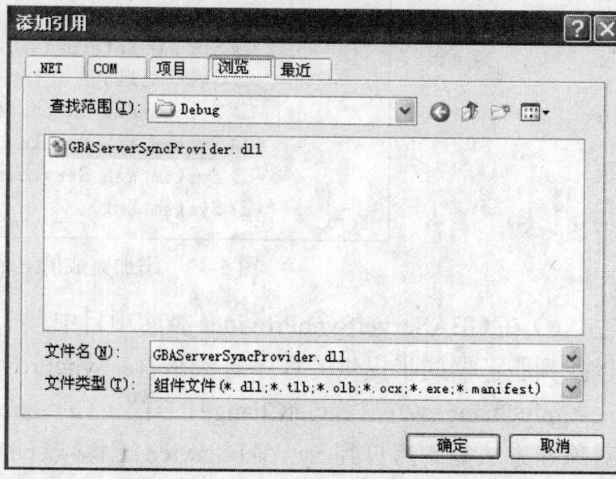

图 5-41　引用 GBAServerSyncProvider 类库项目中生成的 DLL

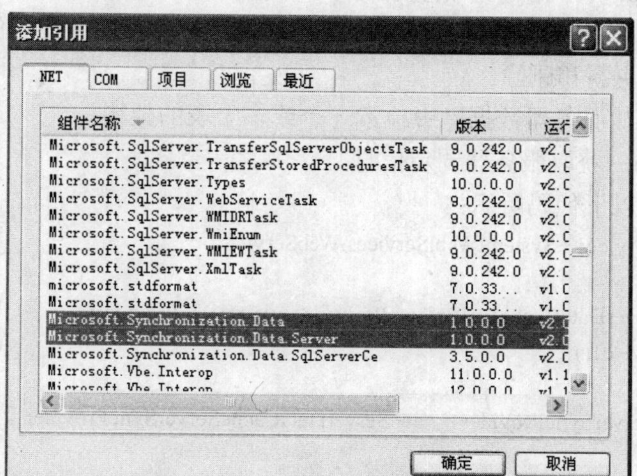

图 5-42　添加 Microsoft.Synchronization.Data 和 Microsoft.Synchronization.Data.Server 引用

（5）添加完成上述所有引用之后，在解决方案资源管理器中单击引用文件夹，可以查看到如图 5-43 所示添加完成的三个 DLL 引用。

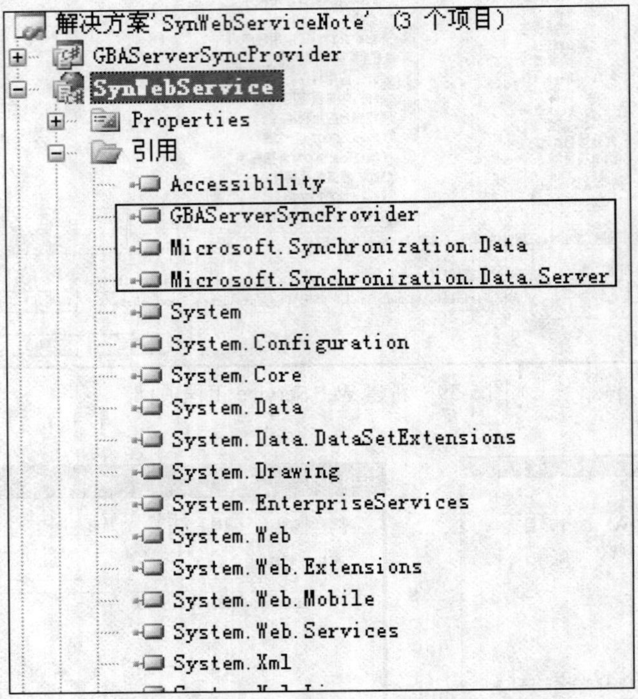

图 5-43 添加完成的三个 DLL 引用

（6）在 GBAServerSyncProvider 类库项目中，打开 ServerDataCache.SyncContract.cs 文件，可以找到服务器同步提供的程序对象 ServerSyncProvider 以及四个对外发布的数据同步服务方法：ApplyChanges 方法、GetChanges 方法、GetSchema 方法以及 GetServerInfo 方法。然后这些对象和方法复制拷贝到 SynWebService 工程项目的 Service1.asmx 代码文件中，并进行修改。WebService 必须实现这四个方法才可以正常地去同步客户端与服务器端的数据。

1）ApplyChanges：将同步表中的数据插入、更新和删除应用到服务器数据库。

2）GetChanges：从服务器数据存储区中选择要在客户端存储区应用的同步组中每个表的数据增量进行插入、更新和删除。

3）GetSchema：从服务器数据库中检索一个或多个表的架构。

4）GetServerInfo：获取服务器同步信息。

修改完成之后如以下代码所示：

```
public class Service1 : System.Web.Services.WebService
{
    private ServerDataCacheServerSyncProvider _serverSyncProvider;
    public Service1()
    {
        this._serverSyncProvider = new ServerDataCacheServerSyncProvider();
    }
    [WebMethod]
    public   SyncContext ApplyChanges(SyncGroupMetadata groupMetadata, DataSet dataSet,
```

```
        SyncSession syncSession)
        {
            return this._serverSyncProvider.ApplyChanges(groupMetadata, dataSet, syncSession);
        }
            [WebMethod]
            public   SyncContext GetChanges(SyncGroupMetadata groupMetadata, SyncSession syncSession)
        {
            return this._serverSyncProvider.GetChanges(groupMetadata, syncSession);
        }
            [WebMethod]
            public   SyncSchema GetSchema(Collection<string> tableNames, SyncSession syncSession)
        {
            return this._serverSyncProvider.GetSchema(tableNames, syncSession);
        }
            [WebMethod]
            public   SyncServerInfo GetServerInfo(SyncSession syncSession)
        {
            return this._serverSyncProvider.GetServerInfo(syncSession);
        }
    }
```

5.4.6　Web 服务项目的发布

SynWebService 工程项目中有关数据同步的 Web 方法实现完成之后，就可以将其通过 IIS 服务器对外进行发布，以提供给客户端数据同步的 Web 服务功能。以下将完成 SynWebService 工程项目的对外发布。

（1）找到 SynWebService 工程项目所在的文件夹之后，右击 SynWebService 文件夹，选择“共享和安全”选项，如图 5-44 所示。

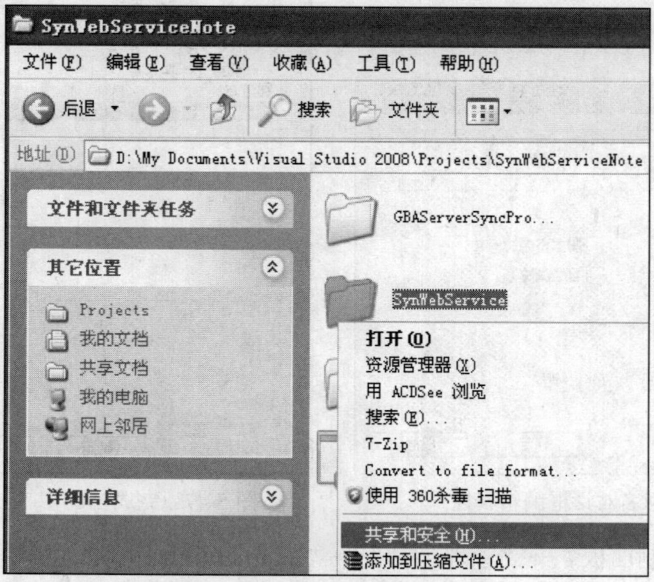

图 5-44　选择“共享和安全”选项

（2）选择“Web 共享”选项卡，单击“共享文件夹”选项，如图 5-45 所示。

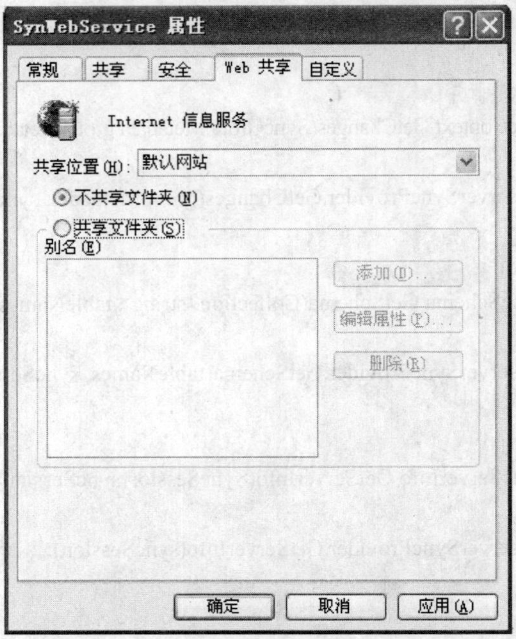

图 5-45 选择“共享文件夹”选项

（3）当出现“编辑别名”对话框时，可以按照如图 5-46 所示的默认选项选择其中的各项属性值，然后单击“确定”按钮，完成 Web 共享文件夹的设置，如图 5-47 所示。

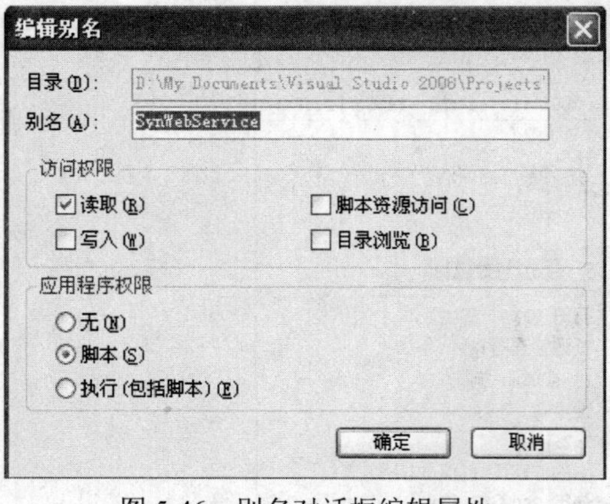

图 5-46 别名对话框编辑属性

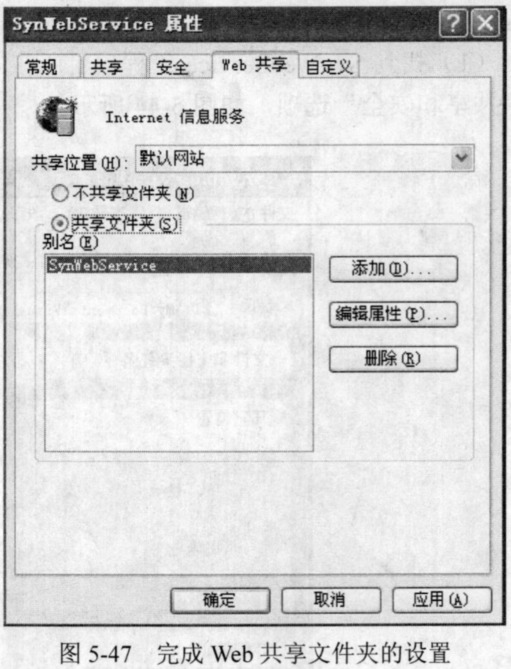

图 5-47 完成 Web 共享文件夹的设置

（4）打开“控制面板”→“管理工具”→“Internet 信息服务”，如图 5-48 所示，可以查看到 SynWebService 项目通过前面的操作步骤，完成了对外发布数据同步的 Web 服务功能。

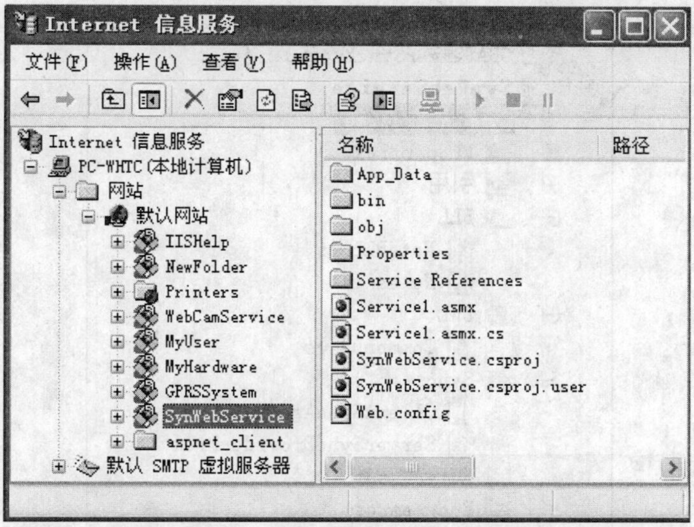

图 5-48　IIS 显示 SynWebService 服务项目的 Web 服务发布

（5）在 IIS 中完成了 SynWebService 项目的 Web 发布之后，可以通过在 IE 浏览器的地址栏上输入 http://192.168.1.101/SynWebService/Service1.asmx 测试一下 Web 服务发布是否成功。其中 192.168.1.101 是所在计算机的 IP 地址，如图 5-49 所示表示 Web 服务已成功发布。

图 5-49　SynWebService 项目的 Web 服务发布成功

5.4.7　智能设备项目数据访问及业务逻辑功能实现

1．相关类的设计

在项目解决方案资源管理器中右击 SynWinCEDevice 项目，选择“添加”→“新建文件夹”，增加 BLL、DAL、Sync 三个文件夹，然后选择类模板，分别在三个文件夹中添加类文件，其中用于对数据库访问的类为 CommonDB.cs，用于业务操作的类为 NoteBLL.cs 和 Notes.cs，实现与远程数据库服务器同步操作的类为 ClientSyncAgent.cs 和 ServerSyncProviderProxy.cs，如图 5-50 所示。

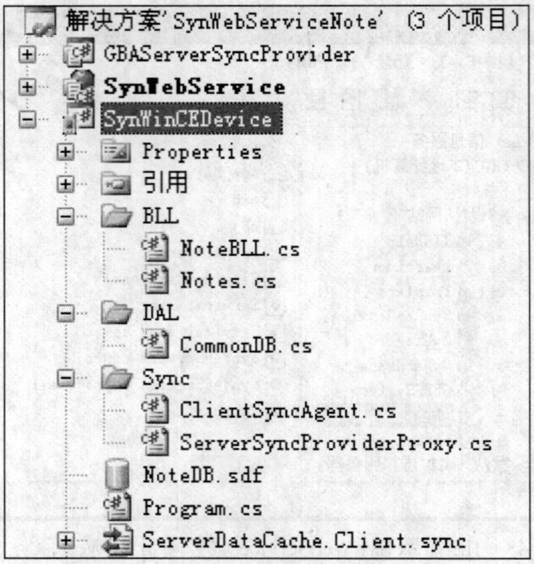

图 5-50 添加相关的类文件

2. 功能窗体的设计

在项目解决方案资源管理器中右击 SynWinCEDevice 项目，选择“添加”→“新建项”，选择 Windows 窗体模板，分别添加显示数据主窗体（MainForm.cs）、新增窗体（AddFrm.cs）以及更新窗体（EditFrm.cs），如图 5-51 所示。

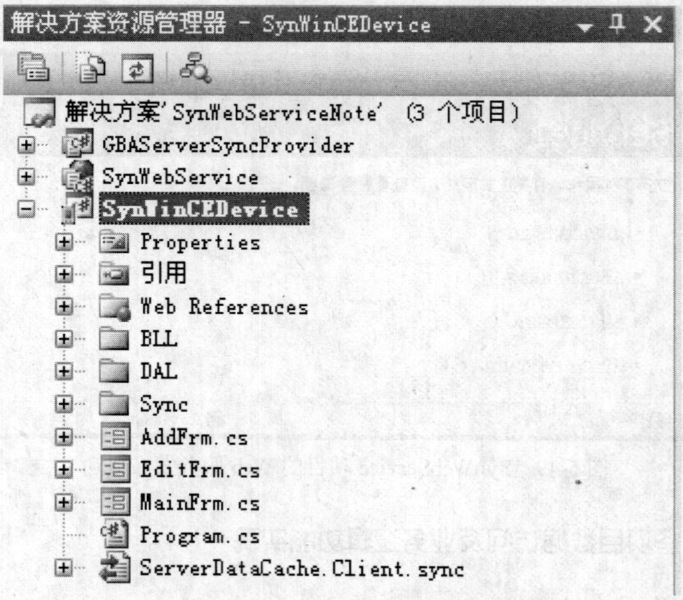

图 5-51 添加相关功能窗体文件

3. 数据访问层类的功能实现

上一章 SQL Server Compact 数据库应用程序开发已经详细介绍了数据访问层和业务逻辑层相关类的功能实现，现只简要给出有关方法功能注释和实现的主要源代码：

```
class CommonDB
```

```
{    //获取连接数据库文件的连接对象
     public SqlCeConnection GetConnection()
     {
         string constr = "Data Source=" + @"\My Documents\NoteDB.sdf";
         SqlCeConnection Con = new SqlCeConnection(constr);
         return Con;
     }
     //根据 Sql 查询语句和表名称作为参数，执行对 SQL Server Compact 数据库的查询操作，将获
     //得的数据记录填充到数据集中，并返回数据集 DataSet
public DataSet GetDataSet(string Sql, string tablename)
     {
         SqlCeConnection Con = this.GetConnection();
         SqlCeCommand Cmd = new SqlCeCommand(Sql, Con);
         SqlCeDataAdapter Sda = new SqlCeDataAdapter(Cmd);
         DataSet Ds = new DataSet();
         try
         {
             Sda.Fill(Ds, tablename);
             return Ds;
         }
         catch (SqlCeException ex)
         {
             if (Con.State != ConnectionState.Closed)
             {
                 Con.Close();
             }
             MessageBox.Show(ex.Message);
         }
         return null;
     }
     //根据（Insert、Update、Delete）语句和参数化对象集合作为参数，执行对 SQL Server Compact
     //数据库的增删改操作，并返回受影响的行数
public int ExcuteSql(string Sql, SqlCeParameter[] paras)
{
     int flag = 0;
     SqlCeConnection Con = this.GetConnection();
     SqlCeCommand Cmd = new SqlCeCommand(Sql, Con);
     foreach (SqlCeParameter p in paras)
     {
         Cmd.Parameters.Add(p);
     }
     try
     {
         Con.Open();
         flag = Cmd.ExecuteNonQuery();
     }
```

```
            catch (SqlCeException ex)
            {
                MessageBox.Show(ex.Message);
            }
            finally
            {
                Con.Close();
            }
            return flag;
        }
    }
```

4. 业务逻辑层类功能实现

（1）实体类功能实现。

```
    class Notes
    {
        public int NoteID
        {get;set; }
        public string Author
        {get;set; }
        public int Age
        {get;set; }
        public string Phone
        {get;set; }
        public string Address
        {get;set; }
    }
```

（2）对NoteInfo表的业务逻辑功能实现。现简要给出有关业务逻辑功能注释和实现的主要代码：

```
    class NoteBLL
    {
        private DataGrid Notedgrid;
        private BindingSource Bding;
        public NoteBLL()
        {
        }
        //通过构造方法传递 BindingSource 对象和 DataGrid 控件对象
    public NoteBLL(BindingSource bds, DataGrid dgrid)
    {
        Notedgrid = dgrid;
        Bding = bds;
    }
        //在方法中通过创建 CommonDB 对象，调用 CommonDB 对象中 GetDataSet 的方法，获取
        //NoteInfo 表中所有数据行记录
        public DataSet GetNoteData()
        {
          CommonDB cdb = new CommonDB();
```

```
        string Sql = "select * from NoteInfo";
        DataSet Ds = cdb.GetDataSet(Sql, "NoteInfo");
        return Ds;
    }
    //在方法中根据传递的用户名、年龄、电话号码及联系地址值作为参数，调用 CommonDB 对
    //象中 ExcuteSql 方法，执行对数据库中 NoteInfo 表的新增操作
    public int InsertNoteData(Notes ns)
    {
        CommonDB cdb = new CommonDB();
        string Sql = "insert into NoteInfo (Author,Age,Phone,Address) values(@author,
        @age,@phone,@address)";
         SqlCeParameter[] paras = new SqlCeParameter[4];
         paras[0] = new SqlCeParameter("@author", ns.Author);
         paras[1] = new SqlCeParameter("@age", ns.Age);
         paras[2] = new SqlCeParameter("@address", ns.Address);
         paras[3] = new SqlCeParameter("@phone", ns.Phone);
         return cdb.ExcuteSql(Sql, paras);
    }
    //在方法中根据传递的用户名 ID、用户名、年龄、电话号码及联系地址值作为参数，调用
    //CommonDB 对象中 ExcuteSql 方法，执行对数据库中 NoteInfo 表的更新操作
    public int UpdateNoteDataByNotID(Notes ns)
    {
        CommonDB cdb = new CommonDB();
        string Sql = "update NoteInfo set Author=@author,Age=@age,Phone=@phone,
        Address=@address where NoteID=@noteid";
        SqlCeParameter[] paras = new SqlCeParameter[5];
        paras[0] = new SqlCeParameter("@author", ns.Author);
        paras[1] = new SqlCeParameter("@age", ns.Age);
        paras[2] = new SqlCeParameter("@address", ns.Address);
        paras[3] = new SqlCeParameter("@phone", ns.Phone);
        paras[4] = new SqlCeParameter("@noteid", ns.NoteID);
        return cdb.ExcuteSql(Sql, paras);
    }
    //在方法中根据传递的用户名 ID 作为参数，调用 CommonDB 对象中 ExcuteSql 方法，执行对
    //数据库中 NoteInfo 表的删除操作
    public int DeleteNoteDataByNotID(string Noteid)
    {
        CommonDB cdb = new CommonDB();
        string Sql = "delete NoteInfo where NoteID=@noteid";
        SqlCeParameter[] paras = new SqlCeParameter[1];
        paras[0] = new SqlCeParameter("@noteid", Noteid);
        return cdb.ExcuteSql(Sql, paras);
    }
    //该方法通过调用 CommonDB 对象的 GetNoteData 方法，将获得的数据集的默认视图作为
    //BindingSource 对象的数据源，然后再将 BindingSource 对象的数据源作为 DataGrid 控件的数
    //据源，以便在 DataGrid 控件中实时显示更新的信息
    public void UpdateGird()
```

```
    {
        DataSet Ds = GetNoteData();
        Bding.DataSource = Ds.Tables[0].DefaultView;
        Notedgrid.DataSource = Bding;
    }
}
```

5. Web 服务代理类功能实现

在 N 层数据同步应用程序中，客户端与服务器之间的数据同步通信是通过中间层实现的，而中间层提供的功能操作是以 Web 服务的形式对外发布的，在中间层该服务继承 ServerSyncProvider 类并公开与其相同的方法。然后通过与服务器数据库的直接连接执行服务器同步提供程序的方法，结果通过中间层发送回客户端。这样客户端应用程序为了获得 Web 服务提供的数据同步操作功能，就需要一个代理类帮助实现，代理类可以通过在 SynWinCEDevice 项目中添加 Web 引用自动产生，通过代理类，可以引用远程的 Web 服务，在智能设备应用程序中使用其功能，返回的数据就像是本地生成一样。

（1）右击 SynWinCEDevice 项目，选择"引用"→"添加服务引用"。在"添加服务引用"对话框中，URL 栏中输入：http://192.168.1.101/SynWebService/Service1.asmx，单击"前往"按钮，这时在下方会出现可以使用的四个 Web 服务方法，如图 5-52 所示，单击"添加引用"按钮。

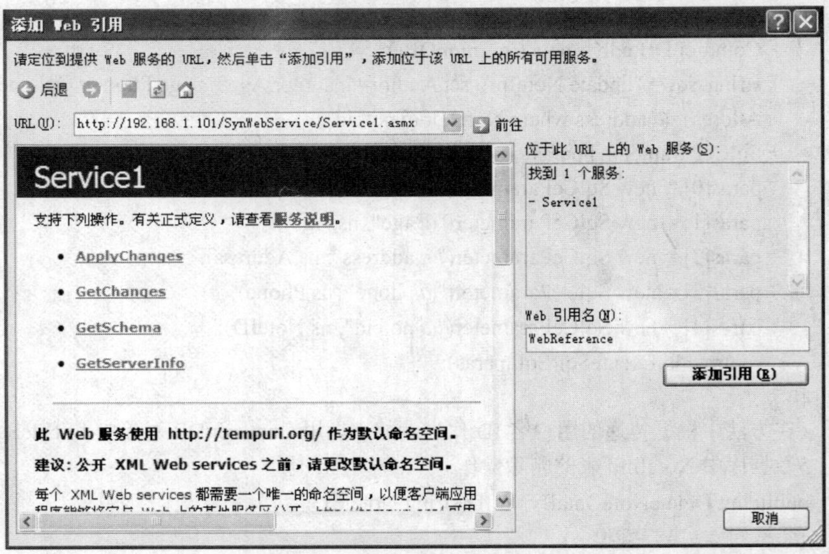

图 5-52 在客户端添加 Web 服务引用

（2）在 SynWinCEDevice 项目中添加 Web 引用之后，可以在解决方案资源管理器中查看到 Web References 文件夹中包含很多文件，其中 Reference.cs 文件包含 Web 服务的代理类。如图 5-53 所示。

（3）打开 Reference.cs 文件，只保留 Service1 代理类，其他类全部注释掉或者直接删除即可。

在 Service1 类的构造方法中设置 Web Service 服务的 URL 链接地址，这里为 http://192.168.1.101/SynWebService/Service1.asmx。

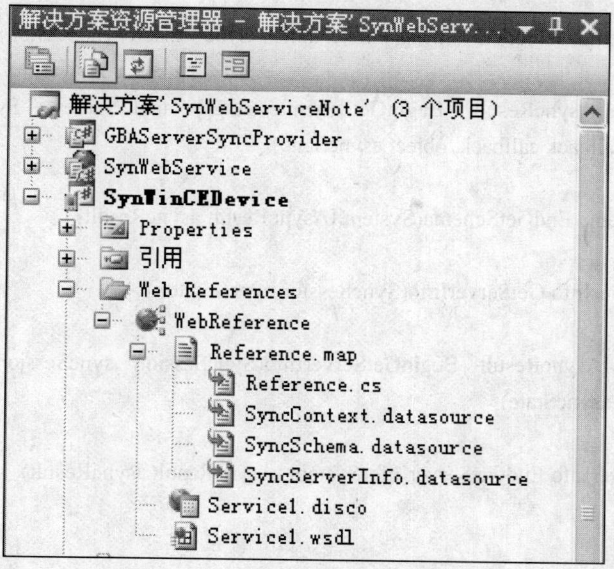

图 5-53　显示 Web References 文件夹

修改完成之后，代码结构如下：

```
[System.Diagnostics.DebuggerStepThroughAttribute()]
[System.ComponentModel.DesignerCategoryAttribute("code")]
[System.Web.Services.WebServiceBindingAttribute(Name="Service1Soap",
Namespace="http://tempuri.org/")]
public partial class Service1 : System.Web.Services.Protocols.SoapHttpClientProtocol {
public partial class Service1 : System.Web.Services.Protocols.SoapHttpClientProtocol
{
public Service1()
{
this.Url = "http://192.168.1.101/SynWebService/Service1.asmx";
}
public SyncContext ApplyChanges(SyncGroupMetadata groupMetadata, System.Data.DataSet dataSet,
SyncSession syncSession)
{…}
public System.IAsyncResult BeginApplyChanges(SyncGroupMetadata groupMetadata,
System.Data.DataSet dataSet, SyncSession syncSession, System.AsyncCallback callback, object
asyncState)
{…}
public SyncContext EndApplyChanges(System.IAsyncResult asyncResult)
{….}
public SyncContext GetChanges(SyncGroupMetadata groupMetadata, SyncSession syncSession)
{….}
public System.IAsyncResult BeginGetChanges(SyncGroupMetadata groupMetadata, SyncSession
syncSession, System.AsyncCallback callback, object asyncState)
{…}
public SyncContext EndGetChanges(System.IAsyncResult asyncResult)
{…}
```

```
public SyncSchema GetSchema(string[] tableNames, SyncSession syncSession)
{…}
public System.IAsyncResult BeginGetSchema(string[] tableNames, SyncSession syncSession, System.AsyncCallback callback, object asyncState)
{…}
public SyncSchema EndGetSchema(System.IAsyncResult asyncResult)
{…}
public SyncServerInfo GetServerInfo(SyncSession syncSession)
{…}
public System.IAsyncResult BeginGetServerInfo(SyncSession syncSession, System.AsyncCallback callback, object asyncState)
{…}
public SyncServerInfo EndGetServerInfo(System.IAsyncResult asyncResult)
{…}
}
```

6. ServerSyncProviderProxy 派生类功能实现

ServerSyncProviderProxy 继承 ServerSyncProvider 类，ServerSyncProvider 类对象用于提供与服务器数据存储区（Server Database）进行通信，并使同步代理与该数据存储区的特定实现隔离服务器同步提供程序。该对象用于与远程数据存储区进行通信。ServerSyncProvider 类中包含前面 Web 引用之后的代理类对象 ServiceProxy 以及四个重载方法。

（1）ApplyChanges：将把同步表中的数据插入、更新和删除应用到服务器数据库。

（2）GetChanges：从服务器数据存储区中选择要在客户端存储区应用的同步组中每个表的数据增量进行插入、更新和删除。

（3）GetSchema：从服务器数据库中检索一个或多个表的架构。

（4）GetServerInfo：获取服务器同步信息。

具体代码实现如下：

```
public class ServerSyncProviderProxy : ServerSyncProvider
{
    private WebReference.Service1 serviceProxy;
    public ServerSyncProviderProxy(object serviceProxy)
    {
        this.serviceProxy = (WebReference.Service1)serviceProxy;
    }
    public ServerSyncProviderProxy()
    {
    }
    public override SyncContext ApplyChanges(SyncGroupMetadata groupMetadata, DataSet dataSet,
    SyncSession syncSession)
    {
        return serviceProxy.ApplyChanges(groupMetadata,dataSet,syncSession);
    }
    public override void Dispose()
    {
```

```
        }
        public override SyncContext GetChanges(SyncGroupMetadata groupMetadata, SyncSession syncSession)
        {
            return serviceProxy.GetChanges(groupMetadata, syncSession);
        }
        public override SyncSchema GetSchema(Collection<string> tableNames, SyncSession syncSession)
        {
            string[] strTableNames = new string[tableNames.Count];
            tableNames.CopyTo(strTableNames, 0);
            return serviceProxy.GetSchema(strTableNames, syncSession);
        }
        public override SyncServerInfo GetServerInfo(SyncSession syncSession)
        {
            return serviceProxy.GetServerInfo(syncSession);
        }
    }
```

7. ClientSyncAgent 派生类功能实现

ClientSyncAgen 继承 SyncAgent 类，SyncAgent 类对象用于组织客户端与服务器之间的同步过程。其中 LocalProvider 属性用于获取一个派生自 ClientSyncProvider 抽象类的 SqlCeClientSyncProvider 对象，它表示客户端同步提供程序。RemoteProvider 属性用于获取一个派生自 ServerSyncProvider 抽象类的 ServerSyncProviderProxy 对象，它表示服务器端同步提供程序。将 NoteInfo 表增加到 SyncTable 同步表，并设置同步方向为 Bidirectional（双向同步），若客户端数据库中已经存在此表，则删除后再重新创建，最后将 SyncTable 添加到 SyncAgent 中。

具体代码实现如下：

```
public class ClientSyncAgent : SyncAgent
{
    public ClientSyncAgent()
    {
        string constr = "Data Source=" + @"\My Documents\NoteDB.sdf";  //连接客户端数据库的连接字符串
        this.LocalProvider = new SqlCeClientSyncProvider(constr, true);
        this.RemoteProvider =new ServerSyncProviderProxy(new WebReference.Service1());
        this.Configuration.SyncTables.Add("NoteInfo");
        this.Configuration.SyncTables["NoteInfo"].SyncDirection = SyncDirection.Bidirectional;
        this.Configuration.SyncTables["NoteInfo"].CreationOption= TableCreationOption.DropEx
        istingOrCreateNewTable;
    }
}
```

5.4.8 智能设备项目窗体功能实现

1. 数据信息显示（MainForm）窗体功能实现

（1）MainForm 窗体界面设计，如图 5-54 所示。

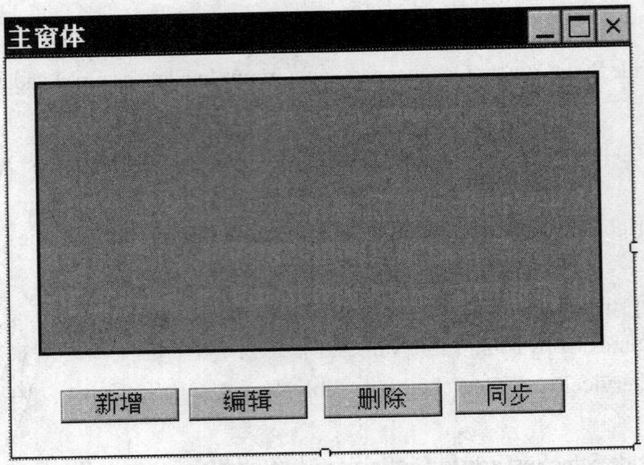

图 5-54 MainForm 窗体界面设计

（2）MainForm 窗体代码文件(MainForm.cs)结构。

```
public partial class MainForm : Form
    {
        private BindingSource bs = null;
        private string Noteid = null;
        private ClientSyncAgent _syncAgent;
        public MainForm()
        {
            InitializeComponent();
        }
        private void SyncNow()
        {
        }
        private void MainForm_Load(object sender, EventArgs e)
        {
        }
        private void btnAdd_Click(object sender, EventArgs e)
        {
        }
        private void btnEdit_Click(object sender, EventArgs e)
        {
        }
        private void btnDelete_Click(object sender, EventArgs e)
        {
        }
        private void btnSyn_Click(object sender, EventArgs e)
        {
        }
    }
```

（3）SyncNow 数据同步方法。在该方法中，首先创建 ClientSyncAgent 同步代理对象，它是用于组织客户端与服务器之间的同步过程，然后调用 ClientSyncAgent 对象的 Synchronize 方法完成数据的双向同步操作。

具体代码实现如下：

```
private void SyncNow()
{
    Cursor.Current = Cursors.WaitCursor;
    try
    {
        if (null == _syncAgent)
         _syncAgent = new ClientSyncAgent();
        _syncAgent.Synchronize();
        MessageBox.Show("同步完成！");
    }
    catch (Exception ex)
    {
        MessageBox.Show("Error during synchronization..." + ex.ToString());
    }
    finally
    {
        Cursor.Current = Cursors.Default;
    }
}
```

（4）MainForm_Load 事件处理方法。在 MainForm 窗体加载事件处理过程中，首先调用 File 类的 Exists 方法，判断设备端上指定的数据库文件是否存在，如果不存在，调用 SyncNow 方法完成设备端数据库的创建以及数据同步的操作，然后创建 BindingSource 对象，将 BindingSource 对象和 Datagrid 控件对象作为参数创建业务逻辑层 NoteBLL 类的对象，最后调用 NoteBLL 对象的 UpdateGird 方法，获得 NoteInfo 表的数据记录，并显示在窗体 Datagrid 列表控件中。

具体代码实现如下：

```
private void MainForm_Load(object sender, EventArgs e)
{
    string FilePath =@"\My Documents\NoteDB.sdf";
    if (!File.Exists(FilePath))
    {
        SyncNow();
    }
     bs = new BindingSource();
     NoteBLL ndb = new NoteBLL(bs, dgidNote);
     ndb.UpdateGird();
}
```

（5）btnAdd_Click 事件处理方法。单击 MainForm 窗体中的"新增"按钮之后，调用 AddFrm 窗体中带参数的构造函数，参数分别为 BindingSource 对象和 Datagrid 控件对象，创建完 AddFrm 窗体对象之后，打开新增客户信息窗体。

具体代码实现如下：

```
private void btnAdd_Click(object sender, EventArgs e)
```

```
{
    AddFrm af = new AddFrm(bs, dgidNote);
    af.ShowDialog();
}
```

（6）btnEdit_Click 事件处理方法。在 MainForm 窗体中，用手写笔单击触摸屏，选择欲编辑的某条数据记录，然后单击编辑按钮，这时在事件方法处理过程中，调用 EditFrm 窗体中带参数的构造方法，参数分别为 Datagrid 控件对象和 BindingSource 对象，创建完 EditFrm 窗体对象之后，打开更新客户信息窗体。

具体代码实现如下：

```
private void btnEdit_Click(object sender, EventArgs e)
{
    EditFrm ef = new EditFrm(dgidNote, bs);
    ef.ShowDialog();
}
```

（7）btnDelete_Click 事件处理方法。在 MainForm 窗体中，用手写笔单击触摸屏，选择欲删除的某条数据记录，然后单击"删除"按钮，这时在事件方法处理过程中，由 BindingSource 对象的 Current 属性获得选中的数据行视图 DataRowView，通过这一数据行视图记录获得 NoteInfo 表中 Noteid 主键值，然后调用业务逻辑层 NoteBLL 类中带参数的构造方法创建 NoteBLL 类的对象，参数分别为 BindingSource 对象和 Datagrid 控件对象，创建完 NoteBLL 对象之后，调用 NoteBLL 对象的 DeleteNoteDataByNotID 方法，并传递进 Noteid 主键值参数，如果删除记录成功，MainForm 窗体会实时显示更新之后的客户信息。

具体代码实现如下：

```
private void btnDelete_Click(object sender, EventArgs e)
{
    DataRowView dv = (DataRowView)bs.Current;
    Noteid = dv["NoteID"].ToString();
    NoteBLL ndb = new NoteBLL(bs, dgidNote);
    if (ndb.DeleteNoteDataByNotID(Noteid) > 0)
    {
        MessageBox.Show("删除成功！", "删除");
        ndb.UpdateGird();
    }
}
```

（8）btnSyn_Click 事件处理方法。在 MainForm 窗体中，用手写笔单击 Datagrid 列表控件中欲删除的某条数据记录，然后单击"删除"按钮，选中的记录被成功删除。这时设备端数据库中的数据记录和远程数据库服务器中的数据记录不一致，为了将删除之后记录和远程数据库服务器中的数据记录保持一致，可以通过执行远程数据同步操作来实现。首先调用 SyncNow 方法执行数据同步，然后创建 BindingSource 对象，将 BindingSource 对象和 Datagrid 控件对象作为参数创建业务逻辑层 NoteBLL 类的对象，最后调用 NoteBLL 对象的 UpdateGird 方法，获得 NoteInfo 表的数据记录，并显示在窗体 Datagrid 列表控件中。

具体代码实现如下：

```
private void btnSyn_Click(object sender, EventArgs e)
{
    SyncNow();
    bs = new BindingSource();
    NoteBLL ndb = new NoteBLL(bs, dgidNote);
    ndb.UpdateGird();
}
```

运行效果如图 5-55 所示。

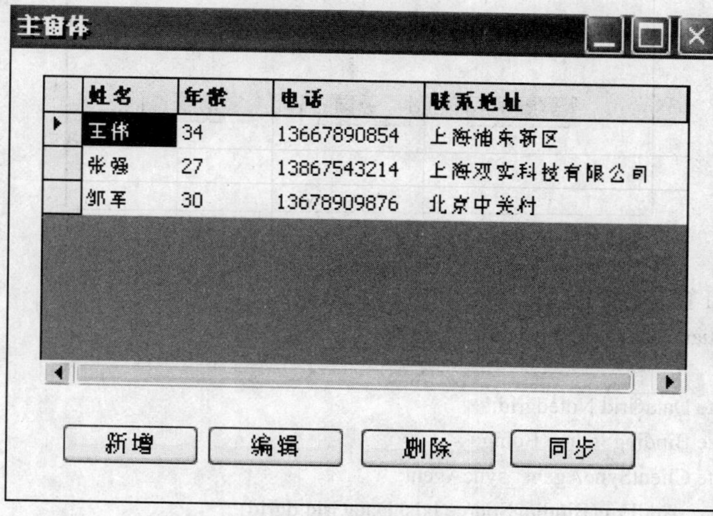

图 5-55　设备端执行同步操作成功

（9）在 SQL Server 2005 的 Management Studio 数据库管理工具中，打开 SQL Server 2005 的 NoteDB 数据库中的 NoteInfo 表，可以查看到刚才在设备端执行同步操作之后，NoteInfo 表中的数据记录和设备端中显示的数据记录一致，这表示设备端和服务器同步操作成功，如图 5-56 所示。

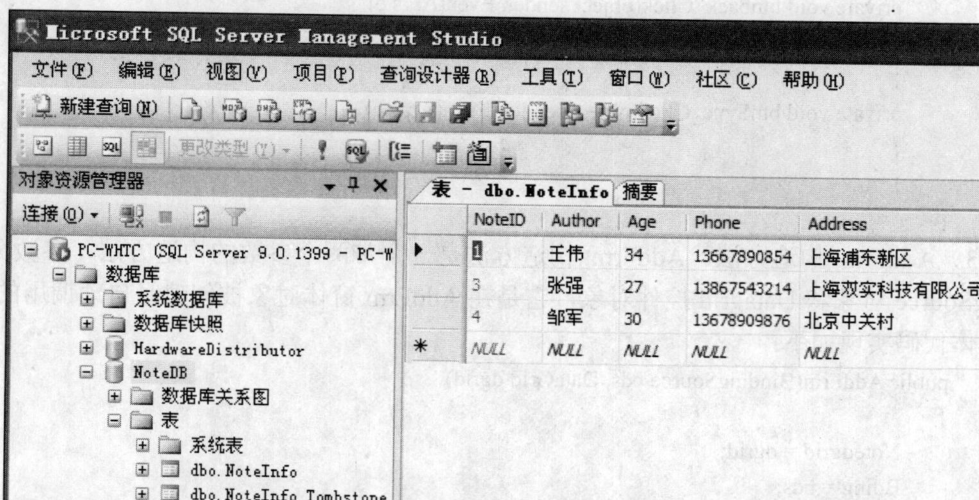

图 5-56　服务器端显示同步操作之后的数据记录

2. 新增数据（AddFrm）窗体的功能实现

（1）AddFrm 窗体界面设计，如图 5-57 所示。

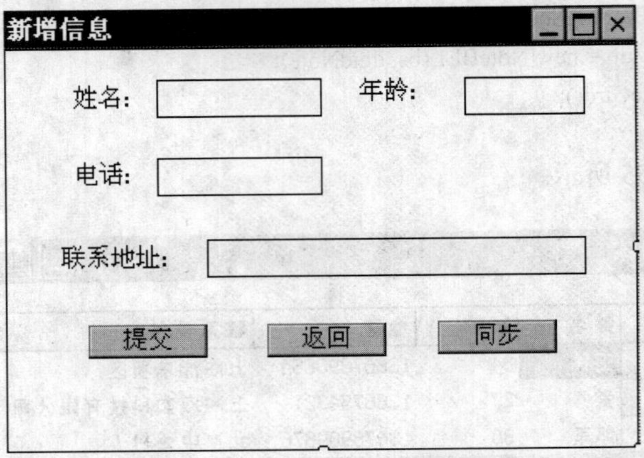

图 5-57 AddFrm 窗体界面设计

（2）AddFrm 窗体代码文件（AddFrm.cs）结构。

```
public partial class AddFrm : Form
{
    private DataGrid Notedgrid;
    private BindingSource Bding;
    private ClientSyncAgent _syncAgent;
    public    AddFrm(BindingSource bds, DataGrid dgrid)
    {
        InitializeComponent();
    }
    private void btnAdd_Click(object sender, EventArgs e)
    {
    }
    private void btnback_Click(object sender, EventArgs e)
    {
    }
    private void btnSync_Click(object sender, EventArgs e)
    {
    }
}
```

（3）AddFrm 构造方法。AddFrm 构造方法是一个带两个参数的构造方法，参数分别为 BindingSource 对象和 Datagrid 控件对象，它是在 AddFrm 窗体对象被创建时自动调用的。

具体代码实现如下：

```
public AddFrm(BindingSource bds, DataGrid dgrid)
{
    Notedgrid = dgrid;
    Bding = bds;
    InitializeComponent();
}
```

（4）btnAdd_Click 事件处理方法。在 AddFrm 窗体的运行界面上，分别输入姓名、年龄、电话号码、联系地址值，单击提交按钮之后，在事件方法处理过程中，首先创建业务逻辑层 Notes 类的对象，将界面上输入的这些值封装进刚创建的 Notes 对象中，然后调用业务逻辑层 NoteBLL 类中带参数的构造方法创建 NoteBLL 类的对象，参数分别为为 BindingSource 对象和 Datagrid 控件对象，创建完 NoteBLL 对象之后，调用 NoteBLL 对象的 InsertNoteData 方法，并传递进 Notes 对象参数，如果新增记录成功，MainForm 窗体会实时显示新增之后的客户信息。

具体代码实现如下：

```
private void btnAdd_Click(object sender, EventArgs e)
{
    Notes ns = new Notes();
    ns.Author = this.txtname.Text;
    ns.Age = Int32.Parse(txtage.Text);
    ns.Phone = txtphone.Text;
    ns.Address = txtaddress.Text;
    NoteBLL ndb = new NoteBLL(Bding, Notedgrid);
    if (ndb.InsertNoteData(ns) > 0)
    {
        MessageBox.Show("新增成功! ", "增加");
        ndb.UpdateGird();
        txtname.Text = "";
        txtage.Text = "";
        txtphone.Text = "";
        txtaddress.Text = "";
    }
}
```

执行完成新增数据操作之后的运行效果如图 5-58 所示。

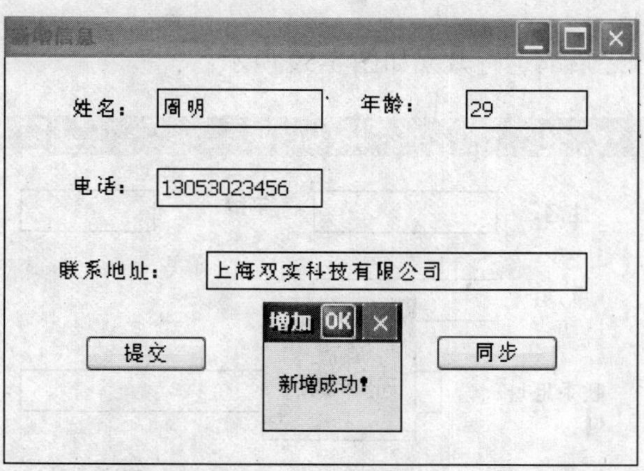

图 5-58　执行新增数据成功

（5）btnback_Click 事件处理方法。当要关闭 AddFrm 窗体，并返回到 MainForm 窗体时，执行该方法。

具体代码实现如下：

```
private void btnback_Click(object sender, EventArgs e)
{
    this.Close();
}
```

（6）btnSync_Click 事件处理方法。在新增信息窗体中，增加新的数据记录之后，这时设备端数据库中的数据记录和远程数据库服务器中的数据记录不一致，为了将新增之后记录和远程数据库服务器中的数据记录保持一致，可以通过执行远程数据同步操作来实现。这里首先创建 ClientSyncAgent 同步代理对象，它是用于组织客户端与服务器之间的同步过程，然后调用 ClientSyncAgent 对象的 Synchronize 方法完成数据的双向同步操作，如图 5-57 所示。

具体代码实现如下：

```
private void btnSync_Click(object sender, EventArgs e)
{
    Cursor.Current = Cursors.WaitCursor;
    try
    {
        if (null == _syncAgent)
        _syncAgent = new ClientSyncAgent();
        _syncAgent.Synchronize();
        MessageBox.Show("同步完成！");
    }
    catch (Exception ex)
    {
        MessageBox.Show("Error during synchronization..." + ex.ToString());
    }
    finally
    {
        Cursor.Current = Cursors.Default;
    }
}
```

执行完成同步操作之后的运行效果如图 5-59 所示。

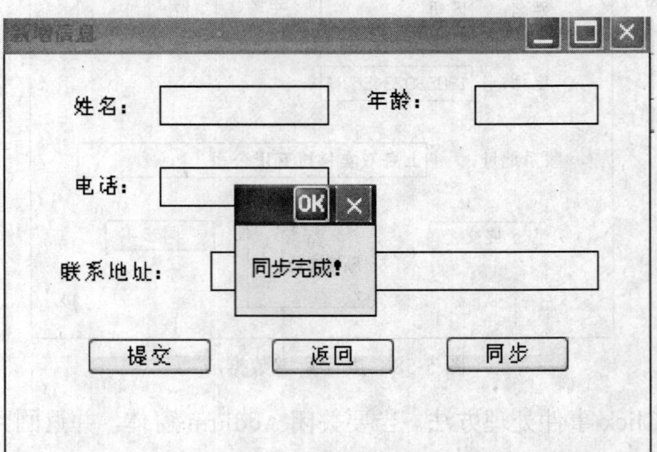

图 5-59　新增窗体中执行同步操作成功

（7）在如图 5-57 所示的界面中单击“返回”按钮，窗体将返回到如图 5-58 所示的窗体中，这时可以查看到刚刚新增的一条数据记录，如图 5-60 所示。

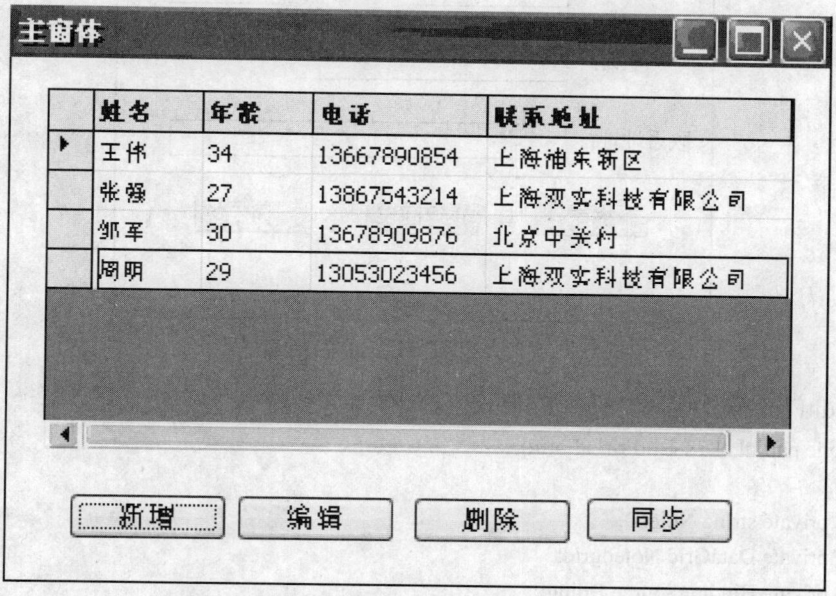

图 5-60　MainForm 窗体显示的新增记录

（8）在 SQL Server 2005 的 Management Studio 数据库管理工具中，打开 SQL Server 2005 的 NoteDB 数据库中 NoteInfo 表，可以查看到刚才在设备端执行同步操作之后，NoteInfo 表中的数据记录和设备端中显示的数据记录一致，这表示设备端和服务器同步操作成功，如图 5-61 所示。

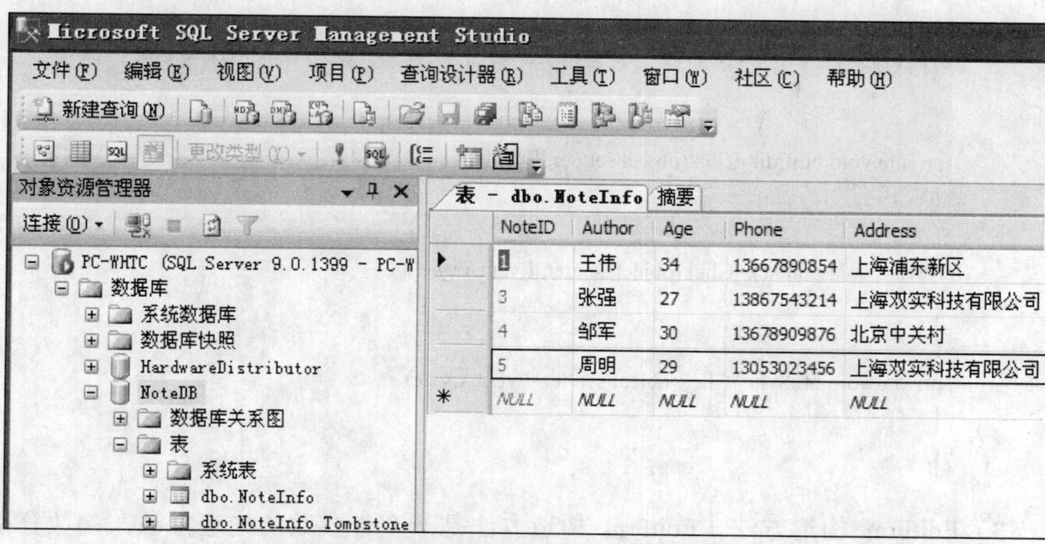

图 5-61　服务器端显示同步操作之后的数据记录

3. 数据更新窗体（EditFrm）的功能实现

（1）EditFrm 窗体界面设计，如图 5-62 所示。

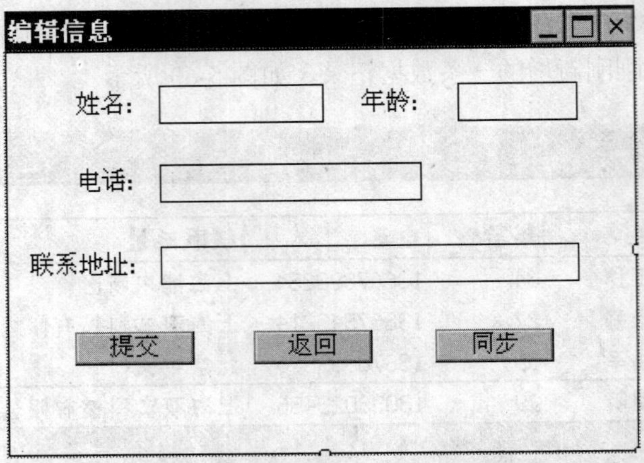

图 5-62　EditFrm 窗体界面设计

（2）EditFrm 窗体代码文件（EditFrm.cs）结构

```
public partial class EditFrm : Form
{
    private string NoteID;
    private DataGrid Notedgrid;
    private BindingSource Bding;
    private ClientSyncAgent _syncAgent;
    public    EditFrm (DataGrid dgrid, BindingSource bds)
    {
        Notedgrid = dgrid;
        Bding = bds;
        InitializeComponent();
    }
    private void FrmModify_Load(object sender, EventArgs e)
    {
    }
    private void btnEdit_Click(object sender, EventArgs e)
    {
    }
    private void btnback_Click(object sender, EventArgs e)
    {
    }
    private void btnSync_Click(object sender, EventArgs e)
    {
    }
}
```

（3）EditFrm 构造方法。EditFrm 构造方法是一个带参数的构造方法，参数分别为 BindingSource 对象和 Datagrid 控件对象，它是在 EditFrm 窗体对象被创建时自动调用的。

具体代码实现如下：

```
public EditFrm(DataGrid dgrid, BindingSource bds)
{
```

```
        Notedgrid = dgrid;
        Bding = bds;
        InitializeComponent();
    }
```

（4）EditFrm_Load 事件处理方法。在 EditFrm 窗体加载事件方法处理过程中，由 BindingSource 对象的 Current 属性获得选中的数据行视图 DataRowView，通过这一数据行视图记录可以分别获得 NoteInfo 表中 NoteID 主键值、姓名、年龄、电话号码以及联系地址值，然后分别显示在窗体文本框上，以方便后面更新这条记录。

具体代码实现如下：

```
private void EditFrm_Load(object sender, EventArgs e)
{
    DataRowView Dv = (DataRowView)Bding.Current;
    txtname.Text = Dv["Author"].ToString();
    txtage.Text = Dv["Age"].ToString();
    txtphone.Text = Dv["Phone"].ToString();
    txtaddress.Text = Dv["Address"].ToString();
    NoteID = Dv["NoteID"].ToString();
}
```

（5）btnEdit_Click 事件处理方法。在 EditFrm 窗体的运行界面上，分别输入想要更新的姓名、年龄、电话号码以及联系地址值。单击“提交”按钮之后，在事件方法处理过程中，首先创建业务逻辑层 Notes 类的对象，将界面上输入的这些更新值封装进刚创建的 Notes 对象中，然后调用业务逻辑层 NoteBLL 类中带参数的构造方法创建 NoteBLL 类的对象，参数分别为为 BindingSource 对象和 Datagrid 控件对象，创建完 NoteBLL 对象之后，调用 NoteBLL 对象的 UpdateNoteDataByNotID 方法，并传递进 Notes 对象参数，如果更新记录成功，MainForm 窗体会实时显示更新之后的客户信息。

具体代码实现如下：

```
private void btnEdit_Click(object sender, EventArgs e)
{
    Notes ns = new Notes();
    ns.NoteID = Int32.Parse(NoteID);
    ns.Author = txtname.Text;
    ns.Age = Int32.Parse(txtage.Text);
    ns.Phone = txtphone.Text;
    ns.Address = txtaddress.Text;
    NoteBLL ndb = new NoteBLL(Bding, Notedgrid);
    if (ndb.UpdateNoteDataByNotID(ns) > 0)
    {
        MessageBox.Show("更新成功！", "更新");
        ndb.UpdateGird();
    }
}
```

编辑信息完成之后的运行效果如图 5-63 所示。

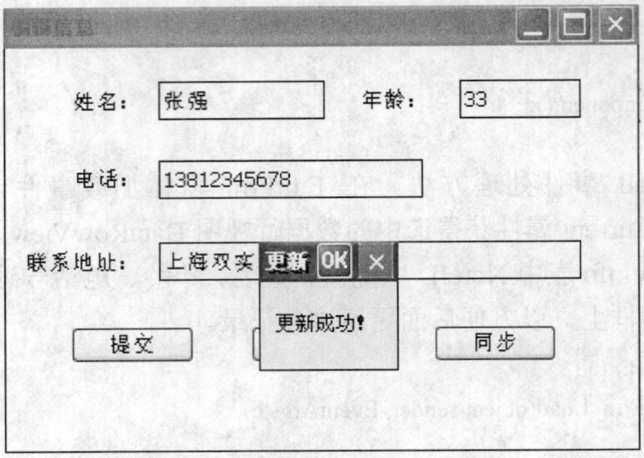

图 5-63 编辑信息执行成功

（6）btnback_Click 事件处理方法。当要关闭 EditFrm 窗体，并返回到 MainForm 窗体时，执行该方法。

具体代码实现如下：

```
private void btnback_Click(object sender, EventArgs e)
{
    this.Close();
}
```

（7）btnSync_Click 事件处理方法。在更新数据窗体中增加新的数据记录之后，这时设备端数据库中的数据记录和远程数据库服务器中的数据记录不一致，为了将更新之后的数据记录和远程数据库服务器中的数据记录保持一致，可以通过执行远程数据同步操作来实现。这里首先创建 ClientSyncAgent 同步代理对象，它是用于组织客户端与服务器之间的同步过程，然后调用 ClientSyncAgent 对象的 Synchronize 方法完成数据的双向同步操作。

具体代码实现如下：

```
private void btnSync_Click(object sender, EventArgs e)
{
    Cursor.Current = Cursors.WaitCursor;
    try
    {
        if (null == _syncAgent)
        _syncAgent = new Sync.ClientSyncAgent();
        _syncAgent.Synchronize();
        MessageBox.Show("同步完成！");
    }
    catch (Exception ex)
    {
        MessageBox.Show("Error during synchronization..." + ex.ToString());
    }
    finally
    {
        Cursor.Current = Cursors.Default;
    }
}
```

执行完成同步操作之后的运行效果如图 5-64 所示。

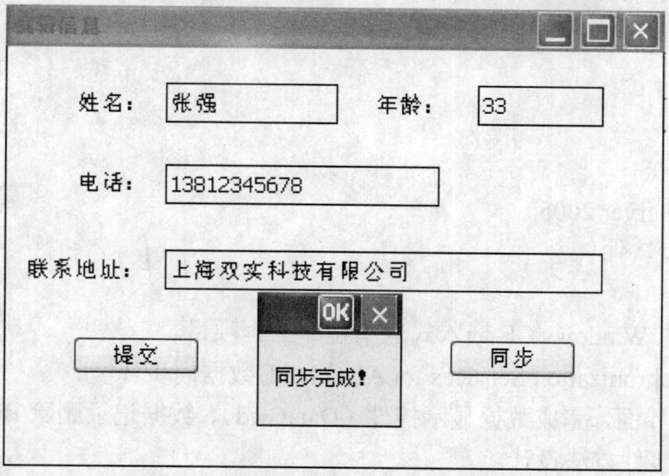

图 5-64　编辑窗体中执行同步操作成功

（8）在 SQL Server 2005 的 Management Studio 数据库管理工具中，打开 SQL Server 2005 的 NoteDB 数据库中 NoteInfo 表，可以查看到刚才在设备端执行同步操作之后，NoteInfo 表中的数据记录和设备端中显示的数据记录一致，这表示设备端和服务器同步操作成功，如图 5-65 所示。

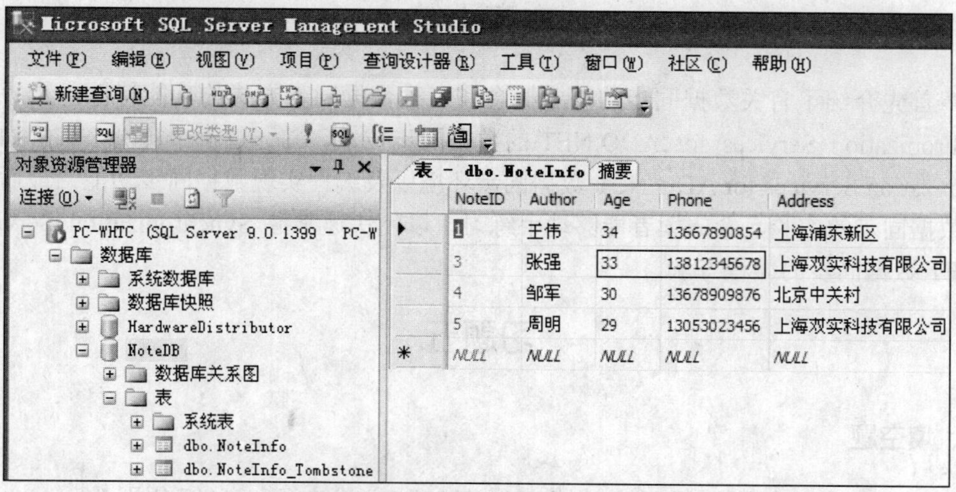

图 5-65　服务器端显示同步操作之后的数据记录

5.5　实验内容：数据库同步应用编程

1. 实验目的

通过本实验，掌握在 VS.NET 2008 平台中利用 Synchronization Services for ADO.NET 同步技术开发 SQL Server Compct 嵌入式数据库程序，使读者能够快速掌握 Windows CE 下的数据库同步编程方法。

2．实验设备

（1）硬件：

PC 机一台

HMI 实验设备一套

（2）软件：

Visual Studio 2008

Microsoft SQL Server 2005

ActiveSync 同步软件

3．实验内容

（1）创建 C#的 Windows CE 嵌入式应用程序工程项目。

（2）搭建 Synchronization Services for ADO.NET 数据同步环境。

（3）设计窗体界面，完成数据显示控件（DataGrid）、数据记录删除 Button 按钮以及数据同步 Button 按钮的事件方法设计。

（4）编程实现移动客户端的 SQL Server Compact 3.5 数据库的数据显示、数据记录删除以及数据同步的功能代码。

（5）利用 ActiveSync 同步软件保持 HMI 设备与开发 PC 机同步通信。

（6）利用网线搭建 HMI 设备与开发 PC 机的网络环境。

（7）将开发 PC 机中编译完成的应用程序在线下载至 HMI 设备中运行。

本章小结

本章首先介绍了有关数据同步的基本概念和三种数据同步方式的功能特性，然后重点介绍 Synchronization Services for ADO.NET 的数据同步技术，并通过一个实例来讲解如何搭建 Synchronization Services for ADO.NET 数据同步环境以及编程实现数据同步功能，最后安排一个有关数据同步的实验，希望读者能够动手练习，以便快速掌握 Synchronization Services for ADO.NET 数据同步的编程方法。

习题五

一、填空题

1．嵌入式数据库的数据同步技术可以有三种方式实现，它们分别为__________、__________、__________。

2．在 Synchronization Services for ADO.NET 中包含一组 DLL，这些 DLL 提供了用于在数据服务和本地存储区之间同步数据的组件，而不是仅仅用于复制数据库及其架构。其中 Microsoft.Synchronization.Data.dll 包含__________、__________和__________；Microsoft.Synchronization.Data.SqlServerCe.dll 包含__________；Microsoft.Synchronization.Data.Server.dll 包含__________。

3．同步表是为每个进行同步的表定义的。它可以设置四种同步方向，它们分别__________、__________、__________、__________。

二、简答题

1. 简述并比较嵌入式数据库的三种数据同步技术。
2. 简述客户端同步提供程序的主要功能。
3. 简述服务器同步提供程序的主要功能。
4. 简述数据同步的几种同步方向特性。

第 6 章　Windows CE 6.0 串口通信应用

本章学习目标

虽然当今很多电子产品正在使用 USB 连接取代串行连接，但是在 Windows CE 嵌入式设备中，串口依然是和外部设备进行通信的主要方式，如 GPS 串口通信。在.Net Compact Framework 框架下，提供了有关串口通信编程接口，以实现串口通信应用编程。通过本章的学习，要求掌握以下内容:

- 了解串口通信机制。
- 了解 GPS 全球定位系统特点。
- 掌握.Net CF 下的串口通信编程方法。
- 掌握 GPS 通信编程方法。

6.1　串口通信基础

6.1.1　串行通信简介

随着嵌入式系统的广泛应用和计算机网络技术的普及，嵌入式设备之间的通信愈来愈显得重要，放眼望去，汽车电子、数控机床、电子仪器等嵌入式设备都还在使用串口通信。当前可以看到通用串行总线 Universal Serial Bus 或 USB 的串口通讯已经应用到日常生活的很多方面，USB 是一种高速的串口通讯协议，其接口较为复杂，通常被用在需要传输大量数据的地方，如 U 盘、数码相机、打印机等。而在工控和信息通信等应用领域中，大量的嵌入式设备使用的串口通信还在发挥主力军的作用，主要是串口通信在数据传输方面具有高稳定性和抗干扰性的特点，同时硬件成本较低，这样就使得串口通信在某些应用场合是一个最佳选择。

由于串行通信方式具有使用线路少、成本低，特别是在远距离传输时，避免了多条线路特性的不一致的特点而被广泛采用，在串口通信时，要求双方都采用一个标准接口，这可以使不同的设备连接起来进行通信。RS-232-C 是目前最常用的一种串行通信接口，它可以同时进行数据接收和发送工作。

串行通信是将数据字节分成一位一位的形式在一条传输线上逐个地传送。串口按位（bit）发送和接收字节。尽管比按字节（byte）的并行通信慢，但是串口可以在使用一根线发送数据的同时用另一根线接收数据。它很简单并且能够实现远距离通信，如图 6-1 所示。

根据数据的传输方向，串口通信可以进一步分为单工、半双工、全双工三种。

在串口通信中，主要涉及到两方面问题，一个是数据传送，另一个是数据转换。数据传送是解决传送中的标准、格式、工作方式等问题，而数据转换包括发送端和接收端数据转换，在发送端时，需要把并行数据转换为串行数据，在接收端时，需要把接收到的串行数据转换为并行数据。

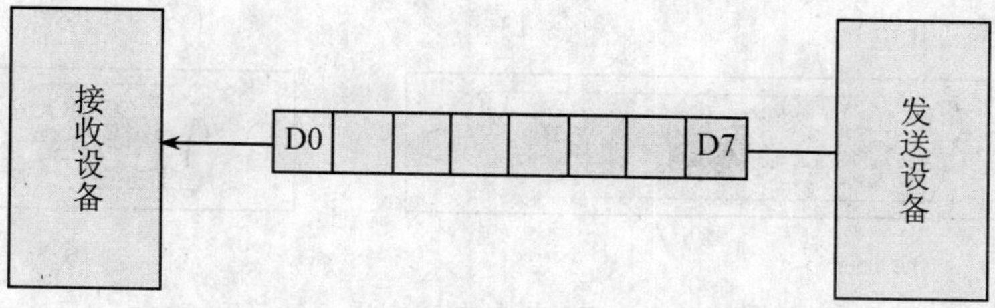

图 6-1 所示串行数据传输

1. 单工方式

单工是指数据传输仅能沿一个方向，不能实现反向传输，如图 6-2 所示。

2. 半双工方式

半双工是指使用同一根传输线既作接收又作发送，虽然数据可以在两个方向上传送，但通信双方不能同时收发数据，如图 6-3 所示。

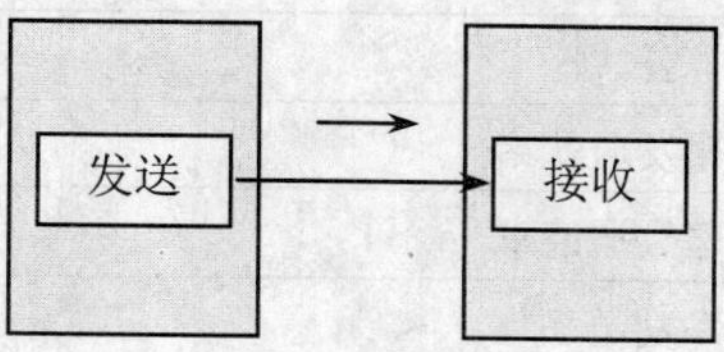

图 6-2 单工通信

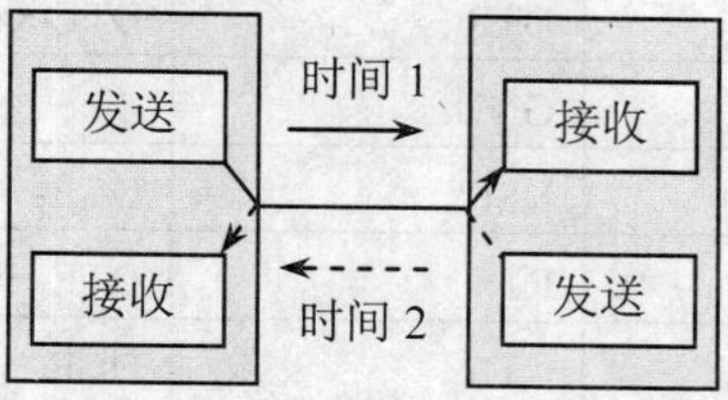

图 6-3 半双工通信

3. 全双工方式

全双工是指用两个不同的传输线分别接收数据和发送数据，使得通信双方在同一时刻可以进行发送和接收操作，如图 6-4 所示。

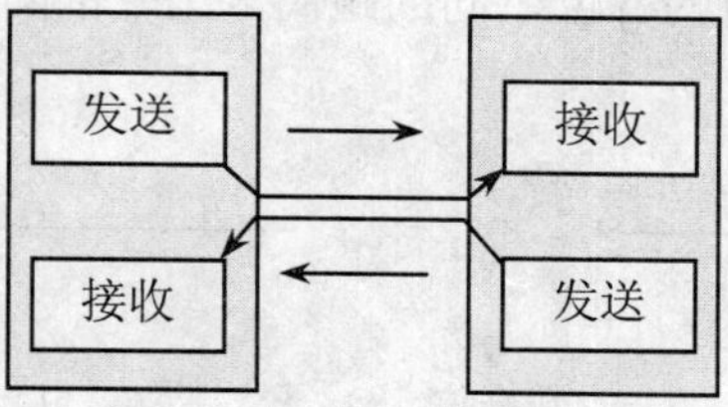

图 6-4 全双工通信

6.1.2 RS-232-C 串口标准

RS-232-C 串口标准是 EIA（美国电子工业协会）1969 年修订的标准，RS 代表推荐标准，232 代表标识号，C 代表 RS-232 的最新一次修订。RS-232-C 定义了数据终端设备（DTE）与数据通信设备（DCE）之间串行二进制数据交换接口技术标准。该标准规定采用一个 25 针的 DB25 连接器，对连接电缆和机械、电气特性、信号功能及传输过程加以规定。实际上 RS-232-C 的 25 针中有许多引线很少使用，在计算机与终端通信或移动设备与终端通信中一般多采用 9 针的连接器，如图 6-5 所示。RS-232-C 最常用的 9 针接口中每个插针的排列位置都有明确的功能特性，如表 6-1 所示。

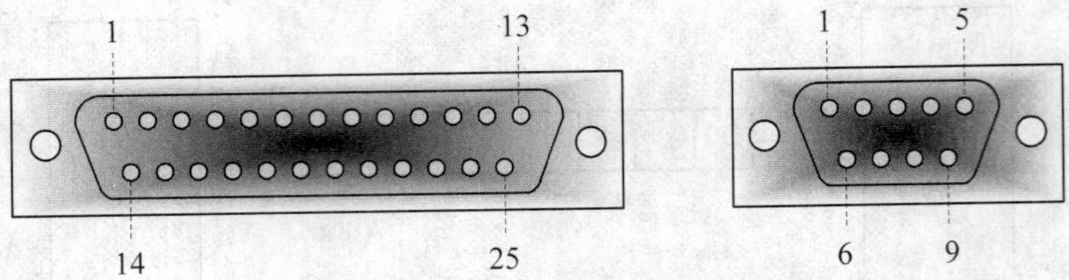

图 6-5 RS-232-C 中的 25 针及 9 针接口

表 6-1 RS-232-C 中的 9 针引脚功能特性

插针序号	信号名称	流向	功能说明
1	DCD	DCE->DTE	表示 DCE 接收到远程载波
2	RXD	DCE->DTE	表示 DTE 接收串行数据
3	TXD	DTE->DCE	表示 DTE 发送串行数据
4	DTR	DTE->DCE	数据终端就绪
5	GND		信号公共地
6	DSR	DCE->DTE	数据发送就绪
7	RTS	DTE->DCE	发送数据请求
8	CTS	DCE->DTE	允许发送
9	RI	DCE->DTE	铃声指示

6.1.3 串行数据传输

串行数据传输是以字符（构成的帧）为单位进行传输，字符与字符之间的间隙（时间间隔）是任意的，但每个字符中的各位是以固定的时间传送的，即字符之间不一定有“位间隔”的整数倍的关系，但同一字符内的各位之间的距离均为“位间隔”的整数倍。串行数据传输的数据格式如图 6-6 所示。

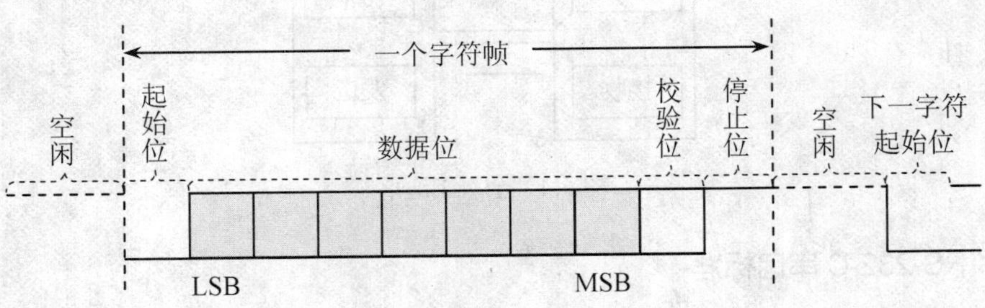

图 6-6 串行数据传输的数据格式

典型地，串口用于 ASCII 码字符的传输，通信使用 3 根线完成：地线、发送线、接收线。由于串口通信是异步的，端口能够在一根线上发送数据同时在另一根线上接收数据。其他线用于握手，但不是必需的。串口通信最重要的参数是波特率、数据位、停止位和奇偶校验。

1. 波特率

这是一个衡量通信速度的参数，它表示每秒钟传送的 bit 的个数。波特率是每秒钟传输二进制代码的位数，单位是位/秒（b/s）。如每秒钟传送 240 个字符，而每个字符格式包含 10 位

（1 个起始位、1 个停止位、8 个数据位），这时的波特率为：

10 位×240 个/秒 ＝2400b/s

2. 数据位

这是衡量通信中实际数据位的参数。当计算机发送一个数据帧，每个数据帧是指一个字节，包括起始/停止位、数据位和奇偶校验位，实际的数据不一定是 8 位的，也可能是 5、6、7 位，具体设置取决于想传送的信息。

3. 停止位

用于表示单个数据帧的最后一位，典型的值为 1、1.5 和 2 位。由于数据是在传输线上定时的，并且每个设备有其自己的时钟，很可能在通信中两台设备间出现了小小的不同步。因此停止位不仅仅是表示传输的结束，并且提供计算机校正时钟同步的机会。

4. 奇偶校验位

在串口通信中常用的检错方式有偶校验、奇校验。当然没有校验位也是可以的。对于偶和奇校验的情况，串口会设置校验位（数据位后面的一位），用一个值确保传输的数据有偶个或者奇个位。例如，如果数据是 011，那么对于偶校验，校验位为 0；如果是奇校验，校验位为 1。

6.2 .NET CF 中对串口的支持

在 Windows CE 系统下，很多嵌入式设备都是以串口的方式提供访问接口，例如可以通过串口访问 GPS 接收器，从而接收 NMEA 协议数据。这些串口的操作都是基于逻辑串口（logic serial port），并不是物理串口（physical serial port），通过在设备上安装相应的驱动程序，可以实现逻辑串口到物理串口的映射，逻辑串口操作有一个好处就是同样的程序可以对物理的串口或者虚拟的串口进行操作。

在微软推出的 Visual Studio 2005/2008 版本的开发平台中，针对 Windows CE 嵌入式设备串口通信应用方面的开发，可以不再采用第三方控件来设计串口通讯程序。从.Net Compact Framework 2.0 开始，微软把对串口操作都封装到了 System.IO.Ports.SerialPort 里面，这样大大简化了对串口的操作，不再需要 P/Invoke 就可以直接操作串口。

在进行串口通信时，一般的流程是通过建立串口对象设置通信端口号、波特率、数据位、停止位和校验位，接着打开端口连接、发送数据、接收数据，最后关闭端口连接。

1. 建立串口（SerialPort）对象

System.IO.Ports 命名空间包含了控制串口的 SerialPort 类，该类提供了同步 I/O 和事件驱动的 I/O，所以在程序代码起始位置需要加入 Using System.IO.Ports 命名空间。通过创建一个新的 SerialPort 对象，就可以在.NET 程序中控制串口通信的全过程。创建 SerialPort 对象的代码如下：

```
System.IO.Ports.SerialPort serialPort = new System.IO.Ports.SerialPort();
```

2. 使用 SerialPort 设置串口属性

进行串口通信时，需要通信双方执行共同的协议，所谓共同的协议就是通信的参数相同，通信参数包括 BaudRate、Parity、DataBits、StopBits，所以通过设置 SerialPort 类的属性来进行串口通信。这些串口属性主要包括：

（1）PortName 串口名称，COM1、COM2 等。

（2）BaudRate 波特率，也就是串口通讯的速度，进行串口通讯的双方其波特率需要相同。

（3）Parity 奇偶校验，可以选取枚举 Parity 中的值。

（4）DataBits 数据位。

（5）StopBits 停止位，可以选取枚举 StopBits 中的值。

例如：
```
serialPort.PortName ="COM1";
serialPort.BaudRate ="9600";
serialPort.Parity = System.IO.Ports.Parity.None;
serialPort.DataBits = 8;
serialPort.StopBits = System.IO.Ports.StopBits.One;
```

3. 打开与关闭串口

在创建一个 SerialPort 对象、设置串口属性后，可以通过 Open()方法打开串口。数据读写完成后，可以通过 Close()方法关闭串口。

4. 读写字节或字符数据

写数据使用 Write()方法，该方法可以将字节数组、字符数据或字符串发送给另一方。对于读取字节或字符数据，用 Read()方法，该方法需要一个字节或字符数组作为参数来保存读取的数据，结果返回实际读取的字节或字符数。除了利用 Read()方法，还可以使用 ReadExisting()方法来读取数据。该方法读取当前所能读到的数据，以字符串的形式返回。

5. 事件

SerialPort 中串口数据的读取与写入有较大的不同。由于串口不知道数据何时到达，因此有两种方法可以实现串口数据的读取：一是线程实时读串口，但线程实时读串口的效率不是十分高效，所以通常采用第二种方式读取，就是事件触发方式。在 SerialPort 类中提供了 DataReceived 事件，当有数据进入时，该事件在辅助线程中被触发，该事件的触发由操作系统决定。通过为接收数据的串口对象 DataReceived 事件注册一个 serialPort_DataReceived 接收函数，这样当串口的读缓存有数据到达时，则触发 DataReceived 事件，并自动回调这个处理函数。往 DataReceived 事件注册一个 serialPort_DataReceived 接收函数的代码如下：

```
serialPort.DataReceived +=new System.IO.Ports.SerialDataReceivedEventHandler(serialPort_DataReceived)
```

由于 DataReceived 事件在辅线程中被引发，当收到完整的一条数据－返回主线程处理或在窗体上显示时，请注意跨线程的处理，C#可采用控件异步委托的方法 Control.BeginInvoke 及同步委托的方法 Invoke。

6.3 GPS 全球定位系统及 NMEA 协议

6.3.1 GPS 概述

全球定位系统（Global Positioning System，GPS）是 20 世纪 70 年代由美国陆海空三军联合研制的新一代空间卫星导航定位系统。简单地说，这是一个由覆盖全球的 24 颗卫星组成的卫星系统。这个系统可以在任意时刻，地球上任意一点都可以同时观测到 4 颗卫星，以保证卫星可以采集到该观测点的经纬度和高度，以便实现导航、定位等功能。这项技术可以用来引导飞机、船舶、车辆以及个人安全、准确地沿着选定的路线，准时到达目的地。

GPS 全球卫星定位系统由三部分组成：GPS 卫星（空间部分）；地面监控系统（地面控制部分）；GPS 信号接收机（用户设备部分），如图 6-7 所示。

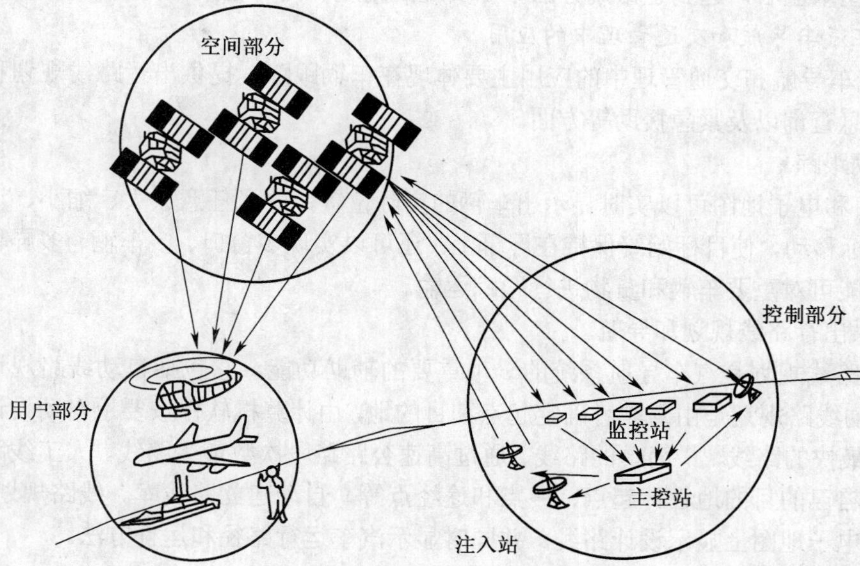

图 6-7　GPS 全球卫星定位系统组成

（1）空间部分。

GPS 的空间部分是由沿接近环形的地球轨道运行的 24 颗卫星组成，它位于距地表 20200 千米的高空，均匀分布在 6 个轨道面上（每个轨道面 4 颗），轨道倾角为 55°。此外，还有 4 颗有源备份卫星在轨道运行。卫星的分布使得在全球任何地方、任何时间都可观测到 4 颗以上的卫星，并能保持良好的定位几何图象，这就提供了在时间上连续的全球导航能力。

（2）地面控制部分。

地面控制部分由 1 个主控站、5 个全球监测站和 3 个地面控制站组成。5 个监控站分布在世界各地，不间断地追踪监控卫星，通过地面和卫星链接将原始数据和导航信号传到主控站。主控站从各监测站收集跟踪数据，计算出卫星的轨道和时钟参数，然后将结果送到 3 个地面控制站。地面控制站在每颗卫星运行至上空时，把这些导航数据及主控站指令注入到卫星。

（3）GPS 信号接收机。

GPS 信号接收机的主要功能是根据星历表估计卫星的位置，并根据射频信号的行驶时间测量卫星的距离，然后根据一个简单的数学原理（三维空间的三边测量）推断自身的位置。当接收机捕获到跟踪的卫星信号后，即可测量出接收天线至卫星的伪距离和距离的变化率，解出卫星轨道参数等数据。根据这些数据，接收机中的微处理计算机就可按定位解算方法进行定位计算，计算出用户所在地理位置的经纬度、高度、速度、时间等信息。

6.3.2 GPS 应用

1. GPS 在道路工程中的应用

GPS 在道路工程中目前主要是用于建立各种道路工程控制网及测定航测外控点等。随着高等级公路的迅速发展，对勘测技术提出了更高的要求，由于线路长、已知点少，因此，用常规测量手段不仅布网困难，而且难以满足高精度的要求。目前，国内已逐步采用 GPS 技术建立线路首级高精度控制网，然后用常规方法布设导线加密。实践证明，在几十公里范围内的点位误差只有 2 厘米左右，达到了常规方法难以实现的精度，同时也大大提前了工期。

2. GPS 在汽车导航和交通管理中的应用

GPS 在汽车导航和交通管理中的应用主要体现在车辆跟踪、提供出行路线规划和导航、话务指挥、信息查询以及紧急援助等方面。

（1）车辆跟踪。

利用 GPS 和电子地图可以实时显示出车辆的实际位置，并可任意放大、缩小、还原、换图；可以随目标移动，使目标始终保持在屏幕上；还可以实现多窗口、多车辆、多屏幕同时跟踪。利用该功能可对重要车辆和货物进行跟踪运输。

（2）提供出行路线规划和导航。

提供出行路线规划是汽车导航系统的一项重要的辅助功能，它包括自动线路规划和人工线路设计。自动线路规划是由驾驶者确定起点和目的地，由计算机软件按要求自动设计最佳行驶路线，包括最快的路线、最简单的路线、通过高速公路路段次数最少路线。人工线路设计是由驾驶员根据自己的目的地设计起点、终点和途经点等，自动建立路线库。线路规划完毕后，显示器能够在电子地图上显示设计路线，并同时显示汽车运行路径和运行方法。

（3）话务指挥。

指挥中心可以监测区域内的车辆运行状况，对被监控车辆进行合理调度。指挥中心也可以随时与被跟踪目标通话，实行管理。

（4）信息查询。

为用户提供主要物标，如旅游景点、宾馆、医院等数据库，用户能够在电子地图上显示其位置。同时，监测中心可以利用监测控制台对区域内的任意目标所在位置进行查询，车辆信息将以数字形式在控制中心的电子地图上显示出来。

（5）紧急援助。

通过 GPS 定位和监控管理系统可以对遇有险情或发生事故的车辆进行紧急援助。监控台的电子地图显示求助信息和报警目标，规划最优援助方案，并以报警声光提醒值班人员进行应急处理。

6.3.3 GPS 系统的 NMEA 简介及使用

1. NMEA 简介

NMEA 协议是为了在不同的 GPS（全球定位系统）导航设备中建立统一的 BTCM（海事无线电技术委员会）标准，由美国国家海洋电子协会（The National Marine Electronics Association，NMEA）制定的一套通讯协议。NMEA 协议有 0180、0182 和 0183 这三种，0183 可以认为是前两种的升级，也是目前 GPS 接收机上使用最广泛的协议，大多数常见的 GPS 接收机、GPS 数据处理软件、导航软件都遵守或者至少兼容这个协议。GPS 接收机根据 NMEA-0183 协议的标准规范，将位置、速度等信息通过串口传送到 PC 机、PDA 等嵌入式设备中，如图 6-8 所示。

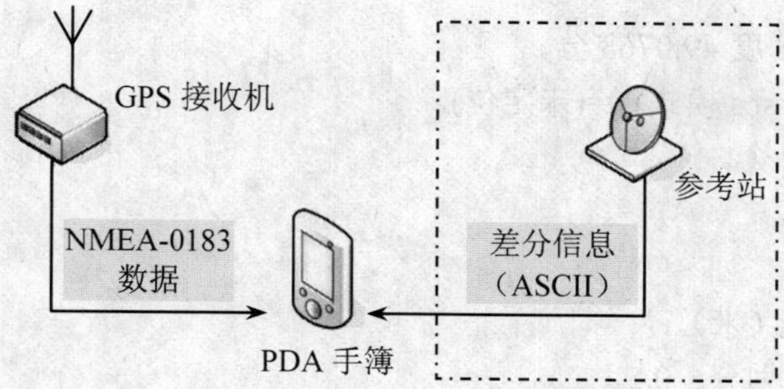

图 6-8 NMEA-0183 格式基本使用途径

2. NMEA-0183 协议的使用

NMEA-0183 协议定义的语句有几种不同的格式，常用的或者说兼容性最广的语句有$GPGGA、$GPGSA、$GPGSV、$GPRMC、$GPVTG、$GPGLL 语句。如表 6-2 所示给出这些常用 NMEA-0183 语句的字段定义解释。

表 6-2 常见的 NMEA-0183 语句的字段说明

命令	说明
$GPGGA	全球定位数据
$GPGSA	导航偏差和有源卫星
$GPGSV	卫星状态信息
$GPRMC	运输定位数据
$GPVTG	地面速度信息
$GPGLL	大地坐标信息

NMEA-0183 的每条语句的格式都是独立相关的 ASCII 格式，逗点隔开数据流，数据流长度从 30～100 字符不等，通常以每秒间隔选择输出。

语句格式形如：$aaccc,ddd,ddd,…,ddd*hh<CR><LF>

（1）$：帧命令起始位。

（2）aaccc：地址域，前两位为识别符，后三位为语句名。

（3）ddd…ddd：数据。

（4）*：校验和前缀。

（5）hh：校验和（check sum），$与*之间所有字符 ASCII 码的校验和各字节做异或运算，得到校验和后，再转换十六进制格式的 ASCII 字符。

（6）<CR><LF>：CR（Carriage Return）+ LF（Line Feed）帧结束，回车和换行。

下面以目前最常用的格式为$GPGGA 和$GPRMC 进行说明，它们包含了定位时间、纬度、经度、高度、定位所用的卫星数、DOP 值、差分状态和校正时段、速度、日期等。

（1）$GPGGA 语句。该语句反映了 GPS 定位的主要数据，包括时间、经纬度、质量因子、HDOP、海拔高度等字段。

例如：$GPGGA,012440.00,3202.1798,N,11849.0763,E,1,05,2.7,40.2,M,0.5,M,,*6F

1）时间：01+8=9 点 24 分 40.00 秒。

2）纬度：北纬 32 度 02.1798 分。

3）经度：东经 118 度 49.0763 分。

4）定位：1=(定位 sps 模式) 0=(未定位)。

5）应用卫星数：5 个。

6）HDOP：2.7 米。

7）海拔：40.2。

8）海拔单位：M=（米）。

9）WGS84 水准面划分：0.5。

10）WGS84 水准面划分单位：M（米）。

11）校验位：6F。

（2）$GPRMC 语句。该语句 Recommended Minimum Specific GPS/TRANSIT Data（RMC）表示推荐定位信息。

例如：$GPRMC,013946.00,A,3102.1865,N,11349.0779,E,0.05,218.30,111208,4.5,W,A*20

1）时间：01 时 39 分 46.00 秒。

2）定位状态：A=可用 V=警告（不可用）。

3）纬度：北纬 31 度 02.1865 分。

4）经度：东经 113 度 49.0779 分。

5）相对位移速度：0.05 knots。

6）相对位移方向：218.30 度。

7）日期：11 日 12 月 08 年（日日月月年年）。

8）磁偏角：4.5。

9）磁偏角方向：西。

10）模式指示（仅 NMEA0183 3.00 版本输出，A=自主定位，D=差分，E=估算，N=数据无效）。

11）校验和：20。

6.4 GPS 串口编程

6.4.1 硬件设备的 GPS 平台构建

首先将带有串口的 GPS 模块通过串口线缆一端连接 HMI 设备，另一端连接 GPS 模块。然后分别给 HMI 设备和 GPS 设备加电，接着利用 WINCE 的串口工具测试 HMI 设备是否能正常接收 GPS 接收器给串口发送的 NMEA 协议数据，如图 6-9 所示。

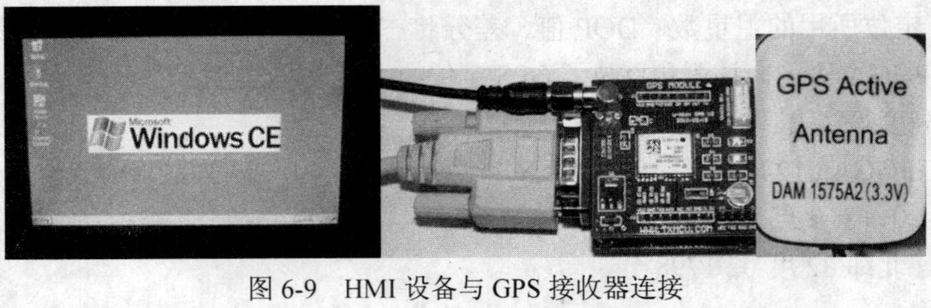

图 6-9 HMI 设备与 GPS 接收器连接

6.4.2　功能模块设计

GPS 定位及地图显示程序包括两部分功能模块：

（1）首先通过 HMI 设备从 GPS 接收器获取 NMEA 协议数据，然后解析处理 NMEA 数据，以便分别获取定位时间、纬度、经度、高度、定位所用的卫星数、DOP 值、差分状态和校正时段、速度、日期等数据信息。

（2）利用获取的纬度、经度，调用 Google Map Api 函数，获取所在方位的位置地图信息。

如图 6-10 所示为 GPS 定位及地图显示程序业务流程。

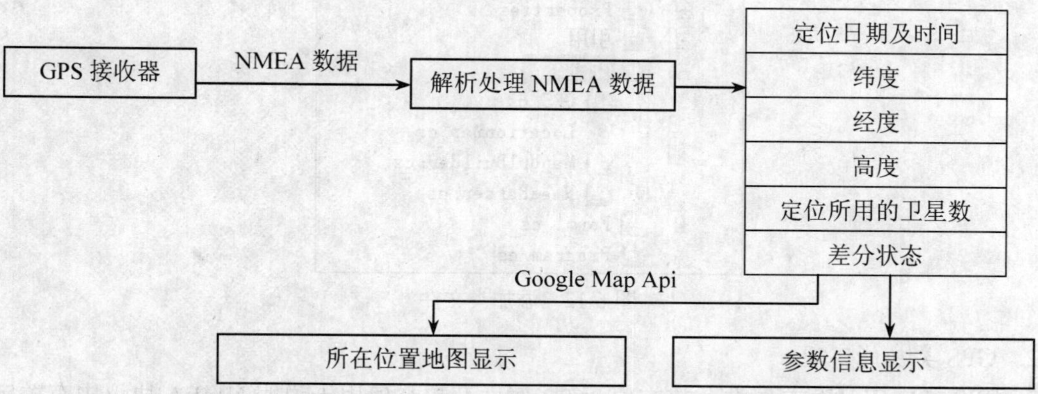

图 6-10　GPS 定位及地图显示程序业务流程

6.4.3　GPS 业务类设计

1. 创建 GPS 定位及地图显示工程项目

（1）打开 VS.NET 2008 开发平台，新建智能设备项目，输入工程名称为 GPSMapSystem，单击“确定”按钮，进入如图 6-11 所示的“添加新智能设备项目”对话框，目标平台选择 Windows CE，.NET Compact Framework 版本选择.NET Compact Framework Version 3.5，模板选择“设备应用程序”，单击“确定”按钮，创建完成基于 Windows CE 6.0 的 C#设备应用程序。

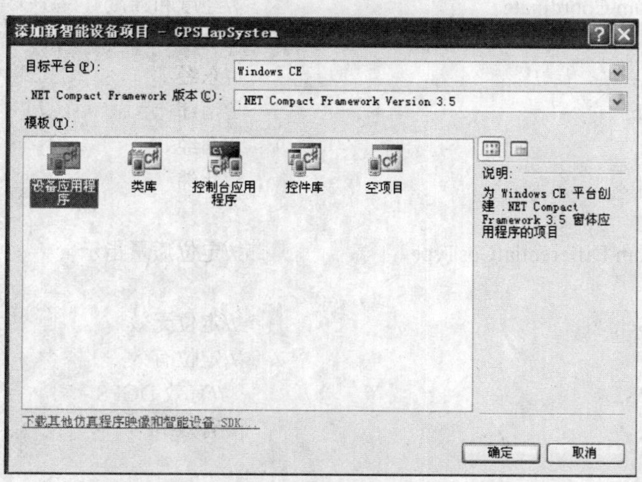

图 6-11　“添加新智能设备项目”对话框

（2）在项目解决方案资源管理器中右击 GPSMapSystem 项目，选择“添加新建文件夹”项，文件夹命名为 GPSNMEA，然后右击 GPSNMEA，选择“添加”→“新建项”，打开“添加新项”对话框，选择类模板如图 6-12 所示。分别添加 GPS 类、NmeaParser 类、LocationMap 类、MapUrlBulider 类文件。

图 6-12　添加类文件

2. GPS 类功能实现

在 GPS 类中定义有关属性及枚举值，这些属性及枚举值用于说明 NMEA 协议中有关定位时间、纬度、经度、高度、定位所用的卫星数、DOP 值、差分状态、日期等数据信息。

具体代码实现如下：

```
class GPS
{
    public enum FixStatus                          //定位状态
    {
        Obtained,                                  //A=有效定位
        Lost                                       //V=无效定位
    }
    public enum Coordinate                         //经度和纬度
    {
        East,                                      //东经
        South,                                     //南纬
        West,                                      //西经
        North,                                     //北纬
    }
    public enum DifferentialGpsType                //定位质量指示
    {
        NotSet,                                    //定位无效
        SPS,                                       //定位有效
        DGPS,                                      //有效 DGPS
        PPS,                                       //有效 PPS
    }
    public double latitude                         //设置和获取纬度
```

```
    {
        get; set;
    }
    public double longitude                              //设置和获取经度
    {
        get; set;
    }
    public Coordinate SNDirection                        //设置和获取纬度半球
    {
        get; set;
    }
    public Coordinate EWDirection                        //设置和获取经度半球
    {
        get; set;
    }
    public decimal altitude                              //设置和获取天线离海平面的高度
    {
        get; set;
    }
    public DateTime utcDateTime    //设置和获取 UTC（Coordinated Universal Time）时间及 UTC 日期
    {
        get; set;
    }
    public FixStatus fixStatus                           //设置和获取定位状态
    {
        get; set;
    }
    public DifferentialGpsType differentialGpsType       //设置和获取定位质量指示
    {
        get; set;
    }
    public int satellitesInUsed                          //设置和获取使用的卫星数量
    {
        get; set;
    }
    public decimal horizontalDilutionOfPrecision         //设置和获取水平精确度
    {
        get; set;
    }
}
```

3．NmeaParser 类设计与功能实现

（1）NmeaParser 类设计。

NmeaParser 类主要封装对 NMEA 协议数据的处理和解析操作，以获取有关定位时间、纬度、经度、高度、定位所用的卫星数、定位状态、水平精度以及日期等数据信息。

下面代码为 NmeaParser 类的整体结构：

```
class NmeaParser
{
    private GPS GPSData;
    public NmeaParser(GPS gpsdata)
    {
    }
    private bool IsValid(string sentence)
    {
    }
    private static string[] Getwords(string sentence)
    {
    }
    public void Parse(string sentence)
    {
    }
    private void ParseGPGGA(string[] Words)
    {
    }
    private void ParseGPRMC(string[] Words)
    {
    }
}
```

（2）NmeaParser 类功能实现。

1）NmeaParser 类构造方法。该方法在创建 NmeaParser 对象时被自动调用，其中参数为 GPS 类型的对象。

具体代码实现如下：

```
public NmeaParser(GPS gpsdata)
{
    GPSData = gpsdata;
}
```

2）IsValid 方法。该方法检验串口从 GPS 接收器获取的 NMEA 协议数据是否有效。这里可以通过 GPS 数据长度大小和数据字符格式两方面进行验证。

具体代码实现如下：

```
private bool IsValid(string sentence)
{
    // GPS 数据长度不能为零
    if (sentence.Length == 0)
    {
        return false;
    }
    // GPS 数据格式必须以$字符开始
    if (sentence[0] != '$')
    {
        return false;
    }
```

```
        //GPS 数据长度不能超过 82
        if (sentence.Length > 82)
        {
            return false;
        }
        return true;
    }
```

3）Getwords 方法。NMEA 协议数据中的所有数据字段（data fields）都是使用逗号隔开的，该方法通过调用 Split 方法，传递逗号字符参数，将一个指定的字符串进行分割，以获取相应数据格式（如$GPGGA 和$GPRMC）中的数据信息。

具体代码实现如下：

```
    private static string[] Getwords(string sentence)
    {
        return sentence.Split(',');
    }
```

4）Parse 方法。该方法接收一条 NMEA 语句，然后检查语句格式是否有效，如果有效，则调用 Getwords 方法，以获取$GPGGA 格式数据或者$GPRMC 格式数据。如果是$GPGGA 格式数据，调用 ParseGPGGA 方法获取相应数据信息；如果是$GPRMC 格式数据，则调用 ParseGPRMC 方法获取相应数据信息。

具体代码实现如下：

```
    public void    Parse(string sentence)
    {
        string rawData = sentence;
          if (IsValid(sentence))
          {
                sentence = sentence.Substring(1, sentence.IndexOf('*') - 1);
                string[] Words = Getwords(sentence);
                switch (Words[0])
                {
                      case "GPRMC":
                            ParseGPRMC(Words);
                            break;
                      case "GPGGA":
                           ParseGPGGA(Words);
                            break;
                }
          }
    }
```

5）ParseGPGGA 方法。该方法传递一个 string 数组参数，然后调用相应的数组成员获取有用信息。例如字段 6 为 fix 类型，这个参数表示使用了那些辅佐卫星或者地面信号站来提高 GPS 的精度。SPS 为普通类型，DSPS 使用了 DGPS 地面信号站 fix，PPS 使用了 EGNOS 位置卫星 fix，字段 7 为使用的卫星数量，字段 8 为水平精度，字段 9 为海拔高度。

具体代码实现如下：

```
private void  ParseGPGGA(string[] Words)
{
    if (Words[6].Length > 0)
    {
        switch (Convert.ToInt32(Words[6]))
        {
            case 0:
            GPSData.differentialGpsType = GPS.DifferentialGpsType.NotSet;
                break;
            case 1:
            GPSData.differentialGpsType = GPS.DifferentialGpsType.SPS;
                break;
            case 2:
            GPSData.differentialGpsType = GPS.DifferentialGpsType.DGPS;
                break;
            case 3:
            GPSData.differentialGpsType = GPS.DifferentialGpsType.PPS;
                break;
            default:
            GPSData.differentialGpsType = GPS.DifferentialGpsType.NotSet;
                break;
        }
    }
    if (Words[7].Length > 0)
    {
        GPSData.satellitesInUsed = Convert.ToInt32(Words[7]);
    }
    if (Words[8].Length > 0)
    {
     GPSData.horizontalDilutionOfPrecision = Convert.ToDecimal(Words[8]);
    }
    if (Words[9].Length > 0)
    {
        GPSData.altitude = Convert.ToDecimal(Words[9]);
    }
}
```

6）ParseGPRMC 方法。该方法传递一个 string 数组参数，然后调用相应的数组成员获取有用信息。例如，字段 1 为 UTC 的日期信息，字段 9 为 UTC 的时间信息，字段 2 为 fix 信息，就是 GPS 是否完成了初始化的信息，字段 3、4 为经度和经度半球，字段 5、6 为纬度和纬度半球。

具体代码实现如下：

```
private void  ParseGPRMC(string[] Words)
{
    if (Words[1].Length > 0 & Words[9].Length > 0)
    {
```

```
            int UtcHours = Convert.ToInt32(Words[1].Substring(0, 2));
            int UtcMinutes = Convert.ToInt32(Words[1].Substring(2, 2));
            int UtcSeconds = Convert.ToInt32(Words[1].Substring(4, 2));
            int UtcMilliseconds = 0;
            // Extract milliseconds if it is available
            if (Words[1].Length > 7)
            {
                UtcMilliseconds = Convert.ToInt32(Words[1].Substring(7));
            }
            int UtcDay = Convert.ToInt32(Words[9].Substring(0, 2));
            int UtcMonth = Convert.ToInt32(Words[9].Substring(2, 2));
            // available for this century
            int UtcYear = Convert.ToInt32(Words[9].Substring(4, 2)) + 2000;
            GPSData.utcDateTime = new DateTime(UtcYear, UtcMonth, UtcDay, UtcHours + 8,
                                        UtcMinutes, UtcSeconds, UtcMilliseconds);
        }
            GPSData.fixStatus = (Words[2][0] == 'A') ? GPS.FixStatus.Obtained : GPS.FixStatus.Lost;
            if (Words[3].Length > 0 & Words[4].Length == 1 & Words[5].Length > 0 & Words[6].Length == 1)
            {
              double rawlatitude = Convert.ToDouble(Words[3].Substring(0));
              GPSData.latitude = Math.Round((int)(rawlatitude / 100) + (rawlatitude - ((int)(rawlatitude /
                                        100)) * 100) / 60, 4);
            if ("S" == Words[4])
            {
                GPSData.SNDirection = GPS.Coordinate.South;
            }
            else
            {
                GPSData.SNDirection = GPS.Coordinate.North;
            }
            double rawlongitude = Convert.ToDouble(Words[5].Substring(0));
            GPSData.longitude = Math.Round((int)(rawlongitude / 100) + (rawlongitude –
                                        ((int)(rawlongitude / 100)) * 100) / 60, 4);
            if ("W" == Words[6])
            {
                GPSData.EWDirection = GPS.Coordinate.West;
            }
            else
            {
                GPSData.EWDirection = GPS.Coordinate.East;
            }
        }
    }
```

4. LocationMap 类设计与功能实现

（1）LocationMap 类设计。LocationMap 类封装了通过 URL 链接地址调用 Google Map Api 函数实现位图对象的获取。

下面代码为 LocationMap 类的整体结构：

```
class LocationMap
{
    public Bitmap Map = new Bitmap(512,512);
    public LocationMap(string url)
      {
      }
    private Bitmap FromUrl(string url)
      {
      }
}
```

（2）LocationMap 类功能实现。

1）LocationMap 构造方法。

具体代码实现如下：

```
public LocationMap(string url)
{
    Map = FromUrl(url);
}
```

2）FromUrl 方法。该方法首先创建 HttpWebRequest 对象，然后调用 GetResponse 方法得到 HttpWebResponse 对象，接着利用 HttpWebResponse 对象的 GetResponseStream 方法得到图像数据的网络流对象，最后用图像数据的网络流对象作参数实例创建位图对象。

具体代码实现如下：

```
private Bitmap FromUrl(string url)
{
    WebRequest request = HttpWebRequest.Create(url);
    WebResponse response = request.GetResponse();
    Bitmap bmp = new Bitmap(response.GetResponseStream());
    response.Close();
    return bmp;
}
```

5. MapUrlBulider 类功能实现

具体代码实现如下：

```
public class MapUrlBuilder
{
    public int XSize
    {
        get;
        set;
    }
    public int YSize
    {
        get;
        set;
```

```
        }
        public double Latitude
        {
            get;
            set;
        }
        public double Longitude
        {
            get;
            set;
        }
        public int ZoomLevel
        {
            get;
            set;
        }
        public string MapType
        {
            get;
            set;
        }
        public string GoogleMapsAPIKey
        {
            get;
            set;
        }
        public string MapUrl
        {
            get
            {
             return String.Format(CultureInfo.InvariantCulture,
                            "http://maps.google.com/staticmap?center={0},{1}
                            &size={5}x{6}&markers={0},{1},greenc&zoom={2}
                            &maptype={3}&key={4}",Latitude, Longitude, ZoomLevel,
                            MapType, GoogleMapsAPIKey, XSize, YSize);
            }
        }
    }
```

6.4.4　GPS 窗体功能实现

1. GPS 定位显示窗体（MainForm）的功能实现

（1）MainForm 窗体界面设计如图 6-13 所示。

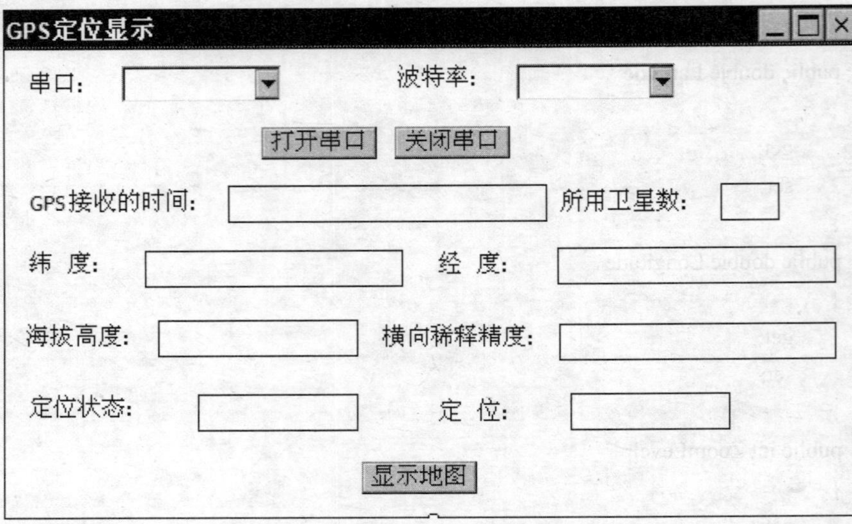

图 6-13 MainForm 窗体界面设计

（2）MainForm 窗体代码文件（MainForm.cs）结构。

```
public partial class MainForm : Form
{
    private System.IO.Ports.SerialPort serialPort = new System.IO.Ports.SerialPort();
    private AutoResetEvent receivenow;
    private GPS gps = new GPS();
    private bool Listen;
    public MainForm()
    {
        InitializeComponent();
    }
    private void MainForm_Load(object sender, EventArgs e)
    {
    }
    private void btnOpen_Click(object sender, EventArgs e)
    {
    }
    private void Port_DataReceived(object sender, System.IO.Ports.
    SerialDataReceivedEventArgs e)
    {
    }
    public void ListenLoop()
    {
    }
    private string GetGPGGAStr(string nmeadata)
    {
    }
    private string GetGPRMCStr(string nmeadata)
    {
    }
```

```
        private delegate void myDelegate(string nemadata);
        private void ReceiveNemaData(string nemadata)
        {
        }
        public void UpdateTextBox(string NEMAData)
        {
        }
        private void btnClose_Click(object sender, EventArgs e)
        {
        }
        private void btnGetMap_Click(object sender, EventArgs e)
        {
        }
    }
```

（3）MainForm 窗体方法实现。

1）MainForm_Load 事件处理方法。在 MainForm 窗体加载事件的处理过程中，调用 SerialPort 类的 GetPortNames 方法获取当前设备可用的串口（如 COM1、COM2 等），然后通过循环将可用的串口添加进下拉列表框中。

具体代码实现如下：

```
    private void MainForm_Load(object sender, EventArgs e)
    {
        string[] portNames = System.IO.Ports.SerialPort.GetPortNames();
        for (int i = 0; i <= portNames.Length - 1; i++)
        {
            this.cbBoxPort.Items.Add(portNames[i]);
        }
    }
```

2）btnOpen_Click 事件处理方法。单击 MainForm 窗体中的“打开串口”按钮之后，首先判断当前指定的串口是否已打开，如果打开，则关闭；然后设置当前串口的通信参数，如串口名称 COM1、波特率 9600b/s、奇偶校验无、数据位 8 位、停止位 1 位；接着打开串口，向串口对象添加 DataReceived 事件的 Port_DataReceived 处理方法，这里 DataReceived 事件运行在独立的线程中，该事件将会在数据到达串口时自动触发，不需要时刻进行查询数据是否已经到达，而只需处理 DataReceived 事件即可；最后创建 AutoResetEvent 事件对象和 thread 线程并启动线程，这里事件对象处于未发出信号状态。

具体代码实现如下：

```
    private void btnOpen_Click(object sender, EventArgs e)
    {
        if (serialPort.IsOpen)
        {
            serialPort.Close();
        }
        try
        {
            serialPort.PortName = this.cbBoxPort.Text;
```

```
                serialPort.BaudRate = Int32.Parse(this.cbBoxBrate.Text);
                serialPort.Parity = System.IO.Ports.Parity.None;
                serialPort.DataBits = 8;
                serialPort.StopBits = System.IO.Ports.StopBits.One;
                serialPort.Open();
                serialPort.DataReceived += new System.IO.Ports.SerialDataReceivedEventHandler(
                                            Port_DataReceived);
                receivenow = new AutoResetEvent(false);
                Listen = true;
                Thread thread = new Thread(ListenLoop);
                thread.Start();
                btnOpen.Enabled = false;
                btnClose.Enabled = true;
            }
            catch (Exception ex)
            {
                MessageBox.Show(ex.ToString());
            }
        }
```

3）Port_DataReceived 事件处理方法。当串口数据到达时，自动触发 DataReceived 事件，调用 Port_DataReceived 方法，在该方法中调用事件对象 receivenow 的 Set 方法使事件对象处于已发出信号状态。

具体代码实现如下：

```
        private void Port_DataReceived(object sender, System.IO.Ports.SerialDataReceivedEventArgs e)
        {
            if (e.EventType == SerialData.Chars)
                receivenow.Set();
        }
```

4）ListenLoop 方法。在 thread 线程中执行 ListenLoop 方法，该方法通过事件对象 receivenow 的 WaitOne 方法返回值以确定能否读取串口数据，如果事件对象处于已发出信号状态，则调用串口对象的 ReadExisting 方法获取数据，最后调用 ReceiveNemaData 方法显示 GPS 定位数据。

具体代码实现如下：

```
        public void ListenLoop()
        {
            while (Listen == true)
            {
                try
                {
                    Thread.Sleep(1000);
                    if (receivenow.WaitOne(300, false))
                    {
                        string NEMAData = serialPort.ReadExisting();
                        ReceiveNemaData(NEMAData);
                    }
```

```
            }
            catch
            {
                break;
            }
        }
    }
```

5）GetGPGGAStr 方法。该方法通过 NMEA 协议数据作为参数进行字符串处理，以提取$GPGGA 格式数据信息。

具体代码实现如下：

```
private string GetGPGGAStr(string nmeadata)
{
    int GPGGAbeginindex = nmeadata.IndexOf("$GPGGA");
    string GPGGAbegin = nmeadata.Substring(GPGGAbeginindex);
    int GPGGAendindex = GPGGAbegin.IndexOf("\r\n");
    string GPGGAend = GPGGAbegin.Substring(0, GPGGAendindex);
    return GPGGAend;
}
```

6）GetGPRMCStr 方法。该方法通过 NMEA 协议数据作为参数进行字符串处理，以提取$GPRMC 格式数据信息。

具体代码实现如下：

```
private string GetGPRMCStr(string nmeadata)
{
    int GPRMCbeginindex = nmeadata.IndexOf("$GPRMC");
    string GPRMCbegin = nmeadata.Substring(GPRMCbeginindex);
    int GPRMCendindex = GPRMCbegin.IndexOf("\r\n");
    string GPRMCend = GPRMCbegin.Substring(0, GPRMCendindex);
    return GPRMCend;
}
```

7）ReceiveNemaData 方法及 UpdateTextBox 方法。

一般来说，如果某工作线程（除主线程）想实现对窗体控件的操作，默认情况下是不允许直接操作的，为了使窗体所对应的 UI 主线程能够完成工作线程发来改变窗体控件信息的任务，我们可以通过调用 Invoke 方法将其发送到 UI 主线程去完成，这里调用的Invoke方法是一种线程安全的调用。UI 主线程通过委托 delegate 订阅连接事件，调用参数使用 Object[]来传递，当连接状态发生改变的时候，UI 主线程同步调用 void UpdateTextBox(string NEMAData)方法以实现对窗体控件的操作。我们可以这样理解：先假定 UI 主线程（即窗体控件的拥有者）为 A 线程，工作线程为 B 线程，如果 B 线程需要操作窗体控件，那么就可以使用 Invoke 方法，Invoke 方法将交给它的委托封装成了一个标准的 Windows 消息，加进了 A 线程的消息队列内，最后 B 线程必须等到 A 线程响应了传送的消息后才能得到返回值，这样 UI 主线程（A 线程）可以呈现工作线程（B 线程）提供的任何信息。

具体代码实现如下：

```
private delegate void myDelegate(string nemadata);
private void ReceiveNemaData(string nemadata)
```

```
    {
        myDelegate my = new myDelegate(UpdateTextBox);
        Invoke(my, new object[] { nemadata });
    }

    public void UpdateTextBox(string NEMAData)
    {
        NmeaParser n = new NmeaParser(gps);
        string GPGGAStr = GetGPGGAStr(NEMAData);
        n.Parse(GPGGAStr);
        string GPRMCStr = GetGPRMCStr(NEMAData);
        n.Parse(GPRMCStr);
        txtDateTime.Text = gps.utcDateTime.ToLongDateString() +
        gps.utcDateTime.ToLongTimeString();
        txtaltitude.Text = gps.altitude.ToString() + "米";
        txthorizontalDilutionOfPrecision.Text = gps.horizontalDilutionOfPrecision.
                                                    ToString();
        txtStarNum.Text = gps.satellitesInUsed.ToString();
        string latitudestr = String.Empty;
        switch (gps.SNDirection)
        {
            case GPS.Coordinate.North:
                latitudestr = "北纬" + gps.latitude.ToString() + "度";
                break;
            case GPS.Coordinate.South:
                latitudestr = "南纬" + gps.latitude.ToString() + "度";
                break;
        }
        txtlatitude.Text = latitudestr;
        string longitudestr = String.Empty;
        switch (gps.EWDirection)
        {
            case GPS.Coordinate.East:
                longitudestr = "东经" + gps.longitude.ToString() + "度";
                break;
            case GPS.Coordinate.West:
                longitudestr = "西经" + gps.longitude.ToString() + "度";
                break;
        }
        txtlongitude.Text = longitudestr;
        switch (gps.differentialGpsType)
        {
            case GPS.DifferentialGpsType.NotSet:
                txtDifferentialGpsType.Text = "无效";
                break;
            case GPS.DifferentialGpsType.SPS:
```

```
                    txtDifferentialGpsType.Text = "有效";
                    break;
                case GPS.DifferentialGpsType.DGPS:
                    txtDifferentialGpsType.Text = "DGPS";
                    break;
                case GPS.DifferentialGpsType.PPS:
                    txtDifferentialGpsType.Text = "PPS";
                    break;
            }
            switch (gps.fixStatus)
            {
                case GPS.FixStatus.Obtained:
                    txtFixStatus.Text = "可用";
                    break;
                case GPS.FixStatus.Lost:
                    txtFixStatus.Text = "不可用";
                    break;
            }
        }
```

8）btnClose_Click 事件处理方法。该方法执行过程中，删除 DataReceived 事件对象，然后关闭串口对象。

具体代码实现如下：

```
private void btnClose_Click(object sender, EventArgs e)
{
    serialPort.DataReceived -= new System.IO.Ports.SerialDataReceivedEventHandler
    (Port_DataReceived);
    serialPort.Close();
    btnOpen.Enabled = true;
    btnClose.Enabled = false;
}
```

9）btnGetMap_Click 方法。当单击 MainForm 窗体中的“显示地图”按钮之后，调用 MapFrm 窗体中带参数的构造方法，参数分别为纬度和经度值，创建完 MapFrm 窗体对象之后，打开地图信息显示窗体。

具体代码实现如下：

```
private void btnGetMap_Click(object sender, EventArgs e)
{
    MapFrm mf = new MapFrm(gps.latitude, gps.longitude);
    mf.ShowDialog();
    mf.Dispose();
}
```

GPS 定位显示窗体运行效果如图 6-14 所示。

2. 地图信息显示窗体（MapFrm）的功能实现

（1）MapFrm 窗体界面设计如图 6-15 所示。

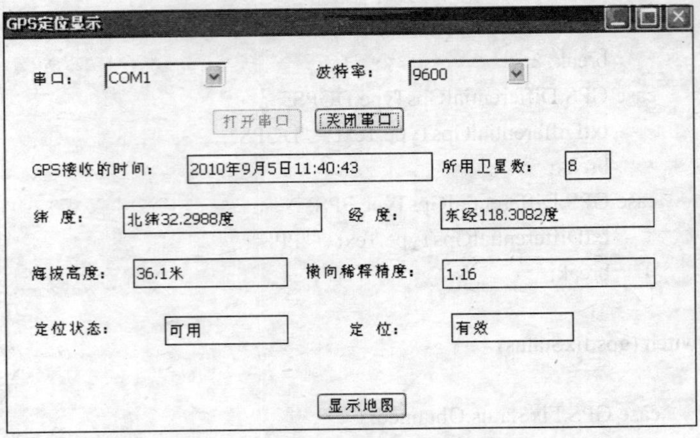

图 6-14 GPS 定位显示窗体

图 6-15 MapFrm 窗体界面设计

（2）MapFrm 窗体代码文件（MapFrm.cs）结构。

```
public partial class MapFrm : Form
{
    private double Latitude;
    private double Longitude;
    public MapFrm(double latitude, double longitude)
    {
        InitializeComponent();
    }
    private void btnOne_Click(object sender, EventArgs e)
    {
    }
    private void btnTwo_Click(object sender, EventArgs e)
    {
    }
    private void btnThree_Click(object sender, EventArgs e)
    {
    }
}
```

（3）MapFrm 窗体方法实现。由于程序中根据经纬度数据参数调用 Google Map API 函数以获取所在位置的地图信息，所以这里要先申请 Google Map API 账户，以便获得地图 API 密钥，并且 API 密钥会与您的 Google 账户关联。

1）MapFrm 构造方法。该构造方法是一个带两个参数的构造方法，参数分别为纬度和经度值，它在 MapFrm 窗体对象创建时被自动调用。

具体代码实现如下：

```
public MapFrm(double latitude, double longitude)
{
    InitializeComponent();
    Latitude = latitude;
    Longitude = longitude;
}
```

2）btnOne_Click 事件处理方法。单击“地图显示一”按钮之后，首先创建 MapUrlBuilder 类对象，然后分别将 Google 静态地图 API 网址参数进行赋值，其中包括经度、纬度、地图类型、缩放级别、地图 API 密钥，最后通过调用 Google 静态地图 API 获取所在位置的地图信息。

具体代码实现如下：

```
private void btnOne_Click(object sender, EventArgs e)
{
    MapUrlBuilder builder = new MapUrlBuilder();
    builder.Latitude = Latitude;
    builder.Longitude = Longitude;
    builder.MapType = "mobile";
    builder.ZoomLevel = 15;
    builder.XSize = mapPictureBox.ClientRectangle.Width;
    builder.YSize = mapPictureBox.ClientRectangle.Height;
    builder.GoogleMapsAPIKey = "ABQIAAAAGfW8MK-uxWni9fwVbh5NGB
    SRmQ47K0CxAJRLGt8w7kn3Axv9rhTp7QI3Ml4FEHxy7hs-Zycvmn4c9Q";
    LocationMap map = new LocationMap(builder.MapUrl);
    mapPictureBox.Image = map.Map;
}
```

3）btnTwo_Click 事件处理方法。单击“地图显示二”按钮之后，首先创建 MapUrlBuilder 类对象，然后分别将 Google 静态地图 API 网址参数进行赋值，其中包括经度、纬度、地图类型、缩放级别、地图 API 密钥，最后通过调用 Google 静态地图 API 获取所在位置的地图信息。

具体代码实现如下：

```
private void btnTwo_Click(object sender, EventArgs e)
{
    MapUrlBuilder builder = new MapUrlBuilder();
    builder.Latitude = Latitude;
    builder.Longitude = Longitude;
    builder.MapType = "roadmap";
    builder.ZoomLevel = 16;
    builder.XSize = mapPictureBox.ClientRectangle.Width;
```

```
        builder.YSize = mapPictureBox.ClientRectangle.Height;
        builder.GoogleMapsAPIKey = "ABQIAAAAGfW8MK-uxWni9fwVbh5NGB
        SRmQ47K0CxAJRLGt8w7kn3Axv9rhTp7QI3Ml4FEHxy7hs-Zycvmn4c9Q";
        LocationMap map = new LocationMap(builder.MapUrl);
        mapPictureBox.Image = map.Map;
    }
```

4）btnThree_Click 事件处理方法。单击"地图显示三"按钮之后，首先创建 MapUrlBuilder 类对象，然后分别将 Google 静态地图 API 网址参数进行赋值，其中包括经度、纬度、地图类型、缩放级别、地图 API 密钥，最后通过调用 Google 静态地图 API 获取所在位置的地图信息。

具体代码实现如下：

```
    private void btnThree _Click(object sender, EventArgs e)
    {
        MapUrlBuilder builder = new MapUrlBuilder();
        builder.Latitude = Latitude;
        builder.Longitude = Longitude;
        builder.MapType = "satellite";
        builder.ZoomLevel = 17;
        builder.XSize = mapPictureBox.ClientRectangle.Width;
        builder.YSize = mapPictureBox.ClientRectangle.Height;
        builder.GoogleMapsAPIKey = "ABQIAAAAGfW8MK-uxWni9fwVbh5NGB
        SRmQ47K0CxAJRLGt8w7kn3Axv9rhTp7QI3Ml4FEHxy7hs-Zycvmn4c9Q";
        LocationMap map = new LocationMap(builder.MapUrl);
        mapPictureBox.Image = map.Map;
    }
```

地图显示一运行效果如图 6-16 所示。

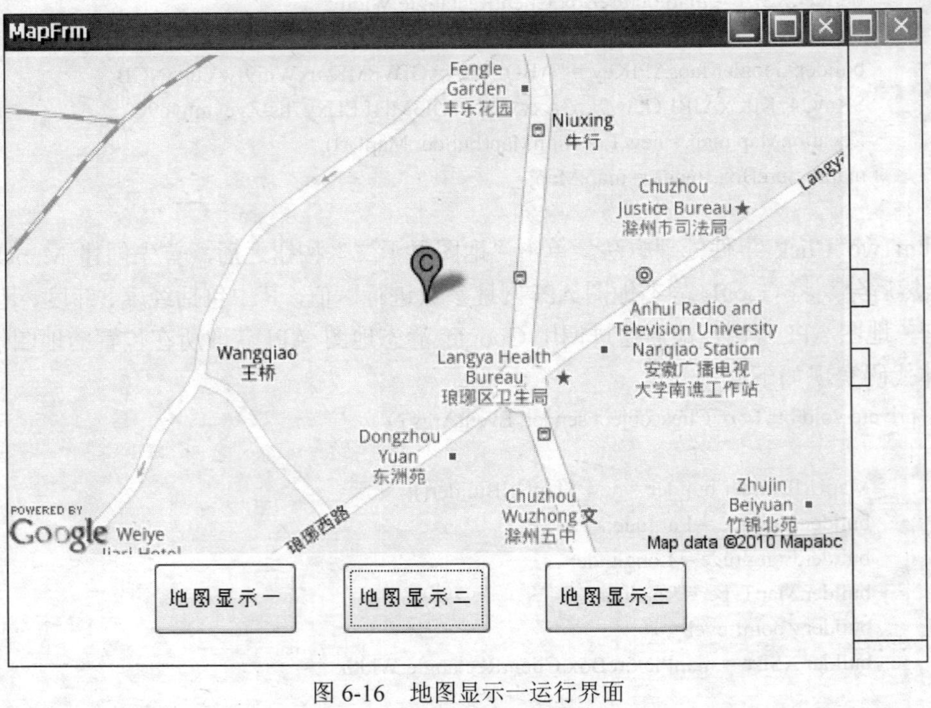

图 6-16　地图显示一运行界面

地图显示二运行效果如图 6-17 所示。

图 6-17　地图显示二运行界面

6.5　实验内容：创建串口通信应用程序

1. 实验目的

通过本实验掌握在 VS.NET 2008 平台中，利用.NET Compact Framework 框架下所提供的串口通信编程接口开发串口通信应用程序，使读者能够快速掌握 Windows CE 下的串口通信编程方法。

2. 实验设备

（1）硬件：

PC 机一台

HMI 实验设备一套

（2）软件：

Visual Studio 2008

ActiveSync 同步软件

串口调试软件

3. 实验内容

（1）在 PC 机端创建 C#的 Windows CE 的工程项目，并实现串口通信功能。

（2）利用 ActiveSync 同步软件保持 HMI 设备与开发 PC 机同步通信。

（3）利用串口线缆一端连接 HMI 设备，另一端连接开发 PC 机。

（4）在 PC 机端运行串口调试软件，并设置串口参数（包括串口号、波特率等）。

（5）将 PC 机端所开发的程序功能编译完成之后，在线下载至 HMI 设备中运行。

（6）利用设备端运行的串口通信程序将串口数据发往 PC 机端，PC 机端串口调试软件接收从设备端发来的串口数据。

本章小结

本章首先介绍了串口通信的一些基本知识，包含 RS-232-C 串口标准和串口数据的传输方式，然后介绍.Net Compact Framework 框架下的串口编程技术，接着介绍 GPS 串口通信的应用，并通过基于.NET Compact Framework 框架下的串行编程接口来开发 GPS 串口通信。最后安排一个有关串口编程的实验，使读者能够动手练习，以便快速掌握串口通信的编程方法。

习题六

一、填空题

1. 根据数据的传输方向，串口通信可以进一步分为__________、__________、__________三种。

2. 串口通信最重要的参数是__________、__________、__________和__________。

3. RS-232-C 串口标准是 EIA（美国电子工业协会）1969 年修订的标准，RS 代表__________，232 代表__________，C 代表__________。

4. 串口用于 ASCII 码字符的传输，通信使用 3 根线完成：__________、__________、__________。

二、简述题

1. 简述串口通信的一般流程。

2. 简述 GPS 全球卫星定位系统的组成。

3. 简述$GPGGA,001431.00,2502.1428,N,11049.0263,E,1,04,2.7,40.2,M,0.5,M,,*6F 语句的含义。

第 7 章　Windows CE 6.0 网络应用

本章学习目标

随着网络技术的不断发展，掌握 Windows CE 网络编程技术显得尤为重要。在 Windows CE 系统中，.NET Compact Framework 框架提供了丰富的托管网络编程对象，以实现基于 TCP 协议和 UDP 协议的网络应用。另外在 Web Services 的网络 Web 服务方面，也提供了强大的跨平台数据传输和数据交互等功能服务。通过本章的学习，要求掌握以下内容：

- 了解网络通信机制。
- 掌握基于 TCP 协议的网络编程方法。
- 掌握基于 UDP 协议的网络编程方法。
- 掌握 Web Services 服务应用编程方法。

7.1　网络通信简介

Internet（因特网/互联网）是一个跨越全球的计算机网络，通过 Internet 可以在全球范围内将各种信息（包括文本、图片、多媒体等信息）快速而有效地传递到目标位置。目前，除了 PC 机外，很多嵌入式设备（如 PDA、智能手机等）都提供了强大的网络支持，可以很方便地访问互联网。

为了网络通信和网络编程的需要，一般采用目前常用的 TCP/IP 模型网络通信方式。如图 7-1 所示，TCP/IP 模型包含一套网络通信协议，优点在于规范了网络上的所有联网通信设备，尤其一个主机与另一个主机之间的数据发送与接收格式。

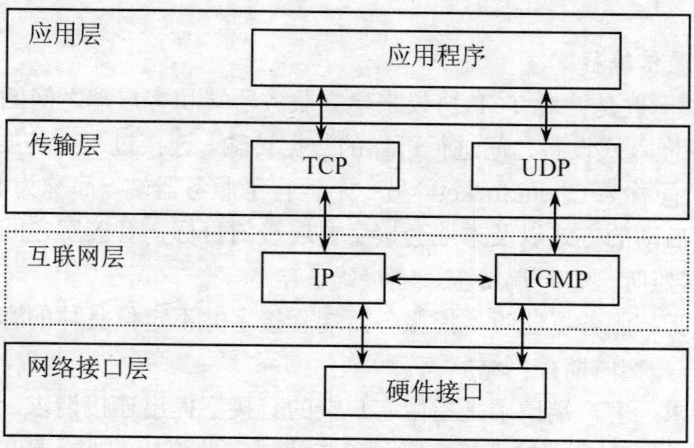

图 7-1　TCP/IP 模型

网络接口层是 TCP/IP 模型的底层，它主要用于控制网络硬件和发送 IP 数据包。互联网层是将整个网络体系贯穿在一起的核心层，其中 IP（网际）协议提供基本的封包传送功能，它规定了从一个点传输到另一个点的数据分组格式和寻址方案，但它不负责传送的可靠性。为了保证数据信息能够被正确地传送，可以利用传输层的 TCP（传输控制）协议，它规定了如何将信息正确地传输到目的主机，并通过应答机制确保数据分组可靠有序地传送到目的主机。但它也有不方便的地方，如 TCP 给将被发送的数据分组加上额外的报头，这就增大了分组的尺寸。因此，在传送数据量比较大的情况下，可以采用 UDP 用户数据包协议，它是一种无连接的网络协议，虽然不提供可靠的数据传送，但数据分组将包含更多的有效信息，并能够快速地传送。从应用的角度来看，应用层中的应用程序利用 TCP/IP 协议完成实际的应用，如文件传输、HTTP 超文本传输等。

7.2 基于.NET CF 的网络编程

微软的.NET CF（.NET Compact Framework）框架为嵌入式应用程序访问 Internet 提供了分层的、可扩展的、受管辖的网络服务。在开发嵌入式网络应用程序方面，它提供了用于网络编程的 System.Net 和 System.Net.Sockets 命名空间，这些命名空间中包含的类和方法可以帮助开发人员开发托管代码下的嵌入式网络应用程序。通过网络应用程序可以在嵌入式设备之间进行网络通信，这种网络通信可以是面向连接的通信和面向无连接的通信，面向连接的使用 TCP 协议并采用数据流通信方式，而面向无连接的使用 UDP 协议并采用数据报通信方式。

在.Net CF 中，System.Net.Sockets 命名空间为需要控制网络访问的开发人员提供了 Windows Sockets（Winsock）接口的托管实现。Socket 可以像 Stream 一样被视为一个数据通道，这个通道架设在应用程序端（客户端）和远程服务器端之间，而数据的接收和发送均针对这个通道来进行。在应用程序端或服务器端创建了 Socket 对象之后，就可以使用 Write 方法或 Send 方法将数据发送到连接的 Socket，同时使用 Read 方法或 Receive 方法接收来自连接 Socket 的数据。System.Net 命名空间中的所有其他网络访问类都建立在该套接字 Socket 实现之上，如 TCPClient、TCPListener 和 UDPClient 类封装有关创建到 Internet 的 TCP 和 UDP 连接的详细信息。

1. 面向连接的通信编程

面向连接的通信一般是针对 TCP 协议来建立服务器端和客户端之间的通信，只要双方建立了连接，就可以在嵌入式设备之间进行可靠的数据传输。连接过程中需要一对套接字，其中一个运行于客户端，简称为 ClientSocket，另一个运行于服务器端，简称为 ServerSocket，如图 7-2 所示。根据连接启动的方式以及本地套接字要连接的目标，套接字之间的连接过程可以分为三个步骤：服务器监听、客户端请求、连接确认。

（1）服务器监听。服务器监听是指服务器端套接字并不定位具体的客户端套接字，而是处于等待连接的状态，实时监控网络状态。

（2）客户端请求。客户端请求是指由客户端的套接字提出连接请求，要连接的目标是服务器端的套接字。为此，客户端的套接字必须首先描述它要连接的服务器的套接字，指出服务器端套接字的地址和端口号，然后才向服务器端套接字提出连接请求。

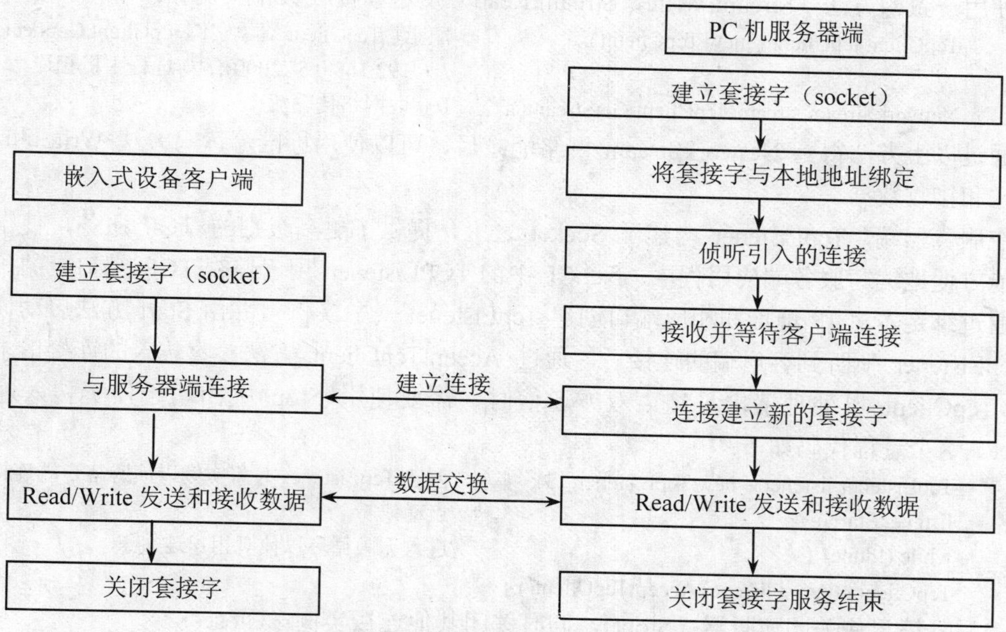

图 7-2　面向连接的套接字通信流程

（3）连接确认。连接确认是指当服务器端套接字监听到或者接收到客户端套接字的连接请求时，它就响应客户端套接字的请求，建立一个新的线程，把服务器端套接字的描述发给客户端，一旦客户端确认了此描述，连接就建立好了。而服务器端套接字继续处于监听状态，继续接收其他客户端套接字的连接请求。

在 Internet 中，TCP/IP 使用一个网络地址和一个服务端口号来唯一标识设备。网络地址标识网络上的特定设备，端口号标识要连接到的该设备上的特定服务。网络地址和服务端口的组合称为终结点，在 .NET CF 框架中由 IPEndPoint 类表示这个终结点，它提供表示网络资源或服务的抽象，用以标识网络地址等信息。IPEndPoint 类包含应用程序连接到主机上的服务所需的主机和端口信息，通过组合服务的主机 IP 地址和端口号，IPEndPoint 类形成到服务的连接点。例如：

```
IPEndPoint ipe = new IPEndPoint(ipAddress,11000);
```

在创建上面 IPEndPoint 类实例的代码中就不可避免地涉及到计算机 IP 地址 IpAddress，它是 IPAddress 类的一个对象，.Net CF 中包括的 IPAddress 类能够提供嵌入式设备在 IP 网络上的地址。其 Parse 方法可将 IP 地址字符串转换为 IPAddress 对象。如用下面的语句创建一个 IPAddress 对象：

```
IPAddress myIP = IPAddress.Parse("192.168.1.2");
```

TcpClient 从名字上就可以看出，它专为客户端设计，TcpClient 为 TCP 网络服务提供客户端连接。TcpClient 类基于 Socket 类构建，这是它能够以更高的抽象程度提供 TCP 服务的基础。正因为这样，在实际编程中可以通过 TCPClient 类使用 TCP 从 Internet 资源请求数据。TCP 负责确保将数据包发送到终结点，并在数据包到达时以正确的顺序对其进行组合。TcpClient 在使用 TCP 服务方面提供了更高层次的抽象，这体现在网络数据的发送和接收方面，TcpClient 使用标准的 Stream 流处理技术，使其读写数据更加方便直观。在基于.Net CF 的应用程序中，可以使用一致的方法（Stream.Write、Stream.Read）发送和接收数据。例如：

```
TcpClient tcpClient = new TcpClient();          //创建 TcpClient 对象实例 tcpClient.Connect
                                                // ("192.168.0.5",2000); //与远程主机相连
NetworkStream stream=tcpClient.GetStream();     //获取网络传输流
```

通过以上方法得到 NetworkStream 网络流之后，可以使用标准流读写方法 Write 和 Read 来发送和接收数据。

在服务器端，TcpListener 构建于 Socket 之上，提供了更高级别的 TCP 服务，使得开发人员能方便地编写服务端应用程序。.Net CF 中的 TCPListener 用于监视 TCP 端口上的传入请求，通过绑定本机 IP 地址和相应端口创建 TcpListener 对象实例，并由 Start 方法启动侦听，当 TcpListener 侦听到客户端的连接后，通过 AcceptTcpClient 方法接收传入的连接请求，并创建 TcpClient 以处理请求，结束双方通信时，需要使用 Stop 关闭用于侦听传入连接的 Socket。这个过程代码如下：

```
TcpListener listener = new TcpListener(13);     //创建 TcpListener 对象实例以侦听客户端连接
listener.Start();                               //启动侦听
while (!done) {                                 //进入无限循环以侦听用户连接
TcpClient client = listener.AcceptTcpClient();}
```

最后，请记住关闭侦听器：Stop()，同时关闭其他连接实例：Close()。

2. 面向无连接的通信编程

UDP（User Datagram Protocol）协议就是用户数据报协议，它是一种无连接的协议，无连接主要是和 TCP 协议相比较的。当利用 TCP 协议传送数据的时候，首先必须先建立连接（也就是所谓的“握手”）才可以传输数据。而当嵌入式设备利用 UDP 协议进行数据传输的时候，如图 7-3 所示，发送方只需要知道对方的 IP 地址和端口号就可以发送数据，而并不需要进行连接，这就必然给系统减轻了负担，所以单从传送数据的速度来讲是比较快的。另外 UDP 不仅支持一对一通信，而且也支持一对多通信，而 TCP 则只支持一对一通信，这就是使用 UDP 比较方便的地方。

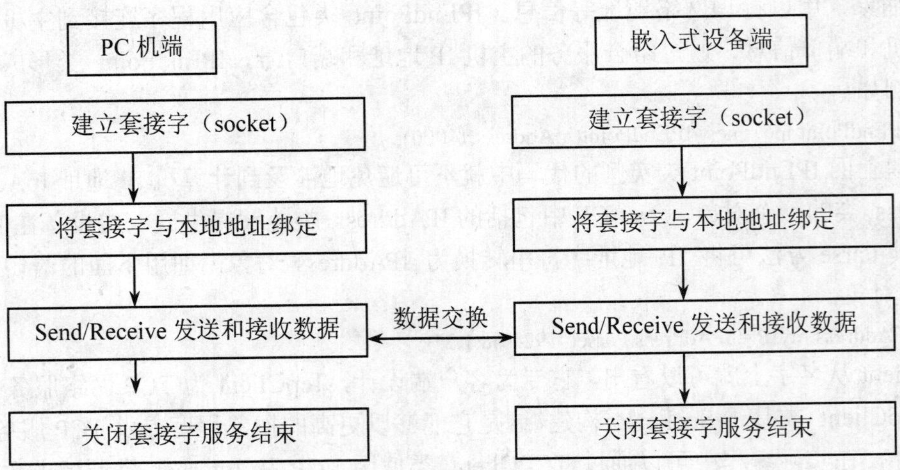

图 7-3 面向无连接的套接字通信流程

由于 UDP 协议并不需要进行确定的连接，UDP 在传输数据效率方面比 TCP 要高，但是它是面向无连接的服务，通信端点使用 UDP 对应的 Internet 地址，故不能保证所有数据都准确无

误地到达目的地。也不能因为这一个缺点就全面否定 UDP 协议，这是因为虽然利用 UDP 协议来传送安全性要求高的数据是不适合的，但对于那些不重要的数据，或者即使丢失若干数据包也不影响整体性的数据，如音频数据、视频数据等，采用 UDP 协议就是一个非常不错的选择。如目前 Internet 网络电台、Internet 电话、音乐点唱、视频会议等软件采用的就是 UDP 协议。

另外在编写基于 UDP 协议的应用程序方面，相对于 TCP 协议的应用程序要简单些，程序中可以不需要考虑连接和一些异常的捕获工作。但同时也给基于 UDP 协议编写的程序带来了一个缺点，就是 UDP 不提供可靠数据的传输，当计算机之间利用 UDP 协议传送数据的时候，发送方只管发送数据，而并不确认数据是否被对方接收。

具体实现步骤如下：

（1）调用 socket 函数创建数据报套接字。

（2）调用 bind 函数绑定本地地址。

（3）调用 sendto 和 recvfrom 函数来直接发送和接收数据。

（4）关闭套接字服务。

7.3　开发基于 TCP 协议的应用程序

7.3.1　服务器端功能实现

基于 TCP 应用的聊天程序包含服务器端程序和客户端程序，服务器端程序建立在 PC 端，而客户端程序建立在嵌入式设备端，这种 C/S 编程模式如下：

- 服务器端：首先打开通信通道，告诉本地机器在该通道上进行监听，然后等待客户请求，当接收客户端请求时，创建专用连接并进行读写，处理完毕之后，可以关闭专用连接及通信通道，其中监听至关闭专用连接之间可以重复循环。
- 客户端：打开通信通道，连接服务器进行数据交互，最后关闭信道。

1. 创建基于服务器端 TCP 应用的工程项目

打开 VS.NET 2008 开发平台，新建 Windows 窗体应用程序项目，输入工程名称为 TCPServerPC，单击“确定”按钮，创建完成基于 PC 端运行的 C#Windows 窗体应用程序。然后在项目解决方案资源管理器中，右击 TCPServerPC 项目，选择“添加”→“类”，弹出“添加新项”对话框，选择类模板如图 7-4 所示，添加 TCPNet 类。

图 7-4　创建 TCPServerPC 项目

2. TCPNet 类设计与功能实现

（1）TCPNet 类设计。

TCPNet 类中包含成员变量的定义、服务器端向客户端发送信息的方法、服务器端从客户端读取信息的方法、读取信息之后在控件中显示的方法。其中定义了一个 HashTable 对象 AllClients，它是用来保存所有连接到该服务器的用户集合，将它设置成静态成员的目的就是确保 TCPNet 类的所有对象都能够获得当前连接到服务器的所有用户。

下面的代码是 TCPNet 类的整体结构：

```
class TCPNet
{
    public static Hashtable AllClients =new Hashtable();
    private TcpClient _client;
    private string _clientIP;
    private string _ClientNick;
    private byte[] data;
    private bool ReceiveNick = true;
    private System.Windows.Forms.Form serverform;
    private System.Windows.Forms.TextBox txtMsg;
    public TCPNet(TcpClient client, Form    sform,TextBox textReceive)
    {
    }
    public void ReceiveMessage(IAsyncResult ar)
    {
    }
    private delegate void AddTextBoxItemCallback(string text);
    private void AddTextBoxItem(string msg)
    {
    }
    public void SendMessage(string message)
    {
    }
}
```

（2）TCPNet 类功能实现。

1）TCPNet 构造方法。当一个客户端用户连接到服务器时，服务器端自动调用该构造方法创建一个 TCPNet 类对象，并将 TcpClient 对象、窗体对象、文本框对象作为参数传递给 TCPNet 构造方法。在执行过程中，首先取得客户端用户的 IP 地址作为索引来标示 HashTable 对象中的用户，然后通过 TcpClient 对象的 GetStream 方法创建一个网络流对象，最后调用 BeginRead 方法在独立的线程中异步读取从客户端发送的信息，这样可以使服务器端保持响应能力，并能够继续接受来自其他用户的新连接。当读取完成之后，利用事件委托机制将控制转移到 ReceiveMessage 函数。

代码实现如下：

```
public TCPNet(TcpClient client, Form sform,TextBox textReceive)
{
    _client = client;
```

```
        _clientIP = client.Client.RemoteEndPoint.ToString();
        AllClients.Add(_clientIP,this);
        txtMsg = textReceive;
        serverform = sform;
        data = new byte[_client.ReceiveBufferSize];
        _client.GetStream().BeginRead(data,0,System.Convert.ToInt32(_client.ReceiveBufferSize),
        ReceiveMessage, null);
    }
```

2）ReceiveMessage 方法。该方法首先利用 GetStream 方法创建一个网络流对象，然后调用 EndRead 方法处理异步读取的结尾。如果读取的字节数小于 1，则表示客户端用户已断开连接，那么从 HashTable 对象中移除该用户连接，并向所有用户广播信息告诉用户已离开聊天，反之，进一步判断客户端用户是否是第一次连接服务器端，如果是第一次进行连接，则服务器端向所有用户发送用户名信息，连接成功之后，服务器端发送的信息就是包含用户名在内的所有聊天信息内容。最后，服务器端的网络流对象再次调用 BeginRead 方法从客户端用户进行异步读取，这类似于 while 的无限循环：首先在第一层循环中接收到一个客户端后，调用 EndRead()，然后为该方法提供一个读取完成后的回调方法，在回调方法中对收到的字符进行处理，随后在回调方法中接着调用 BeginRead()方法，并传入回调方法本身。

具体代码实现如下：

```
public void ReceiveMessage(IAsyncResult ar)
{
    int bytesRead;
    try
    {
        lock (_client.GetStream())
        {
            bytesRead = _client.GetStream().EndRead(ar);
        }
        if (bytesRead < 1)
        {
            AllClients.Remove(_clientIP);
            string msg = _ClientNick + "：已经离开了";
           serverform.Invoke(new AddTextBoxItemCallback(AddTextBoxItem), new object[] { msg });
            return;
        }
        else
        {
            string messageReceived = System.Text.Encoding.Default.GetString(data, 0, bytesRead);
            if (ReceiveNick)
            {
                _ClientNick = messageReceived;
                string msg=_ClientNick + "：加入进来了";
                serverform.Invoke(new AddTextBoxItemCallback(AddTextBoxItem), new object[] { msg });
                ReceiveNick = false;
            }
```

```
                else
                {
                    string msg = _ClientNick +":"+ messageReceived;
                    serverform.Invoke(new AddTextBoxItemCallback(AddTextBoxItem),
                    new object[] { msg });
                }
            }
            lock (_client.GetStream())
            {
                _client.GetStream().BeginRead(data, 0, System.Convert.ToInt32
                (_client.ReceiveBufferSize), ReceiveMessage, null);
            }
        }
        catch
        {
            AllClients.Remove(_clientIP);
        }
    }
```

3）AddTextBoxItem 方法。该方法一方面向窗体中的文本框控件显示增加的客户端用户信息内容，另一方面向存储在 HashTable 对象 AllClients 中的所有用户发送信息。

具体代码实现如下：

```
private void AddTextBoxItem(string msg)
{
    txtMsg.AppendText(msg + Environment.NewLine);
    foreach (DictionaryEntry c in AllClients)
    {
        ((TCPNet)(c.Value)).SendMessage(msg + Environment.NewLine);
    }
}
```

4）SendMessage 方法。该方法首先利用 GetStream 方法创建一个网络流对象 ns，然后调用 ns 的 Write 方法向客户端用户发送信息。

具体代码实现如下：

```
public void SendMessage(string message)
{
    System.Net.Sockets.NetworkStream ns;
    lock (_client.GetStream())
    {
        ns = _client.GetStream();
    }
    byte[] bytesToSend = System.Text.Encoding.Default.GetBytes(message);
    ns.Write(bytesToSend, 0, bytesToSend.Length);
    ns.Flush();
  }
}
```

3. 服务器端窗体设计与功能实现

（1）服务器端窗体（ServerFrm）的功能实现。

1）ServerFrm 窗体界面设计如图 7-5 所示。

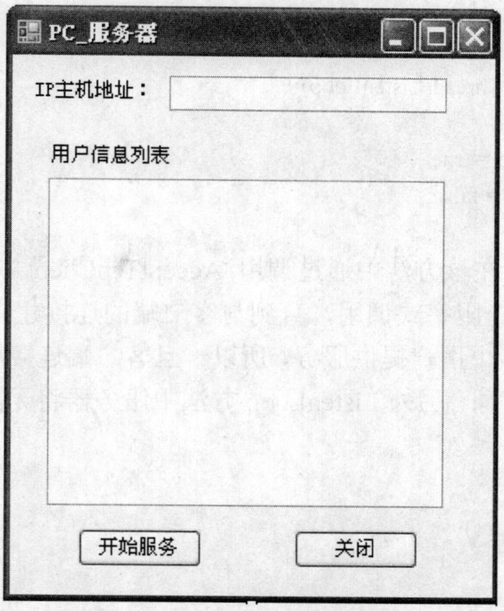

图 7-5　ServerFrm 窗体界面设计

2）ServerFrm 窗体代码文件（ServerFrm.cs）结构。

```
public partial class ServerFrm : Form
{
    TcpListener listener;
    public ServerFrm()
    {
    InitializeComponent();
    }
    private void btnStart_Click(object sender, EventArgs e)
    {
    }
    private void ListenLoop()
    {
    }
    private void btnClose_Click(object sender, EventArgs e)
    {
    }
}
```

3）btnStart_Click 事件方法。单击“开始服务”按钮，该方法被执行。在执行过程中，首先调用 Parse 方法将 IP 地址字符串转换为 IPAddress 对象，然后通过绑定本机 IP 地址和相应端口（这里为 2000）创建 TcpListener 对象实例，并由 Start 方法启动侦听，最后创建一个线程 td，并在线程中执行 ListenLoop 方法用于监视和处理 TCP 端口上传入的请求。

代码实现如下：

```
private void btnStart_Click(object sender, EventArgs e)
{
    System.Net.IPAddress localAdd = System.Net.IPAddress.Parse(txtIPAddress.Text.Trim());
    listener = new TcpListener(localAdd, 2000);
    listener.Start();
    Thread td = new Thread(ListenLoop);
    td.Start();
    btnClose.Enabled = true;
    btnStart.Enabled = false;
}
```

4）ListenLoop 方法。在该方法中通过调用 AcceptTcpClient 方法建立 TcpClient 对象，AcceptTcpClient 方法是一个阻塞式调用，直到与客户端的连接建立起来以后，程序才会继续执行，因为服务器需要为多个用户提供服务，所以一旦客户端连接用户成功之后，就为每个用户创建一个 TCPNet 类的对象。另外 ListenLoop 方法中服务器将无限循环检查，如果有用户请求连接，则接受。

代码实现如下：

```
private void ListenLoop()
{
    while (true)
    {
        TcpClient tcpclient = listener.AcceptTcpClient();
        TCPNet user = new TCPNet(tcpclient, this, txtReceiveMsg);
    }
}
```

服务器 PC 端运行效果如图 7-6 所示。

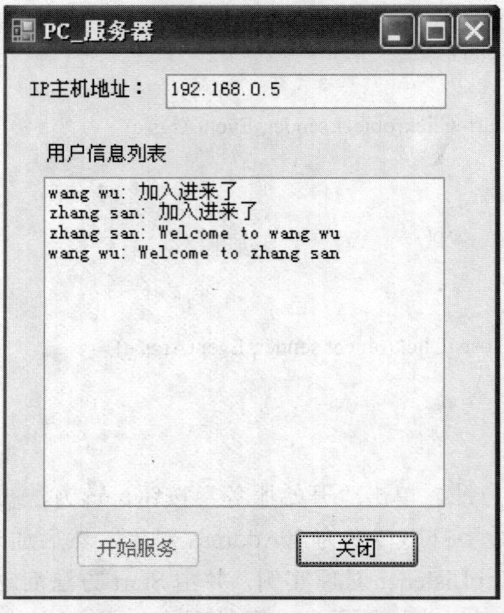

图 7-6　服务器 PC 端运行界面

7.3.2　客户端功能实现

1. 创建基于客户端 TCP 应用的工程项目

打开 VS.NET 2008 开发平台，新建智能设备项目，输入工程名称为 TCPClientWinCE，单击“确定”按钮，弹出“添加新智能设备项目”对话框，目标平台选择 Windows CE，.NET Compact Framework 版本选择.NET Compact Framework 3.5，模板选择“设备应用程序”，单击“确定”按钮，创建完成基于 Windows CE 6.0 的 C#设备应用程序，如图 7-7 所示。

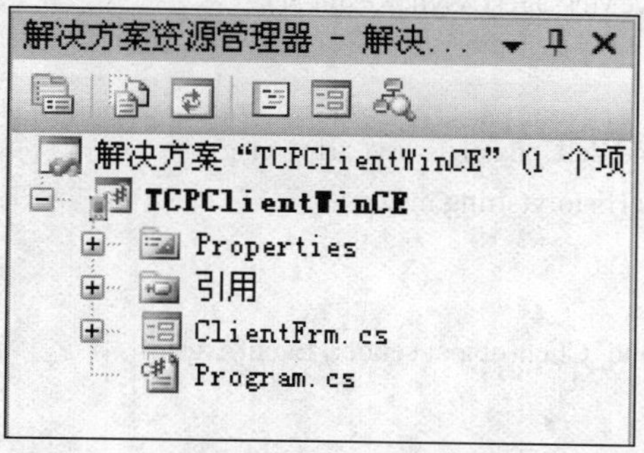

图 7-7　创建 TCPClientWinCE 项目

2. 客户端窗体设计与功能实现

（1）ClientFrm 窗体界面设计如图 7-8 所示。

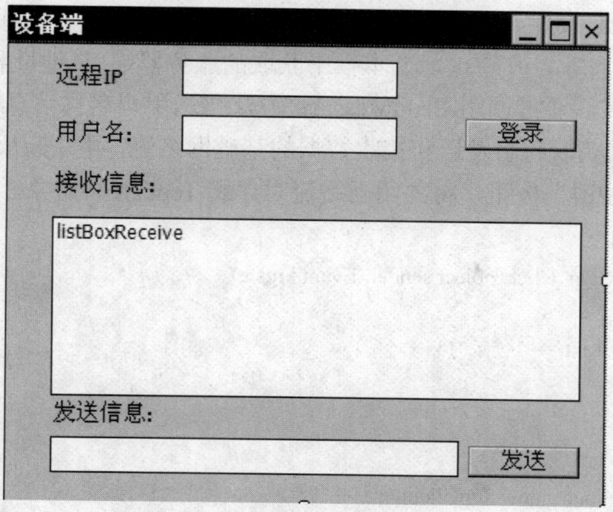

图 7-8　ClientFrm 窗体界面设计

（2）ClientFrm 窗体代码文件（ClientFrm.cs）结构。

```
public partial class ClientFrm : Form
{
    TcpClient client;
    byte[] data;
    public ClientFrm()
    {
```

```
            InitializeComponent();
        }
        private void btnSign_Click(object sender, EventArgs e)
        {
        }
        public void SendMessage(string message)
        {
        }
        public void ReceiveMessage(IAsyncResult ar)
        {
        }
        public delegate void delUpdateHistory(string msg);
        public void UpdateHistory(string msg)
        {
        }
        private void btnSend_Click(object sender, EventArgs e)
        {
        }
        private void ClientFrm_Closing(object sender, CancelEventArgs e)
        {
        }
    }
```

（3）btnSign_Click 事件方法。单击“登录”按钮时，该方法被执行。在执行过程中，首先创建一个 TcpClient 对象，并通过从文本框中获取的服务器端 IP 地址和 2000 端口号向服务器端发出连接请求，然后通过调用 SendMessage 方法传送用户名称信息，最后调用 TcpClient 对象的 GetStream 方法获取用于发送和接收数据的基础网络流，并开始从服务器端异步读取数据。如果用户单击“注销”按钮，将关闭网络流对象和 TcpClient 对象。

具体代码实现如下：

```
    private void btnSign_Click(object sender, EventArgs e)
    {
        if (btnSign.Text == "登录")
        {
            try
            {
                client = new TcpClient();
                client.Connect(txtIpAddress.Text, 2000);
                data = new byte[client.ReceiveBufferSize];
                SendMessage(txtUserName.Text);
                client.GetStream().BeginRead(data,0,System.Convert.ToInt32(
                client.ReceiveBufferSize), ReceiveMessage, null);
                btnSign.Text = "注销";
                btnSend.Enabled = true;
            }
            catch (Exception ex)
```

```
                {
                    MessageBox.Show(ex.ToString());
                }
            }
            else
            {
                client.GetStream().Close();
                client.Close();
                btnSign.Text = "登录";
                btnSend.Enabled = false;
            }
        }
```

（4）SendMessage 方法。该方法用于用户从客户端向服务器端发送信息。

具体代码实现如下：

```
public void SendMessage(string message)
{
    try
    {
        NetworkStream ns = client.GetStream();
        byte[] data = System.Text.Encoding.Default.GetBytes(message);
        ns.Write(data, 0, data.Length);
        ns.Flush();
    }
    catch (Exception ex)
    {
        MessageBox.Show(ex.ToString());
    }
}
```

（5）ReceiveMessage 方法和 UpdateUI 方法。ReceiveMessage 方法是在一个辅助的线程中运行的，它通过网络流对象异步读取从服务器端发来的信息，当收到数据信息之后，将显示在窗体的文本框控件中，这里要注意的是，试图用辅助线程更新窗体主线程中的 Windows 控件信息是不安全的，将会发生程序运行异常，为了使窗体所对应的主线程能够完成辅助线程发来改变窗体控件信息的任务，可以通过调用 Invoke 方法将其发送到主线程去完成。主线程通过委托 delegate 订阅连接事件，调用参数使用 Object[]来传递，当连接状态发生改变的时候，窗体主线程同步调用 void UpdateUI (string msg)方法以实现对窗体控件的操作。最后客户端的网络流对象再次调用 BeginRead 方法从服务器端进行异步读取，这类似于 while 的无限循环。

具体代码实现如下：

```
public delegate void delUpdateUI(string msg);
public void ReceiveMessage(IAsyncResult ar)
{
    int bytesRead;
    bytesRead = client.GetStream().EndRead(ar);
    if (bytesRead < 1)
```

```
            return;
        else
        {
                object[] para = { System.Text.Encoding.Default.GetString(data, 0, bytesRead) };
                this.Invoke(new delUpdateUI(UpdateUI), para);
        }
        client.GetStream().BeginRead(data, 0, System.Convert.ToInt32(client.Receive
        BufferSize), ReceiveMessage, null);
    }
public void UpdateUI(string msg)
{
    listBoxReceive.Items.Add(msg);
    listBoxReceive.SelectedIndex = listBoxReceive.Items.Count - 1;
}
```

（6）btnSend_Click 事件方法。该方法通过调用 SendMessage 方法传送用户名称信息。具体代码实现如下：

```
private void btnSend_Click(object sender, EventArgs e)
{
    SendMessage(txtSend.Text);
    txtSend.Text = "";
}
```

（7）ClientFrm_Closing 事件方法。当关闭窗体时，关闭网络流对象和 TcpClient 对象。具体代码实现如下：

```
private void ClientFrm_Closing(object sender, CancelEventArgs e)
{
    client.GetStream().Close();
    client.Close();
}
```

嵌入式设备客户端运行效果如图 7-9 所示。

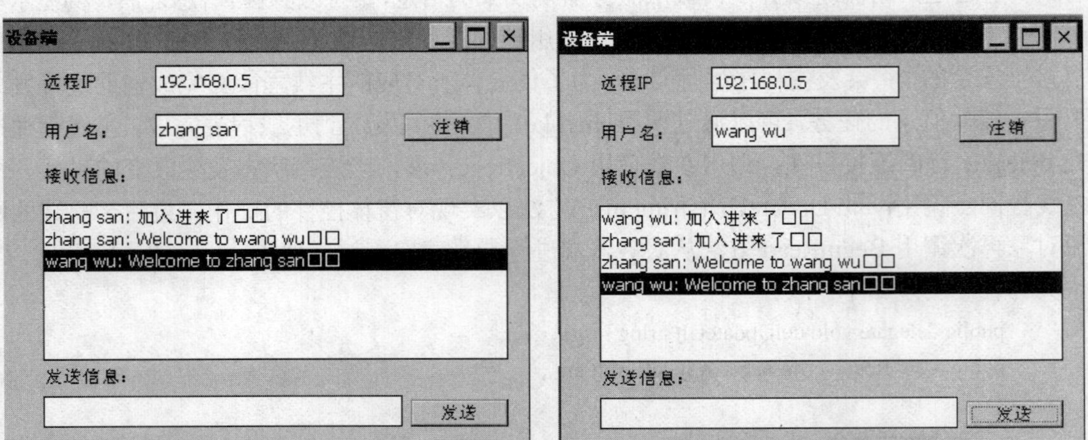

图 7-9　嵌入式设备客户端运行界面

7.4 开发基于 UDP 协议的应用程序

7.4.1 PC 端功能实现

1. 创建基于 PC 端 UDP 应用的工程项目

打开 VS.NET 2008 开发平台，新建 Windows 窗体应用程序项目，输入工程名称为 UDPPC，单击“确定”按钮，创建完成基于 PC 端运行的 C#Windows 窗体应用程序。

2. PC 端窗体设计与功能实现

（1）PCFrm 窗体界面设计如图 7-11 所示。

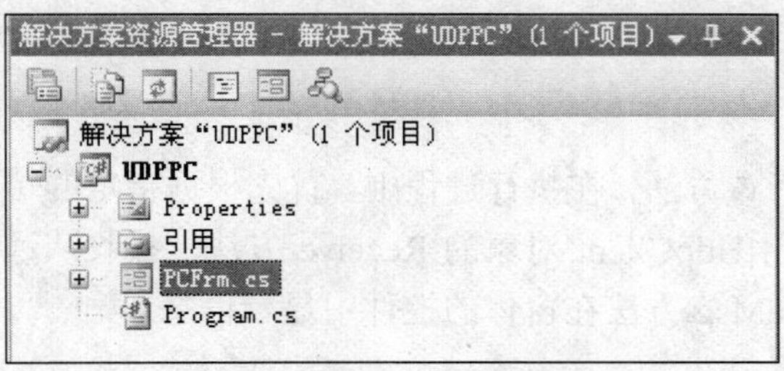

图 7-10 创建 UDPPC 工程项目

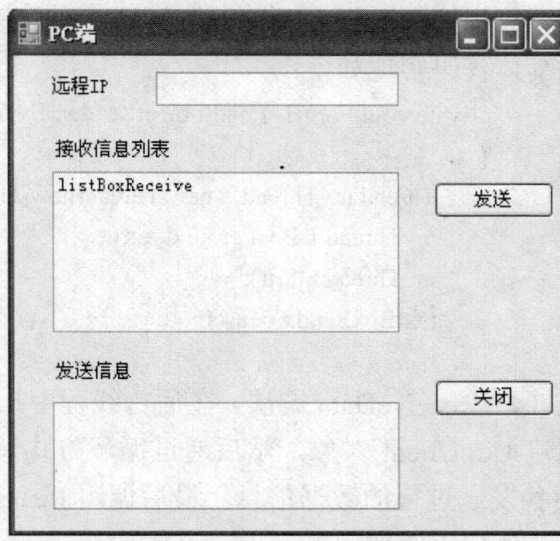

图 7-11 PC 端窗体界面设计

（2）PCFrm 窗体代码文件（PCFrm.cs）结构。

```
public partial class PCFrm : Form
{
    private int port = 8001;
    private UdpClient udpClient;
    private delegate void AddListBoxItemCallback(string text);
    public PCFrm()
    {
        InitializeComponent();
    }
    private void Form1_Load(object sender, EventArgs e)
    {
    }
    private void ReceiveData()
    {
    }
    private void ReceiveMsg(string msg)
    {
```

```
        }
        private void AddListBoxItem(string msg)
        {
        }
        private void btnSend_Click(object sender, EventArgs e)
        {
        }
        private void btnClose_Click(object sender, EventArgs e)
        {
        }
    }
```

（3）Form1_Load 事件方法。当主窗体（PCFrm）加载时执行该方法。在执行过程中，创建一个线程接收远程主机发来的信息，同时使线程设为后台运行，并启动线程。

具体代码实现如下：

```
private void Form1_Load(object sender, EventArgs e)
{
    Thread myThread = new Thread(new ThreadStart(ReceiveData));
    myThread.IsBackground = true;
    myThread.Start();
    textBoxSend.Focus();
}
```

（4）ReceiveData 方法。在后台线程中执行该方法，在执行过程中，首先根据指定的端口号创建 UdpClient 对象，然后通过循环方式调用 UdpClient 对象的 Receive 方法，接收从远程 IP 设备发送过来的数据信息，最后调用 ReceiveMsg 方法在窗体的控件中显示信息。

具体代码实现如下：

```
private void ReceiveData()
{
    udpClient = new UdpClient(port);
    IPEndPoint remote = null;
    while (true)
    {
        try
        {
            byte[] bytes = udpClient.Receive(ref remote);
            string str = Encoding.UTF8.GetString(bytes, 0, bytes.Length);
            ReceiveMsg(string.Format("来自{0}：{1}", remote, str));
        }
        catch
        {
            break;
        }
    }
}
```

（5）ReceiveMsg 方法。一般来说，如果某工作线程（除主线程）想实现对窗体控件的操作，在默认情况下是不允许直接操作的，为了使窗体所对应的 UI 主线程能够完成工作线程发来改变窗体控件信息的任务，可以通过 Invoke 方法将其发送到 UI 主线程去完成。这里通过Invoke方法来进行线程安全的调用。UI 主线程通过委托 delegate 订阅连接事件，调用参数使用 Object[] 来传递，当连接状态发生改变的时候，UI 主线程同步调用 void AddListBoxItem(string msg)方法，以实现对窗体控件的操作。可以这样理解：先假定 UI 主线程（即窗体控件的拥有者）为 A 线程，工作线程为 B 线程，如果 B 线程需要操作窗体控件，就可以使用 Invoke 方法，Invoke 方法将交给它的委托封装成了一个标准的 Windows 消息，加进了 A 线程的消息队列内，最后 B 线程必须等到 A 线程响应了传送的消息后才能得到返回值。这样 UI 主线程（A 线程）可以呈现工作线程（B 线程）提供的任何信息。

具体代码实现如下：

```
private delegate void AddListBoxItemCallback(string text);
private void ReceiveMsg(string msg)
{
    AddListBoxItemCallback listBoxCallback=new AddListBoxItemCallback(AddListBoxItem);
    Invoke(listBoxCallback, new object[] { msg });
}
private void AddListBoxItem(string msg)
{
    listBoxReceive.Items.Add(msg);
    listBoxReceive.SelectedIndex = listBoxReceive.Items.Count - 1;
}
```

（6）btnSend_Click 事件处理方法。单击“发送”按钮，执行该方法。在执行过程中，首先创建一个没有与任何地址和端口号绑定的 UdpClient 对象，然后将文本框中的远程 IP 地址字符作为参数，调用 IPAddress 类的 Parse 方法，创建一个 IPAddress 对象，它包含远程设备在 IP 网络上的地址，接着利用 IPAddress 对象和端口号实例化 IPEndPoint 对象，最后利用转换成的字节数组、字节数组长度、IPEndPoint 对象作为参数，调用 UdpClient 对象的 Send 方法，实现向远程设备发送数据信息。

具体代码实现如下：

```
private void btnSend_Click(object sender, EventArgs e)
{
UdpClient myUdpClient = new UdpClient();
    IPAddress remoteIP = IPAddress.Parse(textBoxRemoteIP.Text);
    if (remoteIP == null)
    {
        MessageBox.Show("远程 IP 格式不正确");
        return;
    }
    IPEndPoint iep = new IPEndPoint(remoteIP, port);
    byte[] bytes = System.Text.Encoding.UTF8.GetBytes(textBoxSend.Text);
    try
    {
        myUdpClient.Send(bytes, bytes.Length, iep);
```

```
                myUdpClient.Close();
                textBoxSend.Focus();
            }
            catch (Exception err)
            {
                MessageBox.Show(err.Message, "发送失败");
            }
            finally
            {
                myUdpClient.Close();
            }
        }
```

（7）btnClose_Click 事件处理方法。单击“关闭”按钮，执行该方法。这里主要实现关闭 UdpClient 连接，释放与 UDPClient 关联的所有资源，最后将程序关闭。

具体代码实现如下：

```
        private void btnClose_Click(object sender, EventArgs e)
        {
            udpClient.Close();
            Application.Exit();
        }
```

PC 端程序的运行效果如图 7-12 所示。

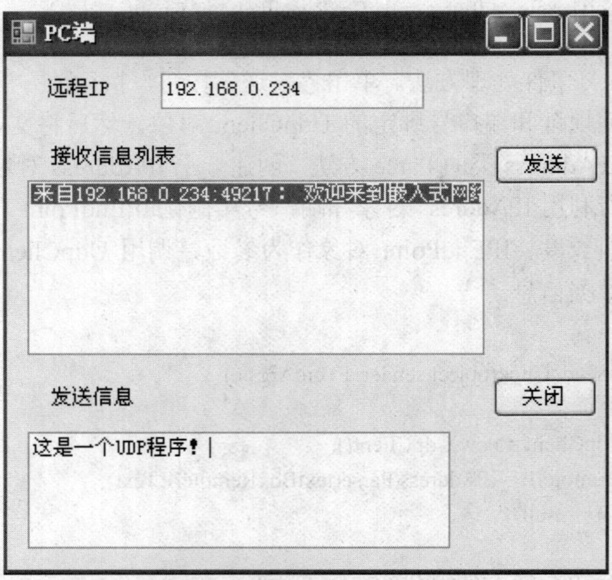

图 7-12　PC 端 UDP 程序运行界面

7.4.2　设备端功能实现

1. 创建基于设备端 UDP 应用的工程项目

打开 VS.NET 2008 开发平台，新建智能设备项目，输入工程名称为 UDPWinCE，单击“确定”按钮，弹出“添加新智能设备项目”对话框，目标平台选择 Windows CE，.NET Compact

Framework 版本选择.NET Compact Framework 3.5，模板选择“设备应用程序”，单击“确定”按钮，创建完成基于 Windows CE 6.0 的 C#设备应用程序，如图 7-13 所示。

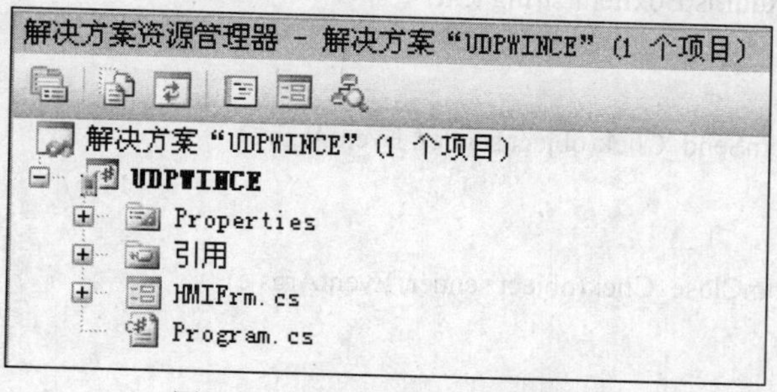

图 7-13　创建 UDPWinCE 项目

2. 设备端窗体设计与功能实现

（1）HMIFrm 窗体界面设计如图 7-14 所示。

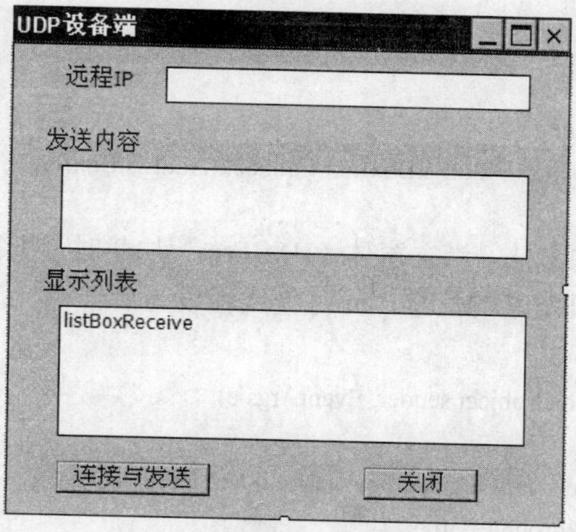

图 7-14　设备端界面设计

（2）HMIFrm 窗体代码文件（HMIFrm.cs）结构。

```
public partial class HMIFrm : Form
{
    delegate void AddListBoxItemCallback(string text);
    AddListBoxItemCallback listBoxCallback;
    private int port = 8001;
    private UdpClient udpClient;
    public HMIFrm()
    {
        InitializeComponent();
    }
    private void Form1_Load(object sender, EventArgs e)
    {
    }
    private void ReceiveData()
```

```
        {
        }
        private void AddListBoxItem(string text)
        {
        }
        private void btnSend_Click(object sender, EventArgs e)
        {
        }
        private void btnClose_Click(object sender, EventArgs e)
        {
        }
    }
```

（3）HMIFrm 构造方法。创建 HMIFrm 窗体对象时，自动调用该方法完成窗体对象的创建，同时实例化委托对象 listBoxCallback。

具体代码实现如下：

```
public HMIFrm()
{
    InitializeComponent();
    listBoxCallback = new AddListBoxItemCallback(AddListBoxItem);
}
```

（4）Form1_Load 事件方法。当主窗体（HMIFrm）加载时，执行该方法。在执行过程中，创建一个线程接收远程主机发来的信息，同时使线程设为后台运行，并启动线程。

具体代码实现如下：

```
private void Form1_Load(object sender, EventArgs e)
{
    Thread myThread = new Thread(new ThreadStart(ReceiveData));
    myThread.IsBackground = true;
    myThread.Start();
    textBoxSend.Focus();
}
```

（5）ReceiveData 方法。在后台线程中执行该方法，在执行过程中，首先根据指定的端口号创建 UdpClient 对象，然后通过循环方式调用 UdpClient 对象的 Receive 方法，接收从远程 IP 设备发送过来的数据信息，最后调用 ReceiveMsg 方法在窗体的控件中显示信息。

具体代码实现如下：

```
private void ReceiveData()
{
    udpClient = new UdpClient(port);
    IPEndPoint remote = null;
    while (true)
    {
        try
        {
            byte[] bytes = udpClient.Receive(ref remote);
```

```
                string str = Encoding.UTF8.GetString(bytes, 0, bytes.Length);
                AddListBoxItem(string.Format("来自{0}：{1}", remote, str));
            }
            catch
            {
                //退出循环，结束线程
                break;
            }
        }
    }
```

（6）AddListBoxItem 方法。一般来说，如果某工作线程（除主线程）想实现对窗体控件的操作，默认情况下是不允许直接操作的，为了使窗体所对应的 UI 主线程能够完成工作线程发来改变窗体控件信息的任务，可以通过调用 Invoke 方法将其发送到 UI 主线程去完成。这里调过Invoke方法来进行线程安全的调用。

具体代码实现如下：

```
private void AddListBoxItem(string text)
{
    //如果 listBoxReceive 被不同的线程访问则通过委托处理
    if (listBoxReceive.InvokeRequired)
    {
        this.Invoke(listBoxCallback, text);
    }
    else
    {
        listBoxReceive.Items.Add(text);
        listBoxReceive.SelectedIndex = listBoxReceive.Items.Count - 1;
    }
}
```

（7）btnSend_Click 事件处理方法。单击“发送”按钮，执行该方法。在执行过程中，首先创建一个没有与任何地址和端口号绑定的 UdpClient 对象，然后将文本框中的远程 IP 地址字符串作为参数，调用 IPAddress 类的 Parse 方法，创建一个 IPAddress 对象，它包含远程设备在 IP 网络上的地址，接着利用 IPAddress 对象和端口号实例化 IPEndPoint 对象，最后利用转换成的字节数组、字节数组长度、IPEndPoint 对象作为参数，调用 UdpClient 对象的 Send 方法，实现向远程设备发送数据信息。

具体代码实现如下：

```
private void btnSend_Click(object sender, EventArgs e)
{
    UdpClient myUdpClient = new UdpClient();
    IPAddress remoteIP = IPAddress.Parse(textBoxRemoteIP.Text);
    if (remoteIP == null)
    {
        MessageBox.Show("远程 IP 格式不正确");
        return;
```

```
        }
        IPEndPoint iep = new IPEndPoint(remoteIP, port);
        byte[] bytes = System.Text.Encoding.UTF8.GetBytes(textBoxSend.Text);
        try
        {
            myUdpClient.Send(bytes, bytes.Length, iep);
            myUdpClient.Close();
            textBoxSend.Focus();
        }
        catch (Exception err)
        {
            MessageBox.Show(err.Message, "发送失败");
        }
        finally
        {
            myUdpClient.Close();
        }
    }
```

（8）btnClose_Click 事件处理方法。单击“关闭”按钮，执行该方法。这里主要实现关闭 UdpClient 连接，释放与 UDPClient 关联的所有资源，最后将程序关闭。

具体代码实现如下：

```
    private void btnClose_Click(object sender, EventArgs e)
    {
        udpClient.Close();
        Application.Exit();
    }
```

设备端程序的运行效果如图 7-15 所示。

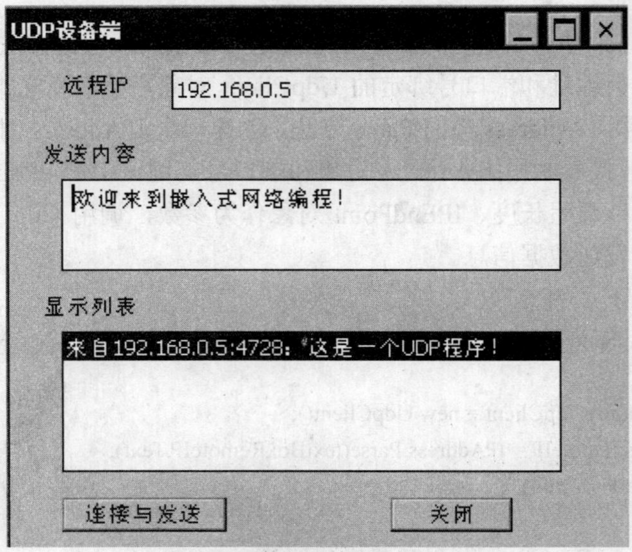

图 7-15　设备端运行界面

7.5　基于.Net 的 Web Services 简介

1. Web Services 概念

从应用角度来说，Web Services 就是一个应用程序，它向外界暴露出一个能够通过 Web 进行调用的 API。也就是说，你可以用编程的方法通过 Web 来调用这个应用程序。

作为嵌入式设备，其存储能力有限，在某些商业应用场景中，服务器端的数据都是几十 M、上百 M 级单位，这么多的数据是不可能全部存储在嵌入式设备上的，所以在实际应用系统中，往往需要利用嵌入式设备借助于 Web Services 服务来获取服务器端数据。

从目前来看，Windows CE 应用程序访问 Web Services 的应用主要有两个方面：一个是个人应用程序需要获取公共数据服务，如获取天气预报、地理信息等；另一个是基于 Windows CE 的企业级应用将核心服务发布成 Web Services 形式，然后由终端 Windows CE 应用程序进行调用。

2. Web Services 优势

（1）Web Services 通过标准 HTTP 协议来传输数据，可以很方便地跨越 Intranet 或 Internet 网段，通过适当的配置，对 Web Services 的访问可以很轻易地穿越防火墙。同时，Web Services 通常设计为面向服务的接口，只需要向其发送命令来完成某一服务的请求，和服务器之间不需要一个持久的连接。所以，通过 Web Services 可以很方便地访问远程服务器上提供的各种封装好的服务，以获取数据或者向服务器提交数据。

（2）在嵌入式环境下，平台多样性十分突出，在一个应用中可能会存在若干种不同的软硬件平台，有的硬件平台运行的是 Linux 系统，有的是 Windows CE 系统，有了 Web Services 提供之后，就可以实现异构系统下的数据交互，这主要是依靠 Web Services 使用基于 XML 的消息处理作为基本的数据通信方式。

3. Web Services 的基础结构

Web Services 的基础结构组件包括 Web 服务目录、Web 服务发现、Web 服务描述、Web 服务连网形式，如图 7-16 所示。

（1）Web 服务目录。

当创建完成 Web Services 后，如果希望其他人使用，就需要考虑如何让开发人员找到它。方法是将其注册到 Web Services 目录中。Web 服务目录提供一个用于定位其他组织提供的 Web 服务的中心位置，Web 服务目录（如 UDDI 注册表）充当此角色。

（2）Web 服务发现。

Web Services 服务发现是使用 Web 服务描述语言（WSDL）对 Web Services 说明进行定位和询问的过程，是访问 Web Services 的基本步骤。通过 Web 服务发现，Web Services 客户端能够在设计阶段了解某个 Web Services 是否存在、它的功能如何，以及如何正确与它进行交互操作。这里 Disco 规范定义了发现定位服务描述的算法。

（3）Web 服务描述。

为了能与特定的 Web 服务进行交互，需要提供定义该 Web 服务支持的交互功能的服务描述。Web 服务描述是 Web Services 功能的正式定义，它使用 Web Services 说明语言语法的文档。服务描述定义了与 XML Web Services 交换信息时客户端需要遵循的消息格式合约。有了 Web

服务描述，客户端就能知道如何与 Web 服务进行交互并使用该服务。

（4）Web 服务连网形式。

为实现通用的通信，Web 服务使用开放式连网形式进行通信，这些格式是任何能够支持 Web 标准的系统都可以理解的协议，其中 SOAP 是 Web 服务通信的主要协议。

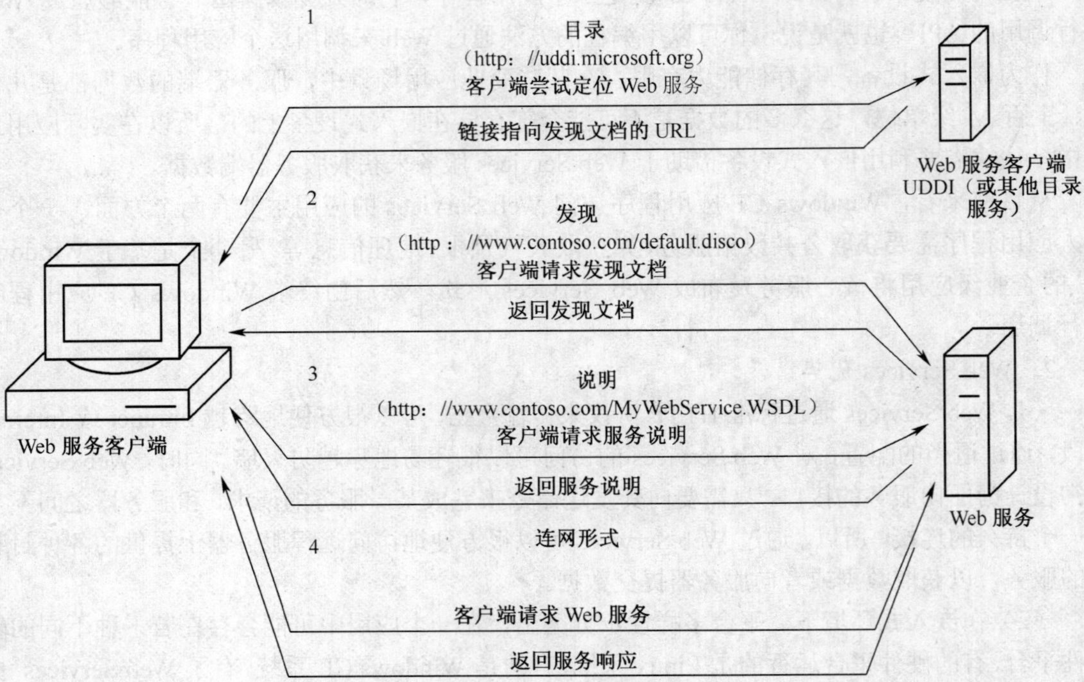

图 7-16 Web 服务基础结构图

4. 代理类作用

通过代理类，可以引用远程的 Web 服务，在用户应用程序中使用其功能，就像返回的数据是本地生产一样，如图 7-17 所示。

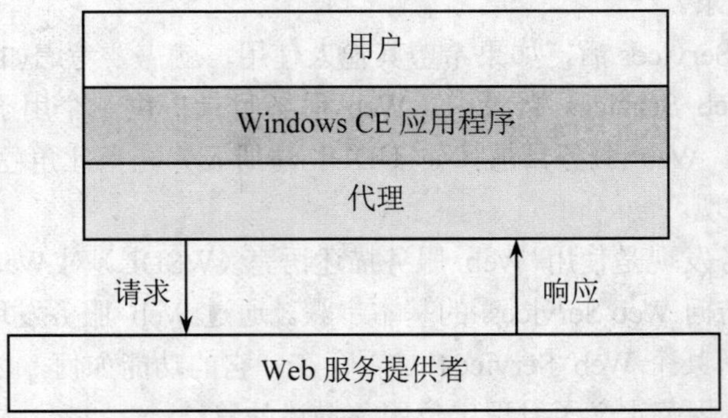

图 7-17 通过代理使用 Web 服务

5. 使用 Web Services

（1）创建一个 Web 服务，定义 Web 服务的服务接口和调用方法。

（2）在 Internet 上发布 Web 服务。

（3）查找 Web 服务以便使用它。

（4）在客户端生成一个代理类。

（5）调用 Web 服务。

客户端：取得服务端的服务描述文件 WSDL，解析该文件的内容，了解服务端的服务信息以及调用方式。根据需要生成恰当的 SOAP 请求消息并发往服务端，等待服务端返回的 SOAP 回应消息，解析得到返回值。

服务端：生成服务描述文件，以供客户端获取。接收客户端发来的 SOAP 请求消息，解析其中的方法调用和参数格式。根据 WSDL 文档描述调用相应的对象来完成指定功能，并把返回值放入 SOAP 回应消息，最后返回给用户。

7.6　开发 Web Services 应用程序

7.6.1　程序功能描述

本程序分为服务器端与客户端两部分：服务器端创建和发布 Web Services 服务功能，具体包含两个 Web 服务方法，一个方法是发布所获取的相关城市列表；另一个方法是将指定的城市作为参数获取该城市一周天气的温度值，并对外发布。客户端创建应用，实现调用服务器端的 Web 服务功能，具体包含两个方面：一是将对外发布的相关城市的 Web 服务获取，并显示在窗体上；二是在窗体上选择指定的城市名称值，调用对外发布的城市天气 Web 服务方法，并将城市名称值作为参数传入该方法，最后将返回的指定城市一周天气温度值显示在窗体上，如图 7-18 所示。

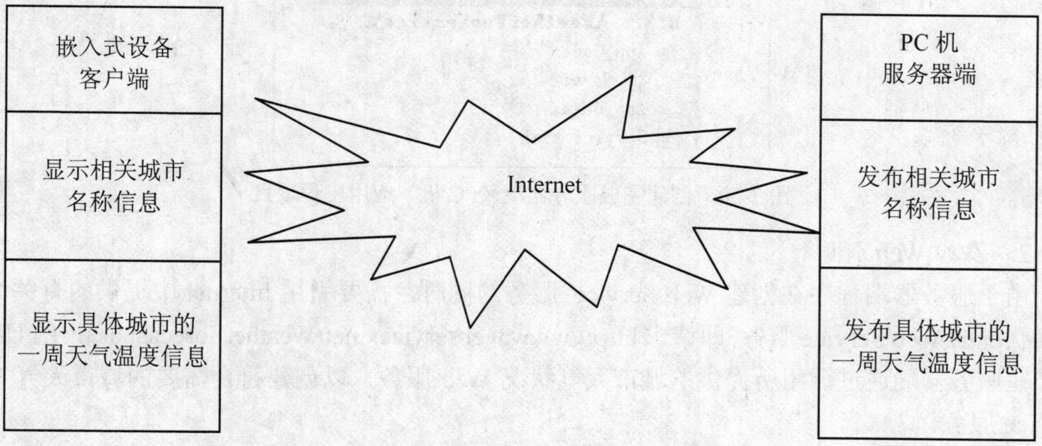

图 7-18　服务器端与客户端的功能说明

7.6.2　服务器端创建 Web Services 功能实现

1. 创建基于服务器端（PC 机）应用的工程项目

打开 VS.NET 2008 开发平台，选择“文件”→“新建”→“网站”，弹出如图 7-19 所示的“新建网站”对话框，选择 ASP.NET Web 服务项目模板，输入名称为 WeatherWebService，单击“确定”按钮，创建完成服务端 Web Service 应用程序。

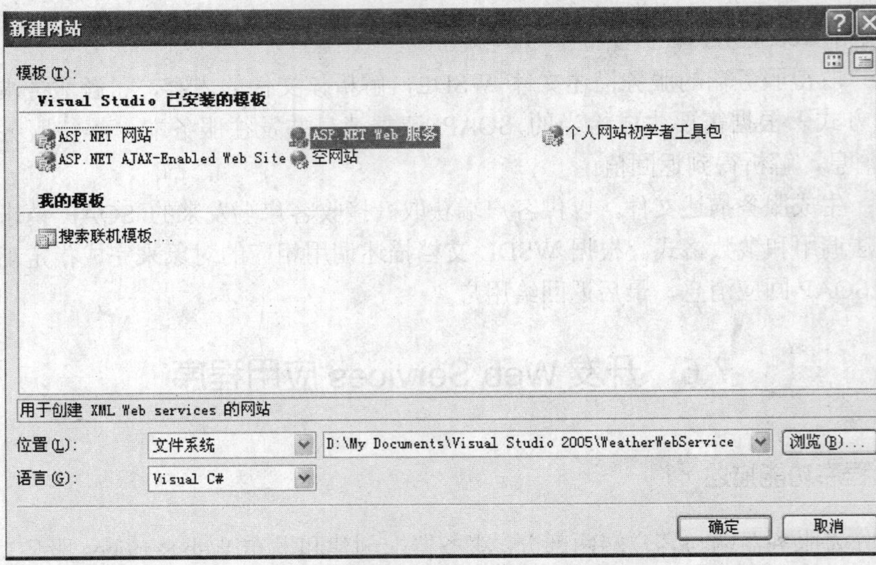

图 7-19 选择 ASP.NET Web 服务模板

创建完成服务器端（PC 机）应用工程项目之后，在解决方案资源管理器中可以找到如图 7-20 所示的 WeatherWebService 工程项目。

图 7-20 创建完成服务器端（PC 机）应用工程项目

2. 添加 Web 引用

由于服务器端程序在创建 Web Service 服务的同时，需要引用 Internet 中提供的有关城市天气状况的 Web Service 服务，即请求 http://www.webservicex.net/WeatherForecast.asmx 的 URL，这样在服务器端通过调用所提供的城市天气状况 Web 服务，以创建符合需要的城市天气 Web Service 服务。

（1）在解决方案资源管理器中，右击 WeatherWebService 工程项目，选择“添加 Web 引用”选项，弹出如图 7-21 所示的“添加 Web 引用”对话框，在 URL 栏中输入 http://www.webservicex.net/WeatherForecast.asmx，单击“前往”按钮。

（2）当单击“前往”按钮之后，将根据 URL 栏中提供的 Http 请求搜索 Internet 中指定的 Web Service 服务，成功搜索完成之后，在对话框左边显示所提供的 Web 服务方法，如图 7-22 所示，然后在 Web 引用名一栏中输入 WeatherForecastNS，最后单击“添加引用”按钮。

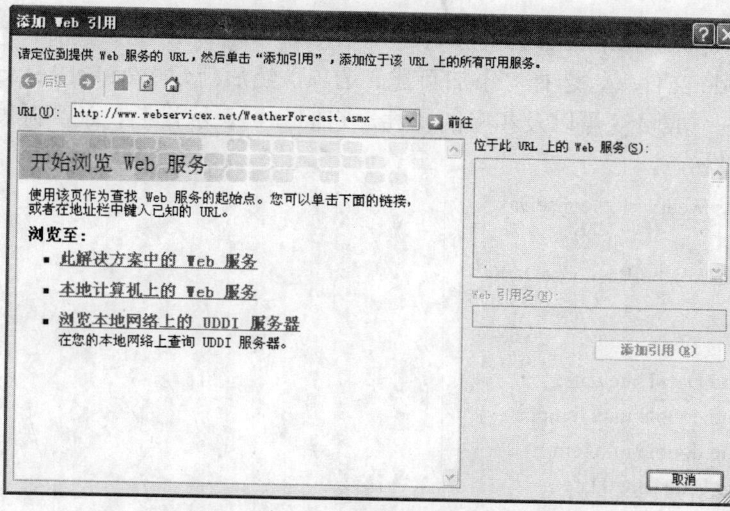

图 7-21　"添加 Web 引用"对话框

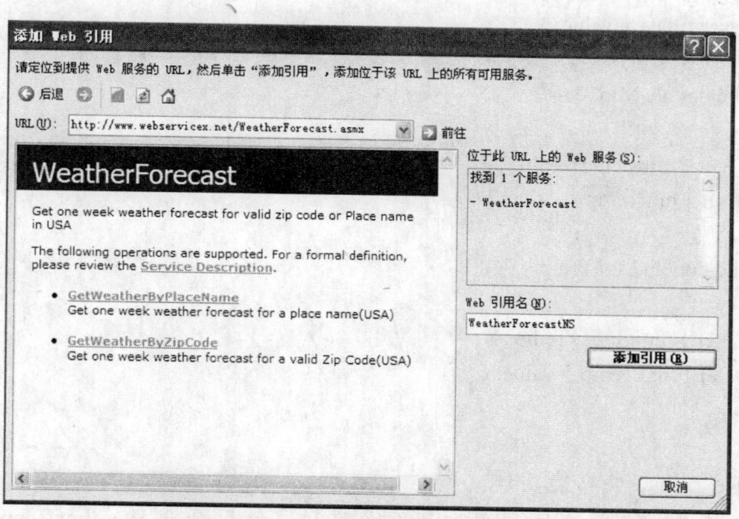

图 7-22　设置 Web 服务的 URL

（3）当添加完成 Web 引用之后，在解决方案资源管理器中就能查看到如图 7-23 所示的 Web 服务引用。

图 7-23　添加完成 Web 服务的引用

3. WeatherResponseDay 类功能实现

右击 App_Code 文件夹，选择“添加新建”选项，然后新建 WeatherResponseDay.cs 文件，在类文件中建立三个成员变量以及相应的属性，它们分别表示日期、最高温度、最低温度。

具体代码实现如下：

```
public class WeatherResponseDay
{
    public WeatherResponseDay()
    {
    }
    private DateTime date;
    private double maxTemp;
    private double minTemp;
    public DateTime Date
    {
        get { return date; }
        set { date = value; }
    }
    public double MinTemp
    {
        get { return minTemp; }
        set { minTemp = value; }
    }
    public double MaxTemp
    {
        get { return maxTemp; }
        set { maxTemp = value; }
    }
}
```

4. WeatherResponse 类功能实现

右击 App_Code 文件夹，选择“添加新建”选项，然后新建 WeatherResponse.cs 文件，在类文件中新建一个 WeatherResponseDay 类型的集合对象 days 以及对应的属性 Days。

具体代码实现如下：

```
public class WeatherResponse
{
    public WeatherResponse()
    {
    }
    private List<WeatherResponseDay> days = new List<WeatherResponseDay>();
    public List<WeatherResponseDay> Days
    {
        get { return days; }
        set { days = value; }
    }
}
```

5. Service 类功能实现

打开 App_Code 文件夹中的 Service.cs 文件，新建两个对外发布的 Web 服务方法：GetCityList 方法和 GetWeather 方法。

（1）GetCityList 方法。在该方法中，新建一个 string 类型的集合对象，并对相应的城市名称进行赋值，然后将集合对象 cities 中的值进行排序。

具体代码实现如下：

```
[WebMethod]
public String[] GetCityList()
{
    List<String> cities = new List<string>(
          new String[] {
                      "New York, NY",
                      "Los Angeles, CA",
                      "Chicago, IL",
                      "Houston, TX",
                      "Philadelphia, PA",
                      "Phoenix, AZ",
                      "San Diego, CA",
                      "Dallas, TX",
                      "San Antonio, TX",
                      "Redmond, WA" });
    cities.Sort();
    return cities.ToArray();
}
```

（2）GetWeather 方法。在该方法中，首先根据传入进来的城市名称值获取相应的城市编码 zipCode 值，然后调用 WeatherForecast 对象的 GetWeatherByZipCode 方法获取 WeatherForecasts 对象，最后通过循环遍历将指定城市的一周天气温度信息赋值给 WeatherResponse 对象。

具体代码实现如下：

```
[WebMethod]
public WeatherResponse GetWeather(String city)
{
    WeatherForecast ws = new WeatherForecast();
    int zipCode;
    switch (city)
    {
        case "New York, NY":
            zipCode = 10001;
            break;
        case "Los Angeles, CA":
            zipCode = 90001;
            break;
        case "Chicago, IL":
            zipCode = 60601;
```

```
                break;
            case "Houston, TX":
                zipCode = 77002;
                break;
            case "Philadelphia, PA":
                zipCode = 19102;
                break;
            case "Phoenix, AZ":
                zipCode = 85003;
                break;
            case "San Diego, CA":
                zipCode = 92101;
                break;
            case "Dallas, TX":
                zipCode = 75201;
                break;
            case "San Antonio, TX":
                zipCode = 78201;
                break;
            case "Redmond, WA":
                zipCode = 98052;
                break;
            default:
                return null;
        }
            WeatherResponse response;
            WeatherForecasts forecast;
            forecast = ws.GetWeatherByZipCode(zipCode.ToString());
            if (forecast == null)
                return null;
            response = new WeatherResponse();
            foreach (WeatherData data in forecast.Details)
            {
                WeatherResponseDay day = new WeatherResponseDay();
                if (data.Day != null)
                {
                    day.Date = DateTime.Parse(data.Day);
                    day.MinTemp = double.Parse(data.MinTemperatureF);
                    day.MaxTemp = double.Parse(data.MaxTemperatureF);
                    response.Days.Add(day);
                }
            }
        return response;
    }
```

6. 发布 Web Service

（1）右击 WeatherWebService 工程项目所在的文件夹 WeatherWebService，选择“共享和

安全”选项，弹出如图 7-24 所示的“WeatherWebService 属性”对话框。

（2）当选择如图 7-18 所示的“共享文件夹”选项时，弹出如图 7-25 所示的“编辑别名”对话框，单击“确定”按钮。

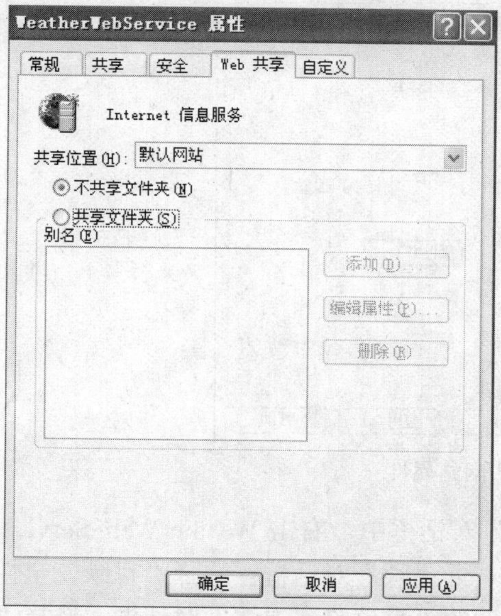

图 7-24　“WeatherWebService 属性”对话框

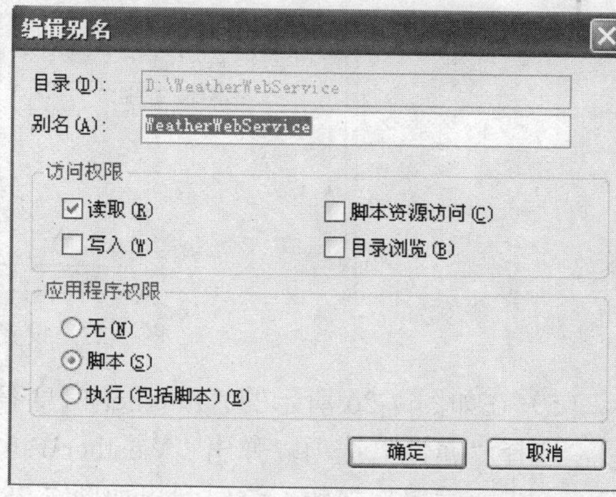

图 7-25　“编辑别名”对话框

（3）打开控制面板中的管理工具→Internet 信息服务，可以查看到前面设置完成的 Web Services 服务项目 WeatherWeb Service，如图 7-26 所示。

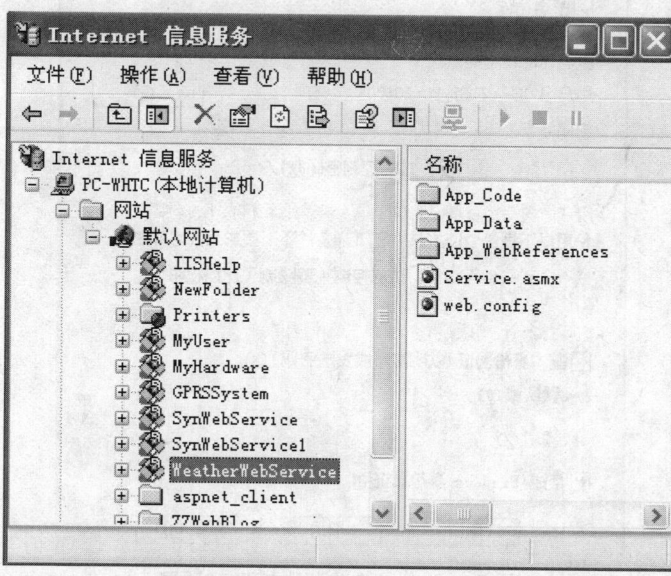

图 7-26　设置完成的 Web Services 服务项目

（4）右击默认网站，选择“属性”选项，弹出如图 7-21 所示的“默认网站属性”对话框，在 IP 地址栏中选择 PC 机网络所在的 IP 地址，这里选择 192.168.1.112，如图 7-27 所示，单击“确定”按钮。

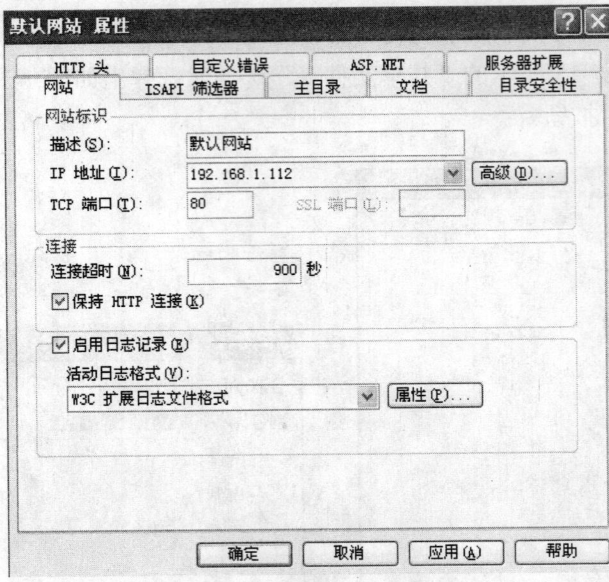

图 7-27 设置默认网站属性

（5）在如图 7-26 所示的“Internet 信息服务”对话框中，右击 WeatherWeb Service 工程项目，选择“属性”选项，弹出“WeatherWeb Service 属性”对话框；选择“目录安全性”选项卡，单击“编辑”按钮，这时弹出如图 7-28 所示的“身份验证方法”对话框；选择“匿名访问”选项，最后单击“确定”按钮。

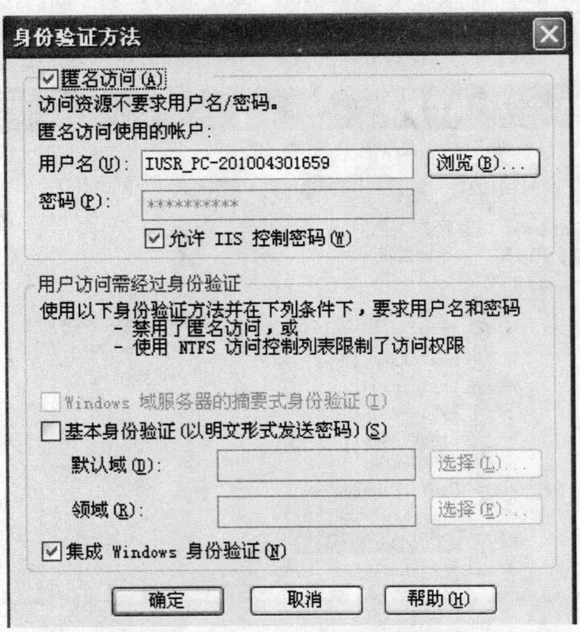

图 7-28 “身份验证方法”对话框

（6）打开 Windows CE 嵌入式设备中的 IE 浏览器，在地址栏中输入 http://192.168.1.112/WeatherWebService/Service.asmx 的 URL，这时可以浏览到从 PC 机端对外发布的 Web Services 服务提供的所有功能，如图 7-29 所示。

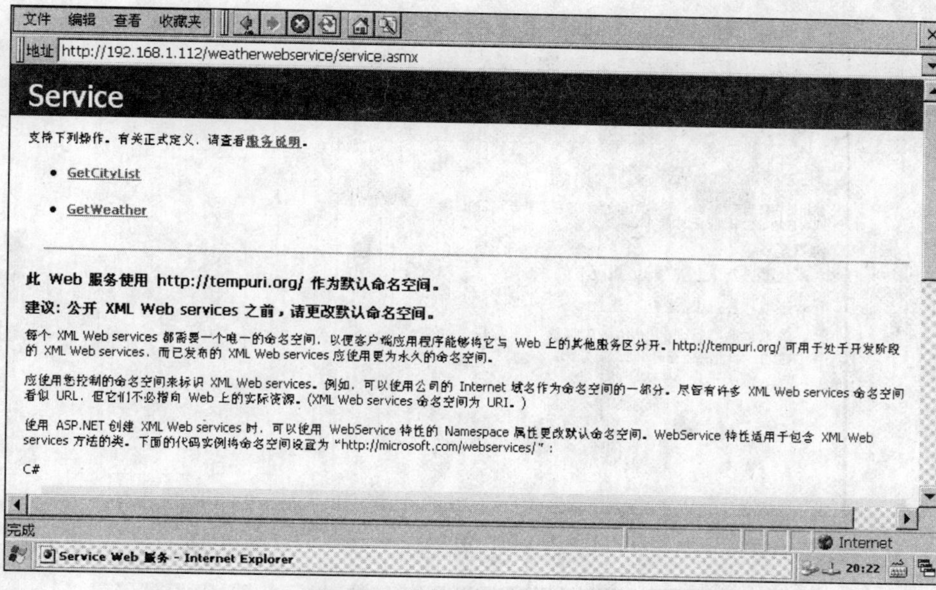

图 7-29 浏览 Web Services 服务

7.6.3 客户端调用 Web Services 功能实现

1. 创建图片浏览程序工程项目

打开 VS.NET 2008 开发平台，创建基于 Windows CE 的 C#设备应用程序，工程名为 WeatherForecastApp，创建完成之后的解决方案资源管理器界面如图 7-30 所示。

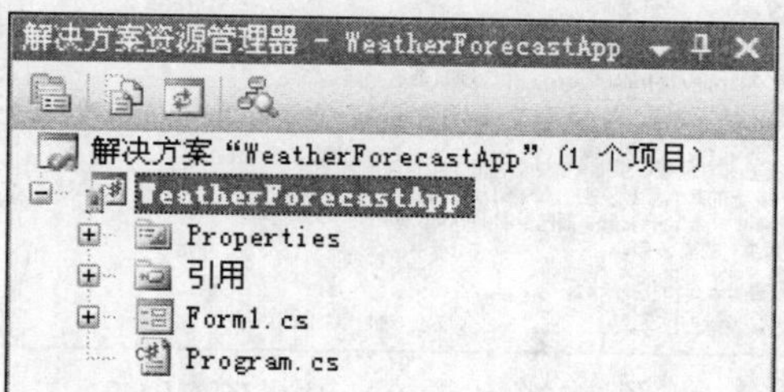

图 7-30 创建完成 WeatherForecastApp 项目

2. 添加 Web 引用

客户端为了能够在窗体上显示指定城市的一周天气信息，需要调用 Web Services 服务，故这里添加 Web 引用。

（1）在解决方案资源管理器中，右击 WeatherForecastApp 工程项目，选择添加 Web 引用，弹出如图 7-31 所示的“添加 Web 引用”对话框，在 URL 栏中输入 http://192.168.1.112/WeatherWebService/Service.asmx，单击“前往”按钮。

（2）当单击“前往”按钮之后，将根据 URL 栏中提供的 Http 请求搜索 Internet 中指定的 Web Services 服务，成功搜索完成之后，在对话框左边显示所提供的 Web 服务方法，如图 7-32 所示，然后在 Web 引用名一栏中输入 WebServiceWS，最后单击“添加引用”按钮。

（3）当添加完成 Web 引用之后，在解决方案资源管理器中就能查看到如图 7-33 所示的 Web 服务引用。

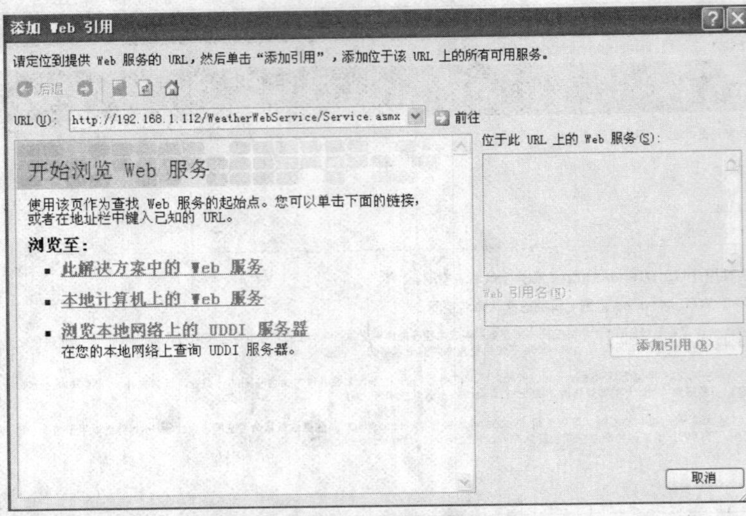

图 7-31 “添加 Web 引用”对话框

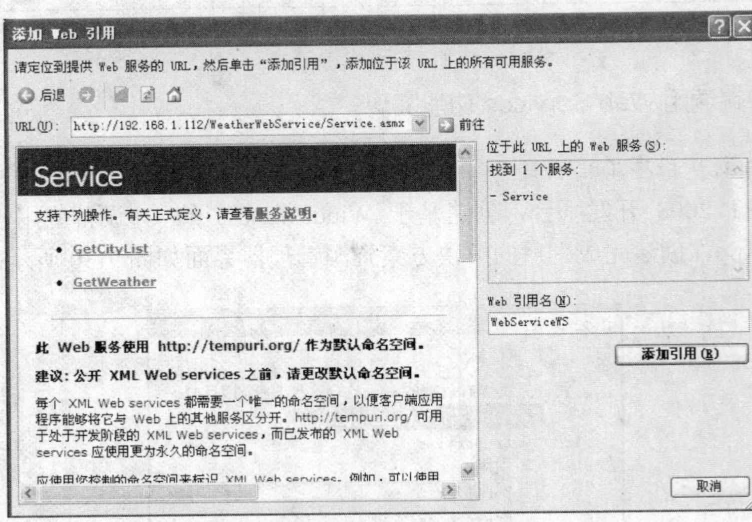

图 7-32 设置 Web 服务的 URL

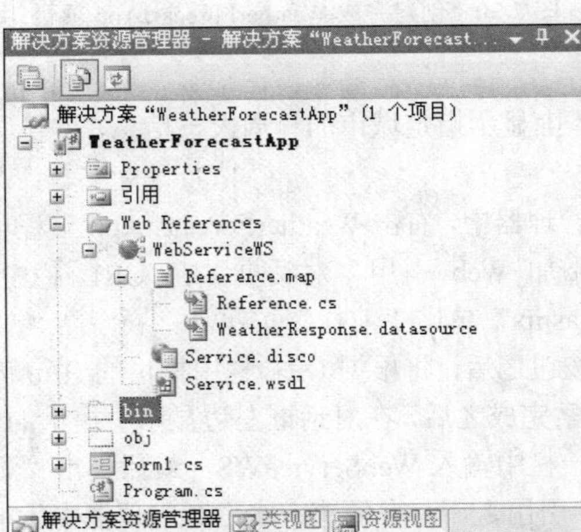

图 7-33 添加完成 Web 服务的引用

3. 用户控件的设计与功能实现

（1）创建 Forecast 用户控件。右击 WeatherForecastApp 工程项目，选择“添加新建”选项，在模板中选择用户控件，名称为 Forecast.cs 文件，如图 7-34 所示。

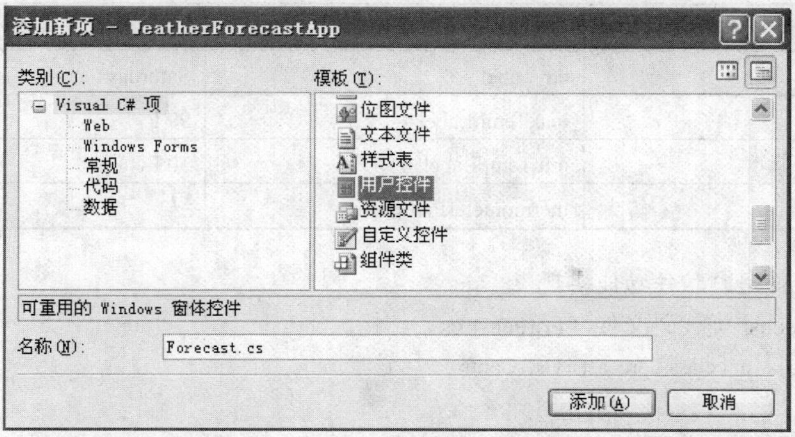

图 7-34　添加 Forecast 用户控件

创建完成 Forecast 用户控件之后，在解决方案资源管理器中就能查看到如图 7-35 所示的用户控件 Forecast.cs 文件。

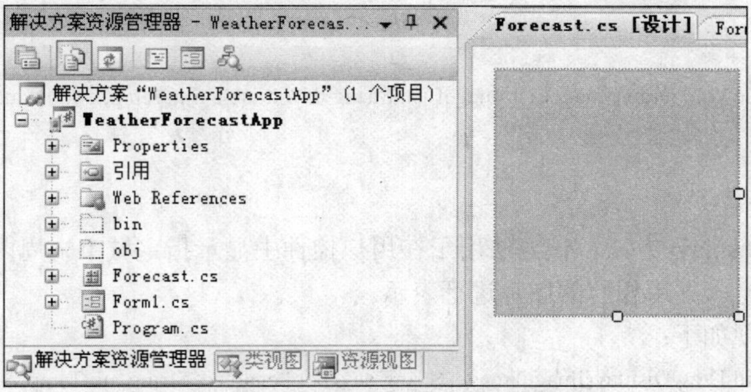

图 7-35　解决方案资源管理器中用户控件文件

（2）用户控件界面设计。在用户控件界面上添加三个 Label 控件和一个 PictureBox 控件，如图 7-36 所示。

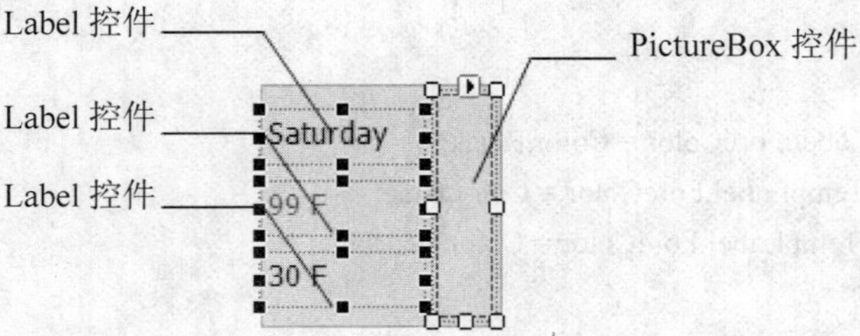

图 7-36　设计 Forecast 用户控件界面

添加完成之后，分别对三个 Label 控件和一个 PictureBox 控件的属性进行设置，如表 7-1 所示。

表 7-1 控件属性说明

控件名称	变量名称	初始值
Label	dayLabel	Saturday
Label	maxTempLabel	99 F
Label	minTempLabel	30 F
PictureBox	thermometerPictureBox	

4. Forecast 用户控件功能实现

（1）Forecast 类代码文件（Forecast.cs）结构。

```
public partial class Forecast : UserControl
{
    public Forecast()
    {
        InitializeComponent();
    }
    public void DrawDisplay(Image image, String day, bool enabled, String minTemp, String maxTemp)
    {
    }
    public void Draw(ImageList imageList, String day, double minTemp, double maxTemp)
    {
    }
}
```

（2）DrawDisplay 方法。该方法用于在用户控件中显示指定城市一周内某一天的最高温度和最低温度信息，并用相应的图片进行表示。

具体代码实现如下：

```
public void DrawDisplay(Image image, String day, bool enabled, String minTemp, String maxTemp)
{
    dayLabel.Text = day;
    minTempLabel.Text = minTemp;
    maxTempLabel.Text = maxTemp;
    thermometerPictureBox.Image = image;
    if (enabled)
    {
        dayLabel.ForeColor = Color.Black;
        minTempLabel.ForeColor = Color.Blue;
        maxTempLabel.ForeColor = Color.Red;
    }
    else
    {
        dayLabel.ForeColor = Color.Gray;
```

```
            minTempLabel.ForeColor = Color.Gray;
            maxTempLabel.ForeColor = Color.Gray;
        }
    }
```

（3）Draw 方法。该方法在执行过程中，根据指定的最高温度值进行判断，以获取符合条件的图片，然后调用 DrawDisplay 方法，在窗体的用户控件中进行信息显示（包括图片、日期、最高温度值以及最低温度值）。

具体代码实现如下：

```
    public void Draw(ImageList imageList, String day, double minTemp, double maxTemp)
    {
        if (imageList == null || day == null)
        {
            DrawDisplay(null, "Day", false, "--F", "--F");
        }
        else
        {
            Image picture;
            if (maxTemp < 36.0)
            {
                picture = imageList.Images[5];
            }
            else if (maxTemp < 52.0)
            {
                picture = imageList.Images[4];
            }
            else if (maxTemp < 68.0)
            {
                picture = imageList.Images[3];
            }
            else if (maxTemp < 84.0)
            {
                picture = imageList.Images[2];
            }
            else if (maxTemp < 100.0)
            {
                picture = imageList.Images[1];
            }
            else
            {
                picture = imageList.Images[0];
            }
            DrawDisplay(picture, day, true, minTemp.ToString()+"F", maxTemp.ToString()+"F");
        }
    }
```

5. 编译生成用户控件

将 WeatherForecastApp 工程项目进行生成解决方案，即按 F7 键，当成功生成之后，选择“项目→刷新项目工具箱”选项，这时在如图 7-37 所示的工具箱中显示 Forecast 用户控件。

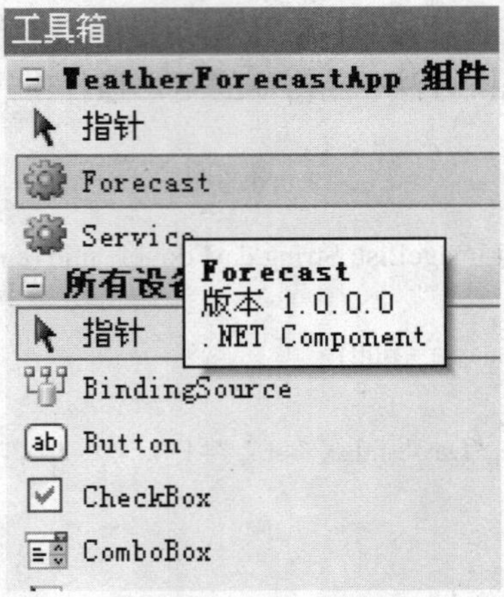

图 7-37　工具箱中显示 Forecast 用户控件

6. 主窗体界面设计

(1)首先从工具箱中将 ListBox 控件添加进窗体的右上角位置，变量命名为 citiesListBox，用于显示城市名称信息；然后六次将 Forecast 用户控件添加进窗体中的正下方位置，它代表指定城市的一周六天的天气状况信息；最后将 ImageList 控件添加进窗体中，变量命名为 thermometerImageList，如图 7-38 所示。

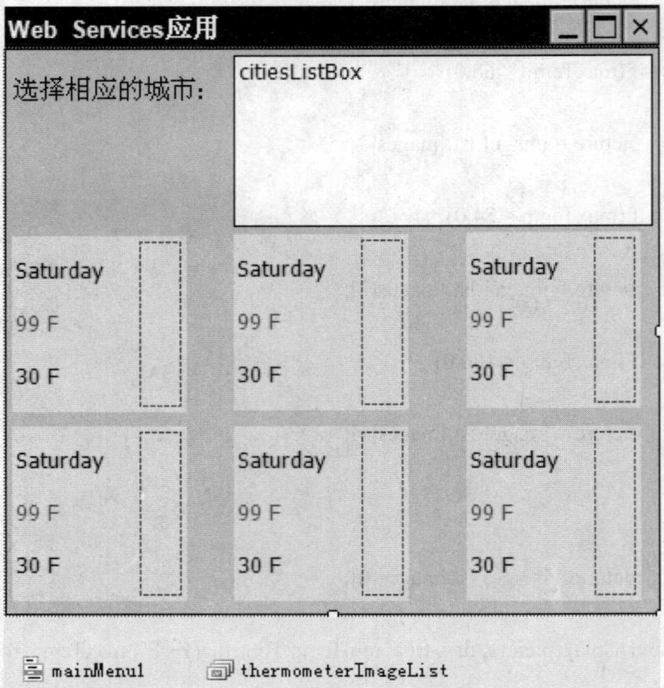

图 7-38　主窗体界面设计

（2）在 WeatherForecastApp 工程项目中，新建文件夹 Graphics，将 thermoA.png～thermoF.png 的六张代表温度信息的图片添加进 Graphics 文件夹，如图 7-39 所示。

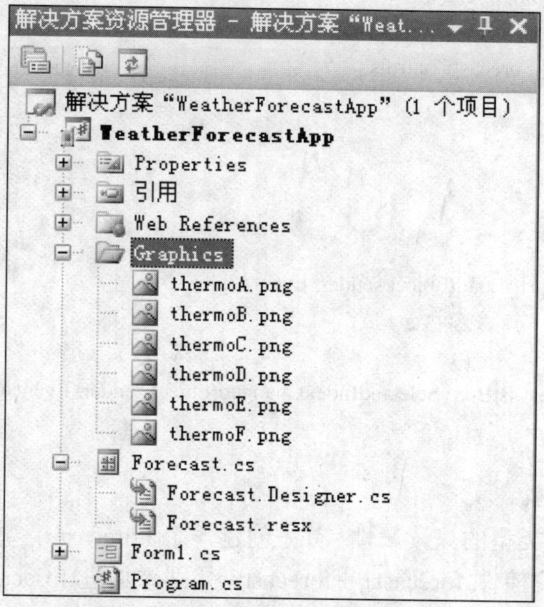

图 7-39　添加表示温度信息的图片

（3）选择变量名称为 thermometerImageList 的 ImageList 控件，在属性栏中单击 Images 属性，然后分别将 thermoA.png～thermoF.png 的六张代表温度信息的图片添加进 ImageCollection 集合编辑器中，如图 7-40 所示。

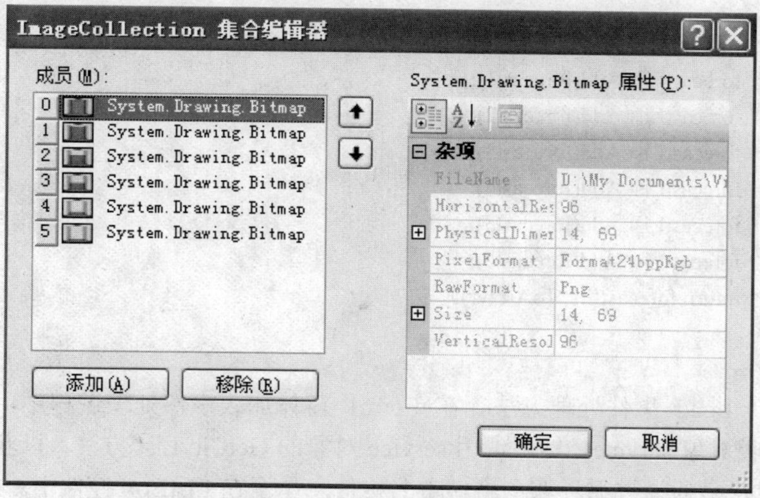

图 7-40　添加图片至 ImageCollection 集合编辑器

7. 主窗体功能实现

（1）Form1 窗体代码文件（Form1.cs）结构。

```
public partial class Form1 : Form
{
```

```
    public Form1()
    {
        InitializeComponent();
    }
    public Forecast[] ForecastControls
    {
        get
        {
        }
    }
    private void Form1_Load(object sender, EventArgs e)
    {
    }
    private void citiesListBox_SelectedIndexChanged(object sender, EventArgs e)
    {
    }
}
```

（2）新建 Forecast[]类型的只读属性。首先创建一个 Forecast 类型的集合对象 forecastList，然后将窗体上的六个用户控件 forecast1～forecast6 分别添加进 forecastList 对象中，最后返回 forecastList 对象。

具体代码实现如下：

```
public Forecast[] ForecastControls
{
    get
    {
        List<Forecast> forecastList = new List<Forecast>();
        forecastList.Add(forecast1);
        forecastList.Add(forecast2);
        forecastList.Add(forecast3);
        forecastList.Add(forecast4);
        forecastList.Add(forecast5);
        forecastList.Add(forecast6);
        return forecastList.ToArray();
    }
}
```

（3）Form1_Load 事件处理方法。在 Form1 窗体加载事件处理过程中，首先创建 Web Services 的代理类对象 service，然后调用 service 对象的 GetCityList 方法，以获取 String[]类型的城市名称信息，最后通过循环遍历将城市名称信息显示在 ListBox 控件中。

具体代码实现如下：

```
private void Form1_Load(object sender, EventArgs e)
{
    Cursor currentCursor = Cursor.Current;
    Cursor.Current = Cursors.WaitCursor;
```

```
        WebServiceWS.Service service = new WebServiceWS.Service();
        String[] cities = service.GetCityList();
        foreach (String city in cities)
        {
            citiesListBox.Items.Add(city);
        }
        Cursor.Current = currentCursor;
    }
```

（4）citiesListBox_SelectedIndexChanged 事件处理方法。当手写笔选择窗体上 ListBox 控件中的某一城市名称时，执行该方法。在执行过程中，首先创建 Web Services 的代理类对象 service，然后调用 service 对象的 GetWeather 方法，并传入所选择的城市名称值作为参数，返回 WeatherResponse 类型的对象 response，最后通过 while 循环将返回的 Web Services 天气 Web 服务所指定的城市一周六天的天气温度状况分别赋给六个 Forecast 用户控件，并显示在窗体上。

具体代码实现如下：

```
private void citiesListBox_SelectedIndexChanged(object sender, EventArgs e)
{
    if (citiesListBox.SelectedIndex > -1)
    {
        Cursor currentCursor = Cursor.Current;
        Cursor.Current = Cursors.WaitCursor;
        WebServiceWS.Service service = new WebServiceWS.Service();
        WebServiceWS.WeatherResponse response = service.GetWeather(cities
                                                ListBox.SelectedItem.ToString());
        int i = 0;
        if (response != null)
        {
            while (i < response.Days.Length && i < ForecastControls.Length)
            {
                WebServiceWS.WeatherResponseDay day = response.Days[i];
                Forecast forecast = ForecastControls[i];
                forecast.Draw(thermometerImageList, day.Date.ToString("dddd"), day.MinTemp,
                        day.MaxTemp);
                i++;
            }
        }
        for (; i < ForecastControls.Length; i++)
            ForecastControls[i].Draw(null, null, 0, 0);
        Cursor.Current = currentCursor;
    }
}
```

8. *运行客户端程序*

在嵌入式设备端运行客户端程序，运行效果如图 7-41 所示，其中图中显示的是纽约城市的最近一周六天的天气温度信息（包括最高温度和最多温度值）。

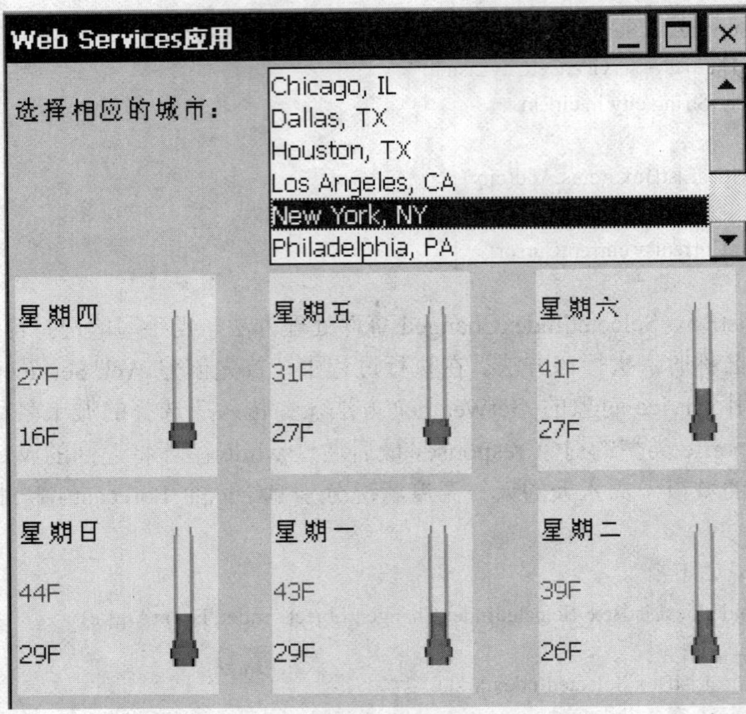

图 7-41 嵌入式设备客户端程序运行界面

7.7 实验内容一：创建基于 TCP 协议的应用程序

1. 实验目的

通过本实验掌握在 VS.NET 2008 平台中，利用.NET Compact Framework 框架下所提供的网络编程接口开发基于 TCP 协议的网络应用程序，使读者能够快速掌握 Windows CE 下的网络编程方法。

2. 实验设备

（1）硬件：

PC 机一台

HMI 实验设备一套

（2）软件：

Visual Studio 2008

ActiveSync 同步软件

3. 实验内容

（1）在 PC 机端创建 C#Windows 工程项目，并开发服务器端程序功能。

（2）在 PC 机端创建基于 C#的 Windows CE 的工程项目，并开发客户端程序功能。

（3）利用 ActiveSync 同步软件保持 HMI 设备与开发 PC 机同步通信。

（4）利用网线保持 HMI 设备与开发 PC 机之间的正常网络通信。

（5）在 PC 机端运行服务器端程序。

（6）将 PC 机端所开发的客户端程序功能编译完成之后，在线下载至 HMI 设备中运行。

7.8　实验内容二：创建 Web Services 应用程序

1. 实验目的

通过本实验掌握在 VS.NET 2008 平台中，利用.NET Compact Framework 框架下所提供的 Web Services 编程接口开发 Web Services 的网络应用程序，使读者能够快速掌握 Windows CE 下的创建和调用 Web Services 服务的方法。

2. 实验设备

（1）硬件：

PC 机一台

HMI 实验设备一套

（2）软件：

Visual Studio 2008

ActiveSync 同步软件

3. 实验内容

（1）在 PC 机端创建 C#的 ASP.NET Web 服务工程项目，并创建开发 Web Services 服务功能。

（2）在 PC 机端创建 C#的 Windows CE 的工程项目，并调用 Web Services 服务功能。

（3）利用 ActiveSync 同步软件保持 HMI 设备与开发 PC 机同步通信。

（4）利用网线保持 HMI 设备与开发 PC 机之间的正常网络通信。

（5）在 PC 机端运行服务器端程序。

（6）将 PC 机端所开发的客户端程序功能编译完成之后，在线下载至 HMI 设备中运行。

本章小结

本章首先介绍网络通信的一些基本知识，包含 TCP 协议的通信方式和 UDP 协议的通信方式，以及它们之间的主要区别；然后通过两个应用实例分别讲解有关基于 TCP 协议的网络编程技术和基于 UDP 协议的网络编程技术，接着介绍基于.NET 的 Web Services 的 Web 服务应用，并通过基于.NET 的 Web Services 的应用实例开发来讲解 Web Services 的创建和调用；最后安排两个有关网络编程的实验，使读者能够动手练习，以便快速掌握网络编程方法。

习题七

1．简述 TCP 协议与 UDP 协议的主要区别。

2．简述面向 TCP 连接网络通信的特点。

3．简述面向 UDP 无连接网络通信的特点。

4．简述创建与调用 Web Service 服务的过程。

参考文献

[1] 何宗健．Windows CE 嵌入式系统．北京：北京航空航天大学出版社，2006．

[2] 张冬泉，谭南林．Windows CE 开发实例精粹．北京：电子工业出版社，2008．

[3] 刘彦博，胡砚、马骐．Windows Mobile 平台应用与开发．北京：人民邮电出版社，2006．

[4] 王浩，林艺春．Windows CE（C#）嵌入式应用开发．北京：中国水利水电出版社，2010．

[5] 王浩．Windows CE（C#）嵌入式应用开发实训教程．北京：中国水利水电出版社，2010．

21世纪 高职高专新概念规划教材

本套教材已出版百余种，发行量均达万册以上，深受广大师生和读者好评，近期根据作者自身教学体会以及各学校的使用建议，大部分教材已推出第二版，新版教材对原书内容进行了重新审核与更新，使其更能跟上计算机科学的发展、跟上高职高专教学改革的要求。

本套教材特色：

(1) 以《基本要求》和培养为编写依据，内容全面，结构合理，文字简练
(2) 采用“问题（任务）驱动”的编写方式，便于激发学习兴趣
(3) 精选实例并将知识点融于实例中，可读性、可操作性和实用性强
(4) 配有上机指导与实训教程，便于学生练习提高

21世纪 高职高专创新精品规划教材

引进高新技术，复合技术，培养创新精神和能力，教学资源丰富，满足教学一线的需求。

“教、学、做”一体化，强化能力培养
“工学结合”原则，提高社会实践能力
“案例教学”方法，增强可读性和可操作性

21世纪 高职高专规划教材

软件职业技术学院“十一五”规划教材

本套丛书特点：

（1）以实际工程项目为引导来说明各知识点，使学生学为所用。
（2）突出实习实训，重在培养学生的专业能力和实践能力。
（3）内容衔接合理，采用项目驱动的编写方式，完全按项目运作所需的知识体系设置结构。
（4）配套齐全，不仅包括教学用书，还包括实习实训材料、教学课件等，使用方便。

电脑美术与艺术设计实例教程丛书